U0257874

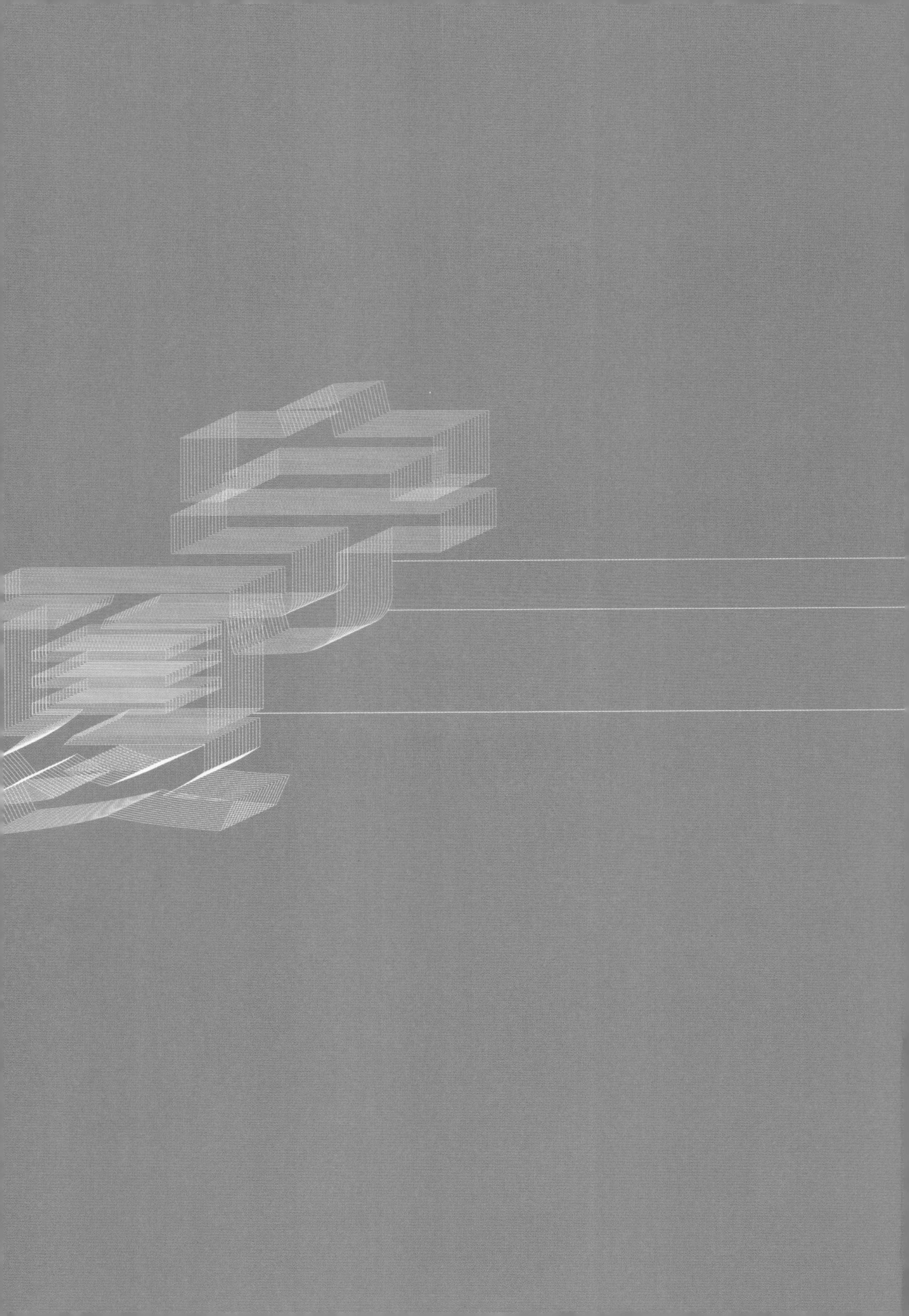

宁夏社会科学院文库

草原制度与中国干旱区草原管理

赵 颖 著

Grassland Institutions and the Management of Grasslands in China's Arid Regions

总　序

宁夏社会科学院是宁夏回族自治区唯一的综合性哲学社会科学研究机构。长期以来，我们始终把“建设成马克思主义的坚强阵地、建设成自治区党委政府重要的思想库和智囊团、建设成宁夏哲学社会科学研究的最高殿堂”作为时代担当和发展方向。长期以来，特别是党的十八大以来，在自治区党委政府的正确领导下，宁夏社会科学院坚持以习近平新时代中国特色社会主义思想武装头脑，坚持马克思主义在意识形态领域的指导地位，坚持以人民为中心的研究导向，增强“四个意识”、坚定“四个自信”、做到“两个维护”，以“培根铸魂”为己任，以新型智库建设为着力点，正本清源、守正创新，不断推动各项事业迈上新台阶。

2016 年 5 月 17 日，习近平总书记在哲学社会科学工作座谈会上强调，当代中国正经历着我国历史上最为广泛而深刻的社会变革，也正在进行着人类历史上最为宏大而独特的实践创新。这种前无古人的伟大实践，必将给理论创造、学术繁荣提供强大动力和广阔空间。作为哲学社会科学工作者，我们积极担负起加快构建中国特色哲学社会科学学科体系、学术体系、话语体系的崇高使命，按照“中国特色哲学社会科学要体现继承性、民族性，体现原创性、时代性，体现系统性、专业性”的要求，不断加强学科建设和理论研究工作，通过国家社科基金项目的立项、结项和博士学位论文的修改完善，产出了一批反映哲学社会科学发展前沿的研究成果。同时，以重大现实问题研究为主要抓手，建设具有地方特色的新型智库，推出了一批具有建设性的智库成果，为党委政府决策提供了有价值的参考，科研工作呈现良好的发展势头和前景。

加快成果转化，是包含多种资源转化在内的一种综合性转化。2019年，宁夏社会科学院围绕中央和自治区党委政府重大决策部署，按照“突出优势、拓展领域、补齐短板、完善体系”的原则，与社会科学文献出版社达成合作协议，分批次从已经结项的国家社科基金项目、自治区社科基金项目和获得博士学位的毕业论文中挑选符合要求的成果，编纂出版“宁夏社会科学院文库”。

优秀人才辈出、优秀成果涌现是哲学社会科学繁荣发展的重要标志。“宁夏社会科学院文库”，从作者团队看，多数是中青年科研人员；从学科内容看，有的是宁夏社会科学院的优势学科，有的是跨学科或交叉学科。无论是传统领域的研究，还是跨学科领域研究，其成果都具有一定的代表性和较高学术水平，集中展示了哲学社会科学事业为时代画像、为时代立传、为时代明德的家国情怀和人文精神，体现出当代宁夏哲学社会科学工作者“为天地立心，为生民立命，为往圣继绝学，为万世开太平”的远大志向和优良传统。

“宁夏社会科学院文库”是宁夏社会科学院新型智库建设的一个窗口，是宁夏社会科学院进一步加强课题成果管理和学术成果出版规范化、制度化的一项重要举措。我们坚持以习近平新时代中国特色社会主义思想为指引，坚持尊重劳动、尊重知识、尊重人才、尊重创造，把人才队伍建设作为基础性建设，实施学科建设规划，着力培养一批年富力强、锐意进取的中青年学术骨干，集聚一批理论功底扎实、勇于开拓创新的学科带头人，造就一支立场坚定、功底扎实、学风优良的哲学社会科学人才队伍，推动形成崇尚精品、严谨治学、注重诚信的优良学风，营造风清气正、互学互鉴、积极向上的学术生态，要求科研人员在具备专业知识素养的同时，将自己的专业特长与国家社会的发展结合起来，以一己之长为社会的发展贡献一己之力，立志做大学问、做真学问，多出经得起实践、人民、历史检验的优秀成果。我们希望以此更好地服务于党和国家科学决策，服务于宁夏高质量发展。

路漫漫其修远兮，吾将上下而求索。宁夏社会科学院将以建设特色鲜明的新型智库为目标，坚持实施科研立院、人才强院、开放办院、管理兴院、文明建院五大战略，努力建设学科布局合理、功能定位突出、特色优势鲜明，在全国有影响、在西部争一流、在宁夏有大作为的社科研究机构。同时，努力建设成为研究和宣传马克思主义理论的坚强阵地，成为研究自治区经济社会发展重大理论和现实问题的重要力量，成为研究中华优秀传统文化、革命文化、社会主义先进文化的重要基地，成为开展对外学术文化交流的重要平台，成为自治区党委政府信得过、用得上的决策咨询的新型智库，为建设经济繁荣民族团结环境优美人民富裕的美丽新宁夏提供精神动力与智力支撑。

宁夏社会科学院

2020 年 12 月

前 言

草原是人类发展畜牧业的天然基地，不仅在陆地生态系统中固定能量排名第二，而且有着重要的生态屏障作用。然而，在大多数时候我们更注重森林而容易忽略草原的生态屏障作用。森林是乔木群落，与林下枯枝落叶或草被相结合可有效地防止水土流失与土地沙化。但乔木喜水耗水，适宜湿润多雨的气候，世界上的森林多分布在湿润或半湿润地区。显而易见，乔木不适宜在干旱半干旱地区生长。草原良好的生态屏障作用凸显出来：草原面积大，在坡地上草原可有效减少地表径流，固着地表土壤；草原全年四季覆盖，既可防止夏秋季雨水的冲刷，又可减轻冬春季的风蚀；在节约利用水资源方面，草原蒸发量远低于林地蒸发量；草本植物耐寒耐旱、适应性广、生长快、恢复快。

中国的草原按区域类型分为北方干旱和半干旱草原、青藏高原和环青藏高原带草原以及南方草原。在三种草原类型中，人们很容易低估干旱和半干旱草原的生态屏障作用。干旱和半干旱草原地区，年降水量 300 毫米左右，《中国农业资源报告》显示该区域草地面积 3.07 亿公顷，占全国土地面积的 32%、占全国草地面积的 78%。这片地区存在我国最严重的自然生态问题：干旱、水蚀、风蚀、草原退化与荒漠化、盐碱化等。在为人民谋幸福上，我们党一直积极努力着。经过多年的政策实施和生态工程治理，草原生态环境得到明显改善，但是草原生态发展不平衡、生态恢复不稳定问题突出。一些刚刚恢复植被的区域，林木稳定性差，优质草种少，部分区域草原有退化、沙化趋势，在复杂的环境局势、巨大的区域差异、多元的文化背景下，草原生态建设正处在负重前行的关键时期，草原生态环境依旧脆弱，草原生态保护和建设任重道远。

草原管理政策是草原资源保护和畜牧业经济发展的重要保障。农牧民作为草原生态保护政策的实施主体，他们的认知程度是能否自觉遵守政策规定的重要前提，直接影响政策的实施效果和政策的可持续性。同时，政策实施状况会影响农牧民的生产行为，进而对草原环境形成影响。因此，对农牧户的行为、政策认知以及满意度开展调查研究，不仅有助于深入理解民族地区复杂的人、生态环境的变化，更有助于寻求解决草原管理问题的途径。

本书涉及的理论有制度功能可信度理论、平衡生态学和非平衡生态学理论、新自由主义理论、产权理论，研究的理论基础为制度功能可信度理论。本书通过文献法、实地研究、问卷法等定性和定量相结合的混合方法，分别从农牧民和政策执行者的集体感知和社会冲突方面评价草原管理政策中的承包制、确权及禁牧的可信度。其中，集体感知利用FAT制度框架分析；社会冲突选取冲突的频率、来源、结果、解决途径、期望解决的途径五个指标。另外，本研究从时间、空间、层级三个方面对制度的功能进行分析。空间角度，选取相同荒漠草原类型的宁夏回族自治区盐池县、内蒙古自治区阿拉善左旗和额济纳旗为研究地点。时间角度，梳理了1949年至今的草原政策变迁历史，并通过两个自治区不同项目开展的时间分析草原确权。层级角度，探讨了宏观层面的中央政策和微观层面省、县级政策。最后通过可信度的评价，结合制度功能可信度理论中的CSI决策表，提出有针对性的建议。

本书结构如下：第一章为绪论，介绍草原及草原管理政策的背景、研究内容以及研究方法。第二章为理论基础，包括本研究涉及的相关理论，详细阐述了制度功能可信度理论的内容和评价方法。第三章为中国草原管理的探索，梳理总结了近年来草原生态的变化状况，草原管理政策的变迁历史及其对生态环境产生的影响。第四章至第六章为本研究的主体，以盐池县、阿拉善左旗及额济纳旗为研究区，通过问卷法和访谈法详细分析三个研究区草原承包制和确权的制度功能。其中，调查问卷回收有效问卷共479份，其中盐池县、阿拉善左旗和额济纳旗分别为231份、161份和87份；访谈记录共55份，其中盐池县、阿拉善左旗和额济纳旗分别为20份、20份和15份。另外，调研期间有幸参与了盐池县的草原确权工作，具体负责信息采集工作。第七章农牧民对草原管理政策的感知差异分析，利用方差分析和相关性分析，重点探讨三个研究区农牧民对草原政策感知的差异及其影响因素。第八章为干旱区草原管理的路径探索，对本书主要结论进行了回顾，对干旱区草原管理提出了相应建议，并讲述了本书存在的不足。

献给我的父亲和母亲

目　录

第一章　绪论

第一节　草原及草原管理

一　草原及其分布

草原是陆地生态系统中的重要组成部分，也是地球上分布最广的植被类型。草原的形成原因是土壤层薄或降水量少，耗水性的乔木灌木无法广泛生长，因草本植物植株矮小，其蒸腾作用相对高大的乔木较小，可以适应环境快速发展种群。一般而言，草原是指由草本植物和灌木为主的植被覆盖的土地，包括天然草原和人工草地。天然草原包括草地、草山和草坡。人工草地是指通过人工种植牧草而形成的草地，包括改良草地和退耕还草地。

全球草原总面积约为32亿公顷，占陆地总面积的20%左右，比耕地面积约大1倍，并且在各大洲的分布极不均衡。在欧亚大陆，草原植被西自欧洲多瑙河下游起，呈连续的带状往东延伸，经罗马尼亚、俄罗斯、蒙古国，直达中国境内，形成世界上最宽广的草原带。在北美洲，草原位于落基山脉以东的平原和以西的山间地区，东部降水量较多，以高草为主，西部雨水较少，以短草为主。在南半球，因为海洋面积大，陆地面积小，草原面积不及北半球大，而且比较零星，带状分布不明显。在南美洲，主要分布在阿根廷及乌拉圭境内；在非洲，主要分布在南部，但面积很小（张利华，2016）。

二　草原类型划分

全球草原资源数量巨大，为了更好地认识草原，人们对草原做了类型划分。由于草原存在复杂的空间差异性，草原类型划分上存在诸多不同想法，全世界产生了很多各具特色的草原分类系统，各个国家的分类方法及分类特征见表1－1。中国草原类型划分有植被－生境分类法和气候－土地－植被综合顺序分类法两种方法，在生产生活中则是按照不同行业的分类参考标准，具体见表1－2。

表1－1　世界草原类型分类方法及特征

类型名称	分类方法及代表国家	特征
植物群落分类法	A. W. SCOONES(1952)在《草原管理学》中，将美国天然草原划分为草地植被类、荒漠灌丛植被类和森林植被类3个大类，12个型	早期广泛使用的分类法，对草原分类发展起到了很重要的启发和推动作用，以植被名称命名可以充分体现草原的自然属性和经济属性
土地－植物学分类法	A. G. Tansley(1939)在《英伦三岛及其植被》中，将英国草地划分为中性草地、酸性草地、甘松茅(*Nardus stricta*)和莫林纳(*Molina*)沼泽、石灰岩或碱性草地及极地－高山草地5类	以土地和植被为主，有利于草原规划和改良，但对气候条件多变、区域面积较大的地区贡献较少
植物地形学分类法	苏联饲料研究所花费数十年研究，对天然饲料地的划分方法	较为全面地考虑了气候、土壤、地域性及经济等因素。注重地带性分布类型，对区域面积大、气候条件复杂的地区具有指导意义
气候－植物学分类法	Moore R. M. (1973)将澳大利亚的草地划分为潮湿热带、亚潮湿热带、干旱热带、干燥热带、干旱温带、亚潮湿温带、潮湿温带、亚高山8类	气候是决定草原分布的主要因素，在大的区间范围内划分草原类型具有概况性和明晰性
农业经营分类法	西欧国家为主，简单将草原划分为培育草地和未培育草地(Hedrick and Davies,1954)	按农业经营类型划分，体现了劳动生产因素在草原管理和利用中的重要作用，对生产实践具有一定的指导意义，但对大范围的草原来说，并不能很好地概况草原的自然和经济属性

续表

类型名称	分类方法及代表国家	特征
植被－生境分类法	中国学者贾慎修、章祖同、许鹏等，将草原划分为类－组－型三级，18类，37个亚类，1000多个草地型。类的划分标准，反映以水热为中心的气候和植被特征，二级分类以草地植物的经济类群划分；三级分类主要以优势种、生境条件等相似划分	具有农学的特征，强调草地成因和经营性质；重视气候因素，将水热条件作为高级分类指标之一；考虑到生态经济类型划分，但分类不够清晰
气候－土地－植被综合顺序分类法	中国学者任继周、胡自治等，量化对草原存在重要影响的气候指标，以热量级和湿润级为指标，并设计出草原类型第一类检索图	分类指标全面，信息量大；数字化，可以计算机检索

表1－2　中国草原分类标准

分类名称	划分类型
《草原资源与生态监测技术规程 NY/T1233－2006》	按照监测区划分为青藏高原高寒草甸草原、西北温带暖温带干旱荒漠和山地草原、蒙甘宁温带半干旱草原和荒漠草原、东北温带半湿润草甸草原、华北暖温带半湿润半干旱暖性灌草丛、东南亚热带湿润热性灌草丛和西南亚热带湿润热性灌草丛7类
《草地分类 NY/T2997－2016》	天然草原划分为温性草原类、高寒草原类、温性荒漠类、高寒荒漠类、暖性灌草丛类、热性灌草丛类、低地草甸类、山地草甸类、高寒草甸类9类
《土地利用现状分类 GB/T21010－2017》	天然牧草地、沼泽草地、人工牧草低、其他草地4类
《城市用地分类与规划建设用地标准 GB50137－2011》	城乡用地的非建设用地中有农林用地的划分

资料来源：邓峰：《自然资源分类及经济特征研究》，中国地质大学博士学位论文，2019，第48－51页。

三　草原的功能

草原的自然资本（草原生态系统在某一时间具有的自然物质和信息存量）和人力资本相结合所产生的人类福利，称为草原生态系统服务功能。草原生态系统服务功能总体上可分为两大类：生产功能和生态功能（万政钰，2013）。草原不仅提供了肉、奶、羊毛、皮革等农牧产品，体现了重要的市场价值，还为人类的生产和生活提供了许多不可或缺的服务功能，包括调节气候、保持水土、涵养水源、防风固沙、改良土壤及丰富的生物基因库等（万政钰，2013）。草原提供的服务就产品输入和维持动植物的生存来说，比目前具有市场价值的产品总数要丰富得多。中国草原生态系统服务价值占陆地生态系统服务价值的63.21%，占全国生态系统服务总价值的45.56%（张利华，2016）。

草原是重要的绿色生态屏障，具有涵养水源、调节气候、防风固沙、阻断沙尘暴等非常重要的生态功能。草原的生态功能主要发生在草丛－地境界面，为生命系统提供自然环境条件，具有生命支持功能和环境调节功能，是维持社会与经济发展的基础。草原的生态功能可以归纳为五个方面，即生态屏障、能量固定、碳库、生物基因库及土壤形成。

（1）草原是重要的绿色生态屏障，在维护我国生态安全中有重要作用。草本植物矮小，紧贴地面生长，能很好地覆盖土壤表层，增加下垫面的粗糙程度，同时还可以降低近地表风速，减小风沙对地表侵蚀作用的强度。有研究表明，当草原植被盖度为30%～50%时，近地面风速可削弱50%，地面输沙量仅相当于流沙地段的1%（章力建，2009）。草本植物生命力顽强，即使在干旱、多风、贫瘠等极端条件下也容易生长，大多数草本植物的根系有很好的固定功能，随着流动沙丘上草本植被的生长，沙丘逐渐被草本植物的根系固定，由流动向半固定、固定状态演替，最终形成固定沙丘、沙地，有效控制沙尘源地，减少沙尘暴的发生。草原还具有截留降水的功能，较空旷裸地有更高的渗透性和保水能力，能减少地表径流，防止风蚀，保持水土，对涵养土地中的水分有着重要的意义。草原比裸地的含水量高20%以上，在大雨状态下草原可减少地表径流量45%～60%，减少泥土冲刷量75%（章力建，2009）。沙尘暴、长江流域水灾与城市空气污染等问题的解决，都与草原有关。

（2）能量固定。草原植物对太阳能的固定与转化是草原植物重要的生态功能之一。每 25～50 平方米的草原就可吸收掉一个人呼出的 CO_2；很多草本植物能把氨、硫化氢合成为蛋白质；能把有毒的硝酸盐氧化成有用的盐类，如多年生黑麦草和狼尾草就具有抗 SO_2 污染的能力（章力建，2009）。

（3）草原是重要的碳库，它影响全球气候。草原的碳汇功能非常强大，与森林、海洋并称为地球的三大碳库。在目前已经开展的全球变化研究计划中，如国际地圈生物圈计划（IGBP）、国际全球环境变化人文因素计划（IHDP）、世界气候研究计划（WCRP）和国际生物多样性计划（DIVERSITAS）等都把碳循环与温室气体的研究作为焦点之一（陈佐忠，2008）。全球草地生态系统碳储量约占陆地生态系统总碳储量的 12.7%。

（4）丰富的基因库。全球草原分布在不同的自然地理区域，其复杂性和多样性极大程度上丰富了草原生态系统中的物种多样性。草原所具有的丰富的生物基因，为人类生存和生产，诸如提供药用植物、家畜品种等做出了巨大的贡献。草原中生长的多种抗逆性能的植物所携带的特殊基因，潜藏着未来解决人类的健康、食物、能源等方面需求的可能与希望。

（5）草原植被丰富了地球表面土壤形成的格局和模式。草本植物以其特殊的结构、生物量、分布及其成分，丰富了地球表面的土壤类型。草本植被下的土壤具有与森林植被下的土壤不同的物理、化学、生物学性状与剖面构造、剖面形态特征。

第二节　研究的问题与意义

中国是草原资源大国，天然草地近 4 亿公顷，约占国土总面积的 41%（许志信，2000），占世界草原面积的 13%，仅次于澳大利亚，居世界第 2 位（缪冬梅、刘源，2013），其中可利用草原面积约 3 亿公顷

（许志信，2000），这一串数据可能让你觉得有些不可思议。我们再看2019年国家统计年鉴中土地资源分类数据，如图1－1所示，林地面积最大为252.8平方公里，紧随其后的就是牧草地219.3平方公里。草原资源作为一种重要的自然资源，在维护生态系统稳定性方面具有十分重要的作用和地位（刘源，2015）。不幸的是，在自然因素（气候）和人类活动（放牧、草原管理制度）双重影响下，中国90%天然草原出现了退化（曾贤刚等，2014），各地区退化程度不同（Gao et al.，2010；冯威丁等，2014；Yeh，2009；Gaerrang and Yeh，2011；Jiang Gaoming et al.，2006）。草原退化无疑会削弱草原生态系统的服务功能与区域畜牧业的可持续发展。

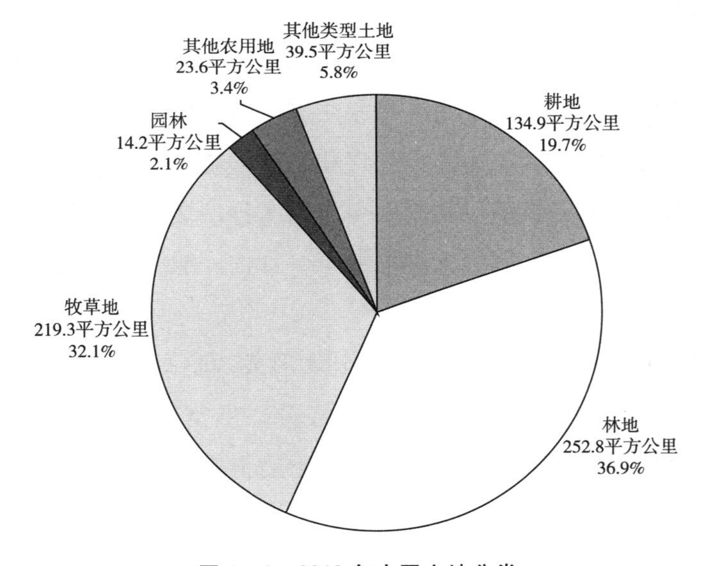

图1－1　2019年中国土地分类

草原管理政策是草原资源保护和畜牧业经济发展的重要保障。目前，草原家庭承包制是中国草原资源管理政策体系的核心内容之一。该政策借鉴国外产权理论，试图通过明晰产权，以“双权一制”（所有权、使用权、承包经营责任制）的模式减缓草原退化。20世纪90年代，家庭承包制的实施使得牧区的牲畜去集体化。虽然以户为生产基本单位，但是草原仍属公共所有（Gaerrang and Yeh，2011）。随着《草原法》的实施，使用权分配到户。草原使用权私有化开始于内蒙，随后在宁夏、新疆、西藏等地区施行。草原使用权私有化后受到广泛关注，其原因之一为私有化是否导致草原退化。然而，该政策在实施过程中受限于区域差异，加之农牧民对政策的感知不同，使得政策执行过程中出现了偏差，并没有达到预期目标。

草原确权是中国政府对草原资源管理制定的最新政策。“土地承包经营权登记制度”首次在2008年中央一号文件中被提出，4年后中央一号文件提出“加快推进农村地籍调查，基本完成覆盖农村集体各类土地的所有权确权登记颁证……加快推进牧区草原承包工作”的决议。紧接着在2013年的中央一号文件中明确指出，“全面开展农村土地确权登记颁证工作……用5年时间基本完成农村土地承包经营权确权登记颁证工作”。同年5月，农业部明确表示：“力争到2015年，基本完成草原确权承包和基本草原划定工作……”2015年4月，农业部印发《农业部关于开展草原确权承包登记试点的通知》（以下简称《通知》），《通知》中决定在部分省区开展草原确权工作。《通知》下发后，草原确权工作相继在各省（区）展开。从历年中央一号文件和农业部《通知》中足可看出中央政府对确权登记制度的重视。7年间，文件对确权登记完成的时间由明确逐渐转为没有截止期限，可见确权工作的复杂。

草原集中在少数民族地区，农村牧区在中国主流社会或土地研究文献中影响很小（Yeh，2013）。草地资源是中国干旱半干旱地区生态安全的重要屏障，也是草地畜牧业发展的重要物质基础。近二十年的农牧区政策是揭示草原退化和现代畜牧生产关系的关键驱动因素（Yeh，2013）。大面积的草地退化不仅直接影响牧民的生产活动与牧区的可持续发展，而且是许多区域性生态问题的主要诱因。草地退化问题已经引起国家的关注，成为学术界研究的热点问题。大多相关研究集中在区域内草地退化的表现和原因，新自由主义经济学、产权学派、行为经济学、实验经济学等，将研究目光转向了牧民生产决策行为与草地退化之间的内在关联性，旨在从中发现遏制草原退化的路径与措施。但现有的研究从牧民的角度出发评价草原管理措施、探究草原管理方式的合理性尚存在一些不足。

一　问题的提出

1985 年草原承包写入《中华人民共和国草原法》（以下简称《草原法》），2003 年《中华人民共和国农村土地承包法》写出草原承包的相关规定。2015 年农业部下发《关于开展草原确权承包登记试点的通知》，文件指出“贯彻落实十八届三中、四中全会以及 2015 年中央一号文件和六部委文件精神，稳定和完善草原承包经营制度，积极稳妥开展草原确权承包登记试点”。30 年间，随着草原承包制的施行，人们对这项政策的认识也逐渐加深。学术界对草原承包制的态度也从最初的“能够激励经济增长”转变为“并没有解决草原退化反而可能引发经济、生态、社会问题”。农民问题是中国“三农”问题的核心，不从农民的角度出发，就不可能从根本上解决“三农”问题。尽管中央政府大力推行草原承包制，但对该政策的学术研究并不乐观。基于此，本书研究问题如下。

（一）草原承包制在当前阶段承担何种功能

这个问题的探讨，实际上是对草原承包制的制度功能是否还承担社会保障功能的探讨。如果草原承包制不具备社会保障功能，或起到的作用很小，那么说明草原承包制的功能发生了变化，可能存在功能转移。

（二）草原确权是否能发挥预期的经济功能

中央政府于 2015 年提出草原确权，希望将草原商品化，实现草原的经济功能。然而，在草原承包制的功能尚需进一步探讨时，建立在其上的草原确权的制度功能又是如何呢？本研究分别以农牧民和政策执行者的视角，分析草原确权政策在执行过程中的实际情况和存在的问题，以期为科学合理管理草原提供政策依据。

二　研究目标

通过研究中国草原管理政策的变迁历史，揭示民族地区农牧民和政策执行者对草原承包制和草原确权的感知及评价特征，探索草原承包制和草原确权的制度功能，为中国民族地区草原管理提供科学依据。

三　研究内容

针对上述问题，主要研究内容如下。

（一）民族地区草原政策变迁历史

通过文献理论研究、政策述评等方法对宁夏回族自治区盐池县、内蒙阿拉善左旗及额济纳旗民族地区的草原政策变迁历史展开梳理和总结。

（二）草原承包制的制度功能

以纯牧区、半农半牧区的农牧民及两个研究地区政策执行者为研究对象，根据制度功能可信度理论，借助 FAT 制度分析框架对草原承包制的集体感知进行分析探讨。FAT 制度分析框架具体从应该有什么权利、实际拥有什么权利、需要什么权利这三个方面进行分析。

（三）草原确权的制度功能分析

以纯牧区、半农半牧区的农牧民和政策执行者为研究对象，从集体感知和社会冲突两方面探讨不同社会互动者对草原确权的感知。集体感知指标同草原承包制研究。社会冲突选取以下指标：是否存在冲突，冲突来源，频率，时长，结果，是否得到解决等。

第三节　研究现状与述评

根据上述目标及内容，本节主要梳理国内学者对草原管理制度的研究进展。对 CNKI 核心和集中的草原管理相关研究进行概括性的计量与统计，运用 CiteSpace 文献计量软件对检索结果进行可视化分析。在中国知网核心期刊数据库中，将检索条件设置主题为“草原管理”或含“草原政策”或“草原制度”的核心期刊文章，时间为 1980～2019 年，检索结果显示共有 285 篇符合检索条件。

首先，将收集到的文献记录进行描述性统计分析，从国内研究成果的时间分布、主要来源期刊对草原管理研究领域进行整体上的概括。其次，借助 CiteSpace 文献计量软件对草原管理领域的研究进展与趋势进行概括性的总结和判断。需要指出的是，由于不同学科特点不同，研究课题的范围大小不一，当前对文献的科学计量还未形成公认的标准与方法，加上本节的研究样本仍具有一定局限性，本节文献计量分析方法只能体现国内近 39 年草原管理研究领域的总体框架和基本情况。

一 国内草原管理研究总体概况

从国内草原研究的总体趋势来看，每年发表的相关期刊文章数量不断增加（见图 1－2），1980～2019 年，对草原政策的研究最早始于 1992 年，2008 年后每年发文量突破 10 篇，于 2019 年发文量达到最高值 27 篇。285 篇文章分属不同学科，发文量前三的学科为农业科技、经济与管理科学、社会科学（见图 1－3），相关文章主要发表于《草业科学》《中国草地学报》《黑龙江畜牧兽医》《干旱区资源与环境》《草业学报》《生态经济》《生态学报》《草地学报》等 10 余种期刊上（见图 1－4）。主要经费来源为国家自然科学基金，占全部 285 篇文献中的 20.4%，其他资金来源包括国家社会科学基金 10.5%、国家重点基础研究发展规划（973 计划）4.9%，国家科技支撑计划 4.9% 等（见图 1－5）。在研究机构方面，中国农业科学院草原研究所和内蒙古大学在文献发表数量上领先于其他高校或研究机构，内蒙古农业大学、兰州大学、中国农业大学、宁夏大学等多家单位也取得了不错的科研成果（见图 1－6）。

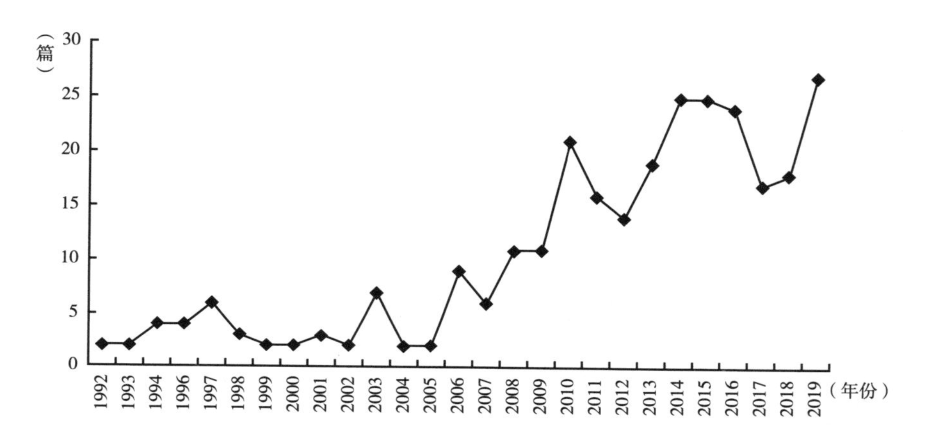

图 1－2　1992～2019 年中文核心期刊草原管理文章刊文量

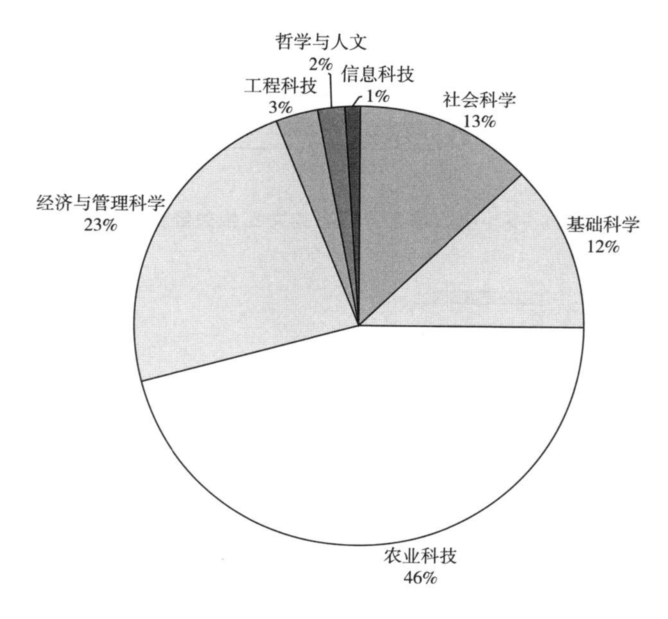

图 1－3　学科分类

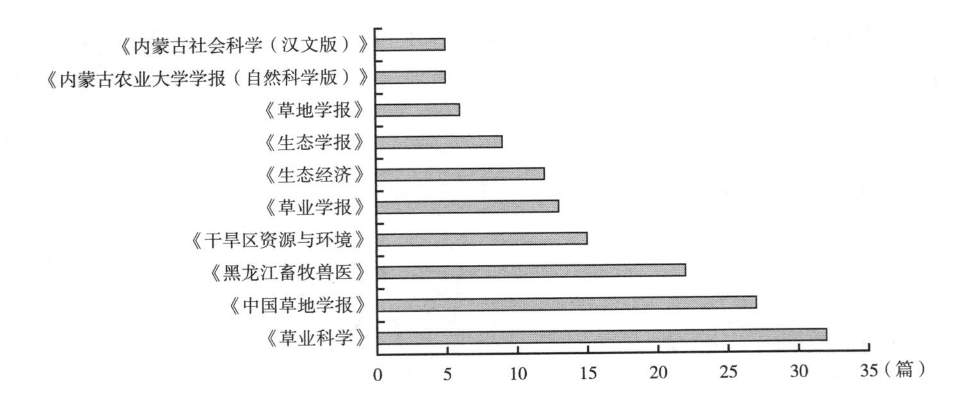

图1－4　中国草原管理论文在中文核心期刊中的分布

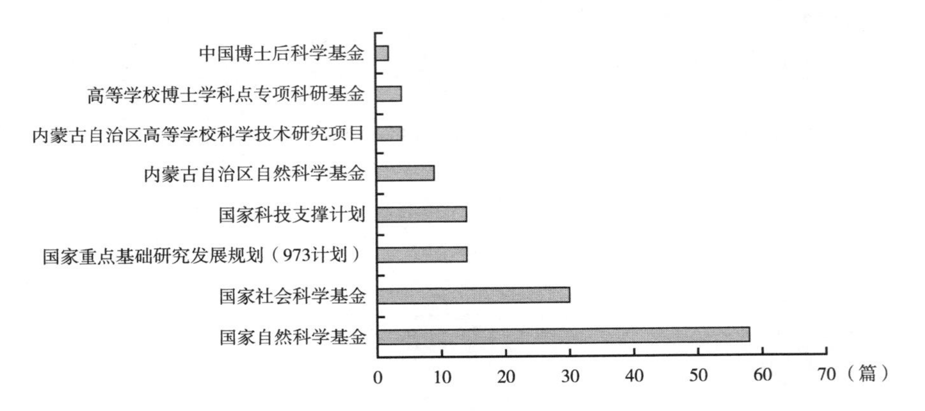

图1－5　中国草原管理研究文章相关经费来源

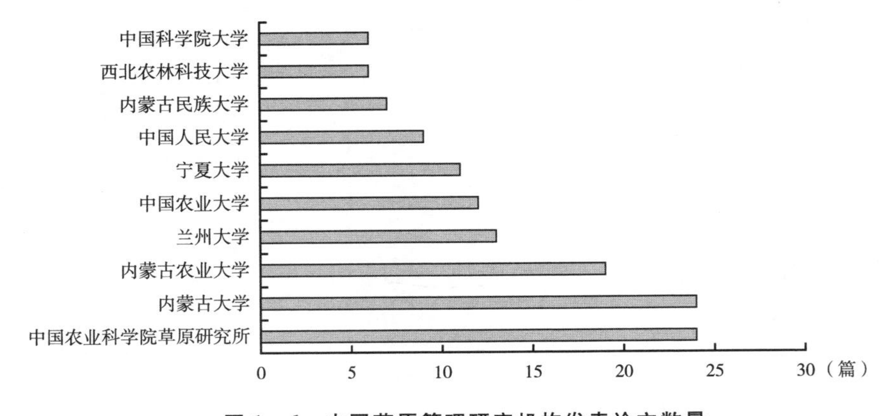

图1－6　中国草原管理研究机构发表论文数量

运用 CiteSpace 软件对草原管理研究团队进行识别发现，草原管理的研究团队形成于 1988 年以后，虽然已形成了初具规模的研究团队，团队与团队间也存在合作关系，但研究团队数量较少（见图 1－7）。在 2003 年后内蒙古农业大学形成以卫智军、杨静、杨尚明、闫瑞瑞等学者对不同草原制度和荒漠草原生物多样性之间的影响研究（卫智军等，2003a、2003b、2006；闫瑞瑞，2007）；2005 年以《对草畜平衡管理模式的反思》（杨理、侯向阳，2005）为代表形成内蒙古大学与中国农业科学院跨单位合作研究；2012 年后团队之间的合作加强，内蒙古农业大学研究团队有刘红梅、吕世杰等（刘红梅等，2011）研究者的加入；宁夏大学草业科学研究所的谢应忠、马红彬、沈艳等学者从微观方面入手，通过土壤理化性质（沈艳等，2012）、土壤种子库（沈艳等，2015a）、植物群落稳定性（沈阳等，2015b）等开始草原管理方式与土壤、植物等生态系统之间的相关研究。草原资源管理需要自然科学和社会科学共同关注研究，各个团队立足于其专业优势和团队特色对草原资源管理的不同侧面进行了深入挖掘，使得国内草原管理的研究更加全面丰富。

图 1－7　中国草原管理研究作者合作网络

二　国内草原管理研究进展

中国草原管理研究起步较晚，但是发展迅速，扎根于现实问题，孕育出了一大批具有应用和指导意义的研究成果。从 CiteSpace 软件对中文核心文献关键词共现网络的绘制结果来看（见图 1-8），第一，“荒漠草原”“放牧制度”“生态补偿”是共线网络中的三大节点，其中“荒漠草原”和“放牧制度”出现于 2003 年，“生态补偿”出现于 2006 年，这也与国家实行生态补偿奖励制度时间吻合。第二，共线网络中的节点代表草原管理领域的高频关键词，国内学者对于该领域的研究热点集中在“放牧制度”“草原生态”“草原生态补偿”“草畜平衡”“草原承包”“典型草原”“草原确权”“划区轮牧”“理论载畜量”“放牧权交易”“牧户”等。第三，节点之间连线的颜色为其最初共同出现的时间，颜色越浅代表研究时间越近，随着草原管理研究领域的不断深入与扩展，国内不同时期草原管理研究的热点也在不断地更新与发展。

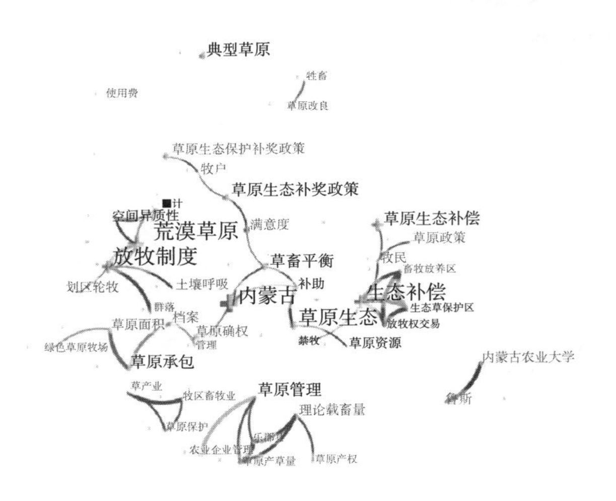

图 1-8　中文核心期刊中的草原管理关键词共现网络

（一）草原制度及管理模式研究

杨理、侯向阳（2005）《对草畜平衡管理模式的反思》是国内草原管理中有关草原制度探讨的早期经典研究之一。该研究指出了草畜平衡管理模式的核心不应该局限在牲畜数量上，原因有三点：第一，草原的生产方式发生了巨大变革，随着草原补种、机械化改良、灌水施肥等技术手段的应用，牧民们的生产方式早已不同于传统游牧社会，在这种变化下，草原植物和牲畜数量不是简单的正比关系；第二，限制牲畜数量可能刺激牧民为了降低成本（过牧罚款和产草量的投入）从而最高强度地利用草原，对草原生态产生不良影响；第三，人为因素是导致草原退化的最主要因素，人的思维意识和管理方式会对草原产生最直接的影响。杨理（2007）对草原家庭承包制的发展历程、草原承包制加剧了“公地悲剧”现象做了深入分析，并从公平性和管理者行为角度进一步分析了草原承包制的局限性（杨理，2008a），提出从“市场经济管理”模式（杨理，2008b）到“多元化地方社区自主管理”方式（杨理，2010）对中国草原管理制度进行改革。还有诸多学者对草原制度的研究进行了探讨，详细内容参见本书第二章。

（二）不同放牧制度对草原土壤理化性质和植物多样性的影响研究

放牧会引起草原植物生长发育受到干扰，使植物群落多样性产生变化，进而引起草原生态环境改变。不同放牧制度和牲畜类型会对草原生态产生不同影响。卫智军等（2003b）研究了自由放牧制度和轮牧制度对内蒙古高原短花针茅荒漠草原植物群落多样性的影响，结果表明，自由放牧区 1 年中植物重要值较高，但从指标选取重要性判断，轮牧区的植物多样性较自由放牧区更稳定。闫瑞瑞等（2007）的研究结果与其相似。对植物凋落物和营养物质的研究表明，轮牧区植物凋落物和营养物质要高于自由放牧区（卫智军等，2003a）。放牧制度对土壤种质库研究结果表明，轮牧区种子萌发数量多于自由放牧区，种子萌发密度显著高于自由放牧区（闫瑞瑞等，2011）。

（三）土壤理化性质和植物群落对不同草原制度的响应研究

草原植物群落的生长、发育及草原生态系统功能的正常发挥受土壤中化学元素含量和分布规律的影响（邵新庆等，2008），土壤有机质、氮、磷等对土壤肥力水平高低的调节和土壤物理性状的改善起着非常重要的作用（李菊梅等，2003）。土壤和植被在不断演替过程中形成了独特的反馈机制。沈艳等（2005b）的研究表明，草原封育和草原补播有利于荒漠草原土壤有机质、全氮、速效钾及速效磷含量的累积，尤其以0~40厘米土壤养分含量显著，封育5年和封育7年的草原植物群落稳定性较高。沈艳等（2012）通过放牧制度对未封育地、封育地和沟改良地的研究表明，放牧能显著增加0~5厘米土壤容重，封育15年、封育20年、封育25年和水平沟改良10年的草地层有机质、全氮、水解氮、速效磷和速效钾等土壤养分含量较高，放牧草地最低。沈艳等（2015a）更进一步加深了研究，对荒漠草原中不同封育年限（封育1年、3年、5年及7年）、不同放牧方式（中等强度自由放牧、中等强度4区轮牧）、补播改良及未封育等管理方式下的土壤种子库进行研究，结果表明，封育时间延长导致土壤种子库物种与地上植被相似性下降，土壤种子库和地上植被共有物种数有减少趋势，自由放牧降低了土壤种子库和地上植被的共有物种数。荒漠草原可以依靠生态系统自身的弹性恢复自然植被，适当进行放牧干扰有利于生态系统种群生长，封育时间过久反倒对草原生态产生了制约。

（四）草原生态奖补政策研究

为了实现保护草原生态环境和改善牧民生计的双重目标，2011年6月《国务院关于促进牧区又好又快发展的若干意见》（国发〔2011〕17号）要求建立草原生态保护补助奖励机制，中央财政每年安排134亿资金在内蒙古、新疆、西藏、青海、四川、甘肃、宁夏、云南8个主要草原牧区实施草原生态保护补助奖励政策（以下简称草原生态补奖政策）。中国草原生态建设受到前所未有的重视，对中国草原牧区的转型发展和生态保护有重要意义。草原生态补奖政策的第 1 轮实施期为 2011 ~ 2015 年，第 2 轮实施期为 2016 ~ 2020 年。政策措施主要包括以下几个方面：一是实施禁牧补助；二是实施草畜平衡奖励；三是落实对牧民的生产性补贴政策；四是安排奖励资金。退牧还草、京津风沙源治理工程等都涉及草原生态补偿，国内学者对政策效益、存在的问题、相应对策进行了分析，这些研究更多地关注生态补奖政策本身的实施方法和政策建议，部分学者从牧民角度分析草原生态补奖政策的实施效果。

丁文强等（2019）以内蒙古自治区草甸草原、典型草原、荒漠草原、沙地草原、草原化荒漠为研究区域，以实施草畜平衡补奖的 632 户牧民为研究对象，评价牧民对政策的满意度。结果表明，牧户对草原生态补奖政策具有较高的认可度。牧民政策满意度存在显著的区域差异，国家层面和区域层面要因地制宜地实施和调整草原生态补奖政策。

董丽华等（2019）对宁夏回族自治区 7 个实施草原补奖政策的主要县区的 195 户家庭进行了研究，结果显示，草原补奖政策的积极方面体现在：第一，草原补奖政策显著促进了农户收入的增加，使农户收入结构更加多元化；第二，提高了农户的生活水平，在一定程度上也改变了农户的消费观念；第三，增强了农民参加科技培训的意愿。存在的局限性表现为：第一，研究区制定的每亩 6 元补助标准太低，远不够补贴农牧民因禁牧造成的经济损失；第二，宁夏天然草原类型不同，草原产草量区别较大，“一刀切”的政策执行标准不符合生产实际，尤其对典型草原、草甸草原等产草量稍高的地区激励性较弱；第三，政策原因致使农牧民的人力、物力及财力投入种养成本增加，饲养效益下降，小规模养殖户逐渐减小，甚至弃养。

王新宇（2012）指出了辽宁西北部草原生态补偿中存在的问题：思想意识长期存在重建设、轻管理的错误观念，专业管护人员在基层普遍稀缺，受管护资金不足影响，政府投资建设的工程后期有人用、无人管，一些好不容易得到治理的草原再次退化；辽宁省虽有《辽宁省封山禁牧规定》，但存在执法不严、执法力量薄弱等诸多问题，使得草原方面的法律未能得到全面有效的贯彻执行，执行效力远不如水污染防治、森林资源保护等正常法规的约束力；生态保护资金渠道来源单一，主要靠政府财政投入；社会及个人参与意识不强，尚未形成全社会重视生态保护建设的氛围；自封山禁牧后，一些农民失去采矿打工收入，标准化圈养需要饲养舍、消毒室、饲料青贮壕、焚烧炉等设施，最低建设成本需 10 万元，无疑增加了保护区农牧民的生活负担。

草原补奖政策实施过程中，农牧户最看重的就是补奖政策对其收入的影响。周升强和赵凯（2019）通过 320 份问卷对比研究了在禁牧区和草畜平衡区，农牧户政策认知和收入等因素对政策满意度的影响，为草原补奖政策研究做了一定程度的补充。结果表明，尽管两个地区农牧户对政策满意度评价存在差异，禁牧区稍高于草畜平衡区，但两个区域的农牧户对草原补奖政策的满意度并不高，均低于 60%；影响两个地区政策满意度的因素不同，禁牧区农牧户满意程度受年龄、文化程度及草地面积等因素影响，草畜平衡区农牧户满意度则受从事养殖业人数、养殖规模及收入变化等因素影响。

冯秀等（2019）对内蒙古自治区典型草原、草甸草原及荒漠化草原的 70 户牧户生态补偿下的行为做了两次跟踪研究，按照 2009 年和 2014 年研究区域的超载率计算出同时期的补奖标准分别为 55.5 元/公顷和 115.5 元/公顷，而实际制定的补奖标准仅为 25.65 元/公顷，牧民收到的补奖金额仅为 2009 年收入损失的 46.2%，2014 年收入损失的 22.2%。牧民作为畜牧业最基本的生产单元，通过牲畜数量、草地面积及饲料购买量 3 个主要方式进行草畜平衡调节。补奖政策实施后，牧民由于生产成本原因，在不同程度上都会选择提高载畜量作为增加家庭收入的主要手段，这种情况必然会使草原超载量有所增加。在长期以超载放牧为主要经济收入的地区，希望通过较低的补奖标准达到减少牲畜数量保护草原的目标可能并不太现实。这种类型的区域为了更好地发展畜牧业，最好通过以下方式：第一，政府调控推进牧区畜牧业转型升级，绿色发展；第二，提升畜牧产业链，政策驱动形成联户、合作社等新经济体，保障农牧民在产业升级中的经济收入；第三，发展后续产业，对剩余劳动力进行分流，降低牧民生活生产对草原的依赖。

路冠军和刘永功（2015）从政治社会学视角分析草原生态补奖政策实施效应。在社会和谐方面，研究地区补奖标准人均3000元/年，该区域城市上班群体人均工资4000元/月，牧民的“社会剥夺感”日趋强烈；与涉农补贴相比，国家给农民的各项补贴属于激励性质的较多，而给牧民的补贴之中有相当一部分实际是“补偿”而非补贴，属于被动性质；据2013年草原各类违法案件统计，违反禁牧放牧规定案件占88.1%。对基层治理方面的影响，首先，生态补奖机制的落实中因外部资源涌入，致使草原矛盾呈现多发趋势，一些补助项目分配存在贿赂现象；其次，为了获得配套资金，很容易出现“扶富不扶贫”现象，贫困户为了得到项目赊账借款，无能力偿还债务形成错综复杂的债务网络，严重时会使整个村庄财务空壳化，损害基层公共治理系统；最后，改变了基层纵向治理结构，由旗政府通过“一卡通”直接将补偿资金发放到牧民手中，好处是牧民直接拿到钱、杜绝了中间环节可能存在的腐败风险，但同时也切断了基层乡镇政府和嘎查之间的责任关系，在实际生活中，牧民碰见问题依靠乡镇政府解决，政策的推行实施更依赖于乡镇政府层面的参与协调，弱化了基层乡镇政府、嘎查及牧民之间的关系，仅靠草原监理机构很难实现草原的有效治理和监管。

（五）草原法律法规及相关政策研究

草原法律法规体系的形成对依法管理草原、维护生态安全、促进经济和社会的可持续发展发挥了重要作用。在国内草原管理相关法律中（见表1－3），《中华人民共和国宪法》第9条界定了包括草原在内的自然资源的产权归属问题，并明确草原的所有权、开发权、使用权等。国家先后出台《中华人民共和国草原法》《中华人民共和国环境保护法》

表 1－3 草原管理相关法律

序号	名称	通过时间	实施时间	修正/修订时间	相关内容
1	《中华人民共和国宪法》	1954年9月20日第一届全国人民代表大会第一次会议上通过,第一部。1975年1月17日第四届全国人民代表大会第一次会议上通过,第二部。1978年3月5日第五届全国人民代表大会第一次会议上通过,第三部。1982年12月4日第五届全国人民代表大会第五次会议通过,第四部		1998年4月12日第七届全国人民代表大会第一次会议修正。1993年3月29日第八届全国人民代表大会第一次会议修正。1999年3月15日第九届全国人民代表大会第二次会议修订。2004年3月14日第十届全国人民代表大会第二次会议修正。2018年3月11日修正	第9条,矿藏、水流、森林、山岭、草原、荒地、滩涂等自然资源,都属于国家所有,即全民所有;由法律规定属于集体所有的森林和山岭、草原、荒地、滩涂除外。国家保障自然资源的合理利用,保护珍贵的动物和植物。禁止任何组织或者个人用任何手段侵占或者破坏自然资源
2	《中华人民共和国草原法》	1985年6月28日,第六届全国人民代表大会常务委员会第十一次会议通过	1985年10月1日起施行	2013年6月29日第十二届全国人民代表大会常务委员会第三次会议第二次修正	为了保护、建设和合理利用草原,改善生态环境,维护生物多样性,发展现代畜牧业,促进经济和社会的可持续发展而制定,共9章75条
3	《中华人民共和国环境保护法》	1989年12月26日第七届全国人民代表大会常务委员会第十一次会议通过	公布之日起施行	2014年4月24日第十二届全国人民代表大会常务委员会第八次会议修订	第1条,为保护和改善环境,防治污染和其他公害,保障公众健康,推进生态文明建设,促进经济社会可持续发展,制定本法。第2条,本法所称环境,是指影响人类生存和发展的各种天然的和经过人工改造的自然因素的总体,包括大气、水、海洋、土地、矿藏、森林、草原、湿地、野生生物、自然遗迹、人文遗迹、自然保护区、风景名胜区、城市和乡村等

续表

序号	名称	通过时间	实施时间	修正/修订时间	相关内容
4	《中华人民共和国农村土地承包法》	2002年8月29日第九届全国人民代表大会常务委员会第二十九次会议通过	2003年3月1日起施行	2009年8月27日第十一届全国人民代表大会常务委员会第十次会议第一次修正，2018年12月29日第十三届全国人民代表大会常务委员会第七次会议第二次修正	第2条，本法所称农村土地，是指农民集体所有和国家所有依法由农民集体使用的耕地、林地、草地，以及其他依法用于农业的土地。 第3条，国家实行农村土地承包经营制度。农村土地承包采取农村集体经济组织内部的家庭承包方式，不宜采取家庭承包方式的荒山、荒沟、荒丘、荒滩等农村土地，可以采取招标、拍卖、公开协商等方式承包
5	《中华人民共和国种子法》	2000年7月8日第九届全国人民代表大会常务委员会第十六次会议通过	2000年12月1日	2004年8月28日第一次修正，2013年6月29日第二次修正，2015年11月4日第三次修订	第93条，草种的种质资源管理和选育、生产经营、管理等活动，参照本法执行。《种子法》明确规定种子质量与行政管理，种质资源的生产、利用以及进出口和对外合作等方面的法律责任
6	《中华人民共和国水土保持法》	1991年6月29日第七届全国人民代表大会常务委员会第二十次会议通过	1996年6月29日	2010年12月25日第十一届全国人民代表大会常务委员会第十八次会议修订	第16条，地方各级人民政府应当按照水土保持规划，采取封育保护、自然修复等措施，组织单位和个人植树种草，扩大林草覆盖面积，涵养水源，预防和减轻水土流失。 第21条，禁止毁林、毁草开垦和采集发菜。禁止在水土流失重点预防区和重点治理区铲草皮、挖树兜或者滥挖虫草、甘草、麻黄等。 第35条第2款，在风力侵蚀地区，地方各级人民政府及其有关部门应当组织单位和个人，因地制宜地采取轮封轮牧、植树种草、设置人工沙障和网格林带等措施，建立防风固沙防护体系

续表

序号	名称	通过时间	实施时间	修正/修订时间	相关内容
7	《中华人民共和国防沙治沙法》	2001 年 8 月 31 日第九届全国人民代表大会常务委员会第二十三次会议通过	2002 年 1 月 1 日	2018 年 10 月 26 日第十三届全国人民代表大会常务委员会第六次会议修正	第 14 条,国务院林业草原行政主管部门组织其他有关行政主管部门对全国土地沙化情况进行监测、统计和分析,并定期公布监测结果。 第 18 条,草原地区的地方各级人民政府,应当加强草原的管理和建设,由林业草原行政主管部门会同畜牧业行政主管部门负责指导、组织农牧民建设人工草场,控制载畜量,调整牲畜结构,改良牲畜品种,推行牲畜圈养和草场轮牧,消灭草原鼠害、虫害,保护草原植被,防止草原退化和沙化。 草原实行以产草量确定载畜量的制度。由林业草原行政主管部门会同畜牧业行政主管部门负责制定载畜量的标准和有关规定,并逐级组织实施,明确责任,确保完成

《中华人民共和国水土保持法》《中华人民共和国防沙治沙法》《中华人民共和国农村土地承包法》《中华人民共和国种子法》等法律，《中华人民共和国自然保护区条例》《中华人民共和国野生植物保护条例》《草畜平衡管理办法》《草原防火条例》《草原征占用审核审批管理办法》等行政法规（见表1－4）、相关政策文件（见表1－5），以及内蒙古、甘肃、宁夏、辽宁等省区出台的地方性管理条例办法等，构建了草原保护管理的法律框架体系。另有农业部《牧区干草贮藏设施建设技术规范NY/T1177－2006》《休牧和禁牧技术规程NY/1176－2006》《草原围栏建设技术规程NY/T1237－2006》《草原划区轮牧技术规程NY/T1343－2007》等技术性规范（见表1－6）指导草原生态保护及修复工程设施。

表1－4 草原管理相关行政法规

序号	名称	通过时间	实施时间	修改/修正时间	相关内容
1	《中华人民共和国自然保护区条例》	1994年10月9日，国务院第167号令	1994年12月1日	2007年第687号国务院令，修改	为了加强自然保护区的建设和管理，保护自然环境和自然资源制定，共5章44条
2	《中华人民共和国野生植物保护条例》	1996年，国务院第204号令	1997年1月1日	2007年10月7日修改	为了保护、发展和合理利用野生植物资源，保护生物多样性，维护生态平衡制定，共5章32条
3	《草畜平衡管理办法》	2005年1月19日，农业部令第48号	2005年3月1日	—	为了保护、建设和合理利用草原，维护和改善生态环境，促进畜牧业可持续发展，根据《草原法》制定，共18条
4	《草原防火条例》	2008年11月19日，国务院第542号令	2009年1月1日	—	从草原火灾的预防、扑救、灾后处置及法律责任等方面加强草原防火工作，共6章49条
5	《草原征占用审核审批管理办法》	2006年1月27日，农业部令第58号	2006年3月1日	2014年4月25日农业部令2014年第3号修订	为了加强草原征占用的监督管理，规范草原征占用的审核审批，保护草原资源和环境，维护农牧民的合法权益，根据《草原法》制定，共23条

表 1－5 相关政策文件

序号	文件名称	发文日期及部门
1	《国务院关于进一步做好退耕还林还草试点工作的若干意见》	2000 年 9 月 10 日，国发〔2000〕24 号
2	《国务院关于加强草原保护与建设的若干意见》	2002 年 9 月 16 日，国发〔2002〕19 号

表 1－6 技术规范

序号	名称	发布日期	实施日期	部门	相关内容
1	《牧区干草贮藏设施建设技术规范》NY/T1177－2006	2006 年 7 月 10 日	2006 年 10 月 1 日	农业部	牧区、半农半牧区为确保冬春季畜牧生产干草供应及应急准备设施。农区、其他几种畜牧养殖区也可参照使用
2	《牧草飞播技术规程 DB13/T 700－2005》	2005 年 9 月 20 日	2005 年 9 月 20 日实施	河北省质量技术监督局	规定飞机播种牧草的播区选择、作业设计、飞播作业和成效调查； 适用于河北省具有草种落籽成草的立地条件并便于飞行作业的各类宜草区域
3	《休牧和禁牧技术规程 NY/1176－2006》	2006 年 7 月 10 日	2006 年 10 月 1 日	农业部	规定了施行休牧、禁牧措施的适用地区、地块选择、休牧或禁牧时间、确定休牧或禁牧起止期的参考指标、气候参数等； 适用于全国境内所有放牧地
4	《草原围栏建设技术规程 NY/T1237－2006》	2006 年 12 月 6 日	2007 年 2 月 1 日	农业部	规定草原网围栏和刺钢丝围栏工程设计、材料规格和质量、架设方法及验收原则； 适用于天然草原、人工草地、改良草地及自然保护区等网围栏和刺钢丝围栏建设
5	《草原划区轮牧技术规程 NY/T1343－2007》	2007 年 4 月 17 日	2007 年 7 月 1 日	农业部	规定草原区划轮牧的相关指标和设计管理方案； 适用于天然草原

续表

序号	名称	发布日期	实施日期	部门	相关内容
6	《人工草地建设技术规程 NY/T -134 -2007》	2007 年 4 月 17 日	2007 年 7 月 1 日	农业部	规定人工草地建设的各项技术规范； 适用于国内人工草地建设
7	《草地鼠害预测预报及综合治理技术规程 DB13/T684 -2005》	2005 年 9 月 20 日	2005 年 9 月 20 日	河北省质量技术监督局	规定草地鼠害数据调查、鼠情预测预报、治理及效果检查； 适用于不同类型草地主要鼠害的预测预报及综合治理

万政钰和刘晓莉（2010）从《草原法》价值、逻辑结构、刑事责任实现程度、违行政法处罚数额等方面评价《草原法》。冯学智和李晓棠（2013）从树立正确立法观念、完善法律责任、地方配套立法、加强《草原法》与其他相关法律协调与衔接等方面完善草原法律体系。

也有学者对所有权制度（宋丽弘等，2014）和使用权流转制度（宋丽弘，2015）进行分析，从物权制度视角探讨草原生态保护问题（宋丽弘，2013）。冯猛（2017）以黑龙江省休禁牧政策具体案例分析政策执行中上下级之间的讨价还价机制。何欣等（2013）从制度演化理论体系提出牧区管理需要注意的方面：重视科技进步和利益格局改变所造成的影响，利益格局变化引起草原习俗改变；分析宏观经济背景和制度变迁成本，对牧区制度演化路径和趋势有清晰的认识。

（六）其他国家管理模式对中国的启发

美国国家草原是美国国家森林体系的重要组成部分，于 1960 年正式设立，自 1973 年起，由美国农业部林务局管理至今。美国有 20 个国家草原，分布在 13 个州，总面积约为 400 万英亩（约 1.6 万平方公里），其中主要分布在科罗拉多州、北达科他州、南达科他州及怀俄明州，面积约为 1.28 万平方公里，约占国家草原面积的 80%（王丽等，2019）。美国国家草原除放牧外，还有三个特征：一是石油和天然气等重要矿产丰富；二是旅游资源和游憩功能突出，在国家草原可开展山地自行车、徒步旅行、狩猎、钓鱼、摄影、观鸟和观光等活动；三是历史资源丰富，目前已在国家草原发现化石、史前历史资源以及许多文化遗址等。想要在美国国家草原上放牧，要到具有资质的放牧协会办理放牧许可证，放牧期限最长 10 年。在签署协议前，放牧协会的授权单位——林务局必须根据《国家环境政策法》评估协议里的内容对草原生态环境造成的影响。放牧协会是独立的单位，主要职责是发放放牧许可证、为协议成员提供管理牲畜的方式、和林务局协商解决协议成员的问题、建设保养放牧设施，确保草原资源合理利用等（王丽等，2019）。

美国国家草原的重要发展趋势之一是参与式适应性管理，即让牧场主参与草原的管理工作。牧场主通常比其他任何人都更了解草地，牧场主组建团体或机构来管理放牧，努力促进草原和放牧活动共同繁荣。美国草原管理更注重生态系统功能，草原作为地球的皮肤，其生态系统服务功能不可低估。美国国家草原提供了如减缓干旱和洪涝、促进养分循环流动、排毒和分解废物、生物多样性保护等近 20 种生态系统服务。美国国家草原除了放牧外，生态效益、旅游资源等其他属性特征更有助于推动草原保护（王丽等，2019）。

草原生态恢复和草原畜牧业生产方式转变是一个漫长的过程，美国联邦政府出台了一些长期稳定的草原保护政策（见表 1－7），通过对草原经营者提供资金补偿和技术支持的方式，推进草原生态恢复和农牧民收入同步增长。在草原资源管理方面，美国草场根据气候、土壤、植被等因素划分“生态单元”，得克萨斯中部草原 1 个生态单元为 400～600 公顷，每个草原生态区的位置、类型、标号等信息录入数据库并在互联网上公开，为牧民和政府部门科学管理提供精准参考。美国农业部委托研究机构开发出降水指数和植被指数，推行放牧地植被利用的农业保险，根据两个指数对农牧民损失进行赔偿。草原家畜生产早期预警系统（Livestock Early Warning System，LEWS）可以预测草原肉牛和绵羊等家畜生产量，预防多养殖对草地畜牧业产生的影响。另外，还有草地管理决策支持系统模型（Decision Support System，DSS），该模型可以模拟不同经营方式预测结果，以供牧民选择对生态环境和经济收入更具优势的经营方式（杨振海等，2015）。

表 1－7　美国农业部自然资源保护署草原管理重大项目

序号	项目名称	项目情况
1	退耕(牧)还草项目 (Conservation Reserve Program,CRP)	1985 年实施,通过土地禁用和牧户补贴等措施,减少水土流失和农业面源污染
2	放牧地保护计划 (Grazing Land Conservation Initiative,GLCI)	1991 年实施,依托联邦和州政府的技术推广部门和科研院校等机构,针对私有牧场开展免费的技术指导和培训,普及先进的牧场管理技术,提升牧场主的生产管理能力
3	环境质量激励项目 (Environmental Quality Incentives Program,EQIP)	1996 年实施,通过资金和草田轮作等技术支持帮助农牧民规划加强农田和草原资源保护,减少水土流失,提升环境质量,执行周期为 6～10 年

第四节　研究方法与数据说明

一　文献法

文献法是指收集已形成文字的材料作为研究素材或证据的方法（陆益龙，2011）。文献往往可以作为田野调查中所观察到的各种现象的背景和注解，这些文本是在特定时间和空间作用下产生的，在社会中不断变化，同时也使社会现象浮现或是强化（王积超，2014）。在文献研究中，通过对草原管理相关政策、研究区统计年鉴、地方志、当地档案部门及学术文献等资料的整理，分析研究区草原政策管理的历史变迁，探索民族地区半农半牧区和纯牧区草原承包制和草原确权的特点。利用多角度信息来源（tri－angulation），如政府文件、议会记录、法律解释等政法来源，口头约定、习惯法、机构规则等体制来源，市场经济规律和合同（经济来源），或者看法、态度等社会心理学来源（Nor－Hisham et al.，2016）等进行定性研究。

（一）档案资料

由机构或正式组织保存下来的证书、文件、报告、合同及报表等记录机构或组织重要活动和重要事件的官方材料（陆益龙，2011）。档案的系统性、正规性和机密性等特征，包括某些诸如事件决策意图、具体过程、集体行动者之间的联系等，可以为定性社会研究提供重要的价值。本研究搜集到盐池县1982～2016年草原管理和利用的政府文件，阿拉善左旗2000年以后的草原管理相关文件，额济纳旗1956～2016年草原管理和利用的相关政府文件。

（二）年鉴资料

年鉴资料通常是记录地方、部门或行业社会经济及政治活动中重大事件的工具书或案卷资料（陆益龙，2011）。研究中参考了历年《宁夏回族自治区统计年鉴》和《内蒙古自治区统计年鉴》。

（三）地方志

地方志全面系统地记载和概括了当地的自然环境、政治、经济、社会与文化的历史与现状，对全面了解和认识研究区有着重要意义（陆益龙，2011）。本研究搜集了盐池县、阿拉善左旗及额济纳旗县志，以供更清晰、更深刻也理解3个研究区，为后期分析打下坚实的研究基础。

二　实地研究

实地研究（field research）是一种深入研究现象的生活背景中，以参与观察和非结构访谈的方式收集材料，并通过对这些材料的定性分析来理解和解释现象的社会研究方式（风笑天，2009）。本研究运用制度功能可信度理论，考虑草原类型、生产方式和政策执行时间三个方面（见表1－8），选择荒漠草原区为研究区域，探讨半农半牧区和纯牧区两种不同生产方式下的草原承包制和确权政策感知。各区草原情况描述见每章节研究区概况。政策执行时间方面，以确权政策为例，宁夏回族自治区盐池县于2015年7月实行确权，内蒙古自治区阿拉善左旗确权工作稍早于另外两个研究区，于2014年展开，额济纳旗确权工作时间基本和盐池同步。

笔者分别于2015年7～8月、2015年11月、2016年1～2月、2016年7～8月及2017年2月对研究区域草原资源管理情况进行调研，涉及宁夏回族自治区盐池县2个乡镇7个行政村，详细调研地点见本书第四章第二节。于2015年7～8月、2016年7～8月对阿拉善左旗草原资源管理情况进行调研，涉及阿拉善左旗3个乡镇10个嘎查，详细调研地点见本书第五章第一节。于2016年1～2月、2016年8～9月对研究区域草原资源管理情况进行调研，调研地点涉及额济纳旗7个乡镇13个嘎查，详细情况见本书第六章第一节。

表1－8 样地概况

研究地区	生产方式	草原类型	政策执行时间
宁夏回族自治区盐池县	半农半牧	荒漠草原	草原确权试点县，2015年7月实行
内蒙古自治区阿拉善左旗	半农半牧	荒漠草原	草原确权试点旗，2014年开始
内蒙古自治区额济纳旗	纯牧区	荒漠草原	草原确权旗，2015年7月实行

（一）访谈法

访谈法是指在社会科学研究中通过有目的的提问或谈话来收集信息资料的方法（陆益龙，2011）。访谈是收集定性研究资料的重要的甚至是必要的方法。访谈可以获取被访者的态度、想法、动机、过去发生的事件及其细节等，是获取经验材料或数据的必要途径。本研究用到半结构式访谈和深度访谈两种方法，共获得访谈55份，其中盐池县访谈为20份，阿拉善左旗20份，额济纳旗15份。

1. 半结构式访谈（Semi-structured）

根据研究课题制定一系列开放式问题框架。半结构式访谈可以在情景中灵活提问，弥补结构性访谈缺乏弹性难以反映复杂的社会问题，访谈双方既有统一的交谈中心，受访者可以积极参与，又针对某些问题可以做深入探究（陈振明，2012）。

2. 深度访谈（In-depth Interviews）

深度访谈是在田野调查中与当地政府人员和村民尤其是关键人物进行深入而全面的访问和交流。深度访谈的目的在于从历史的角度、从整体上去理解当地社会和文化的深层意义。本研究对农牧局、草原站、信访办、乡镇人民政府等确权参与部门和村委确权工作等参与者，进行至少1小时的深度访谈，访谈内容包括对草原承包制的认识评价，对草原确权的认识、评价，确权工作中的困难、经验等。

（二）参与观察

参与观察（Participatory Observation）即研究者深入所研究对象的生活背景中，在实际参与研究对象日常社会生活的过程中所进行的观察（风笑天，2009）。本人有幸于2015年11月参与宁夏回族自治区盐池县草原确权试点工作，负责确权实施阶段的信息采集工作。通过参与信息采集工作，较深刻地观察、体验到了盐池县草原确权施行的状况。

三　问卷法

（一）问卷设计

调研问卷分为被访者基本信息、草原生态环境变化的感知、草原承包制的感知、草原确权的感知、权属和社会冲突五个部分。其中，第一部分为受访者年龄、性别、教育水平、家庭收入等基本信息，第二部分第 1～3 题为草原生态环境问题，第 4～9 题为农牧民对草原承包制的感知，第 10～20 题为农牧民对草原确权的感知，第 21～27 题为权属及社会冲突，问卷见附录二。因研究区政策实行阶段不同，个别问题略有区别，具体见各章内容分析。

（二）问卷发放方法

在正式发放问卷前用 Saturation 方法发放 20 份问卷做预调研，调整问卷中不合理的问题，确保问卷设计的合理性。采用挨家挨户的非概率抽样方法进行入户调查（Peter，2016b）。综合考虑被访者文化水平、年龄、职业等因素，调查问卷为代填问卷，即笔者问被访者问题，向被访者解释问题和选项，被访者做出相应回答后，笔者填写问卷。

（三）样本量及误差值

问卷调查受三个研究区的自然和社会条件限制，共发放有效问卷 479 份，其中盐池县 231 份、阿拉善左旗 161 份、额济纳旗 87 份。调研开始于 2015 年，便以 2015 年末统计人口为计算基础，盐池县总人口数量为 153974 人，阿拉善左旗总人口数量为 142523 人，额济纳旗总人口数量为 26159 人，三个研究区总人口数量为 322656 人，根据调研地区总人口数和有效问卷量计算[①]得置信区间 95%，误差范围为 4.47%。

（四）问卷样本量特征

研究区总样本量特征见表 1－9。性别特征方面，男性占 79.1%，女性占 20.9%。职业类型方面，农民占 74.9%，牧民占 24.0%，其他占 1.0%。年龄分布方面，样本量中以 41～50 岁、51～60 岁和 60 岁以上为主，分别占 24.8%、31.1%、29.2%；31～40 岁的占总数的 11.5%；21～30 岁和小于 20 岁的人群最少，分别占 1.9% 和

① 问卷样本量、误差计算见 http：www.checkmarket.com/sample－size－calculator/。

0.2%。教育水平方面，以小学为主，占50.5%，其次为初中、无学历、高中，分别占23.2%、13.4%、10.2%，本科及以上占1.0%，缺失值为1.7%。民族方面，受访者以汉族为主，占总调研人数的80.8%，蒙族占17.7%，回族占1.3%，缺失值为0.2%。过去5年家庭收入变化方面，没变化的占总数的54.5%，增加的占30.5%，降低的占12.5%，缺失值为2.5%。

表1-9 样本量总体特征

单位：份、%

性别	数量	占比	职业	数量	占比
男	379	79.1	农民	359	74.9
女	100	20.9	牧民	115	24.0
合计	479	100.0	其他	5	1.0
			合计	479	99.9
年龄	**数量**	**占比**	**教育水平**	**数量**	**占比**
小于20岁	1	0.2	无学历	64	13.4
21~30岁	9	1.9	小学	242	50.5
31~40岁	55	11.5	初中	111	23.2
41~50岁	119	24.8	高中	49	10.2
51~60岁	149	31.1	本科及以上	5	1.0
60岁以上	140	29.2	缺失	8	1.7
缺失	6	1.3	合计	479	100.0
合计	479	100.0			
民族	**数量**	**占比**	**家庭收入变化**	**数量**	**占比**
汉	387	80.8	增加	146	30.5
回	6	1.3	没变化	261	54.5
蒙	85	17.7	降低	60	12.5
缺失	1	0.2	缺失	12	2.5
合计	479	100.0	合计	479	100.0

四　技术路线

图1－9为本书的技术路线。

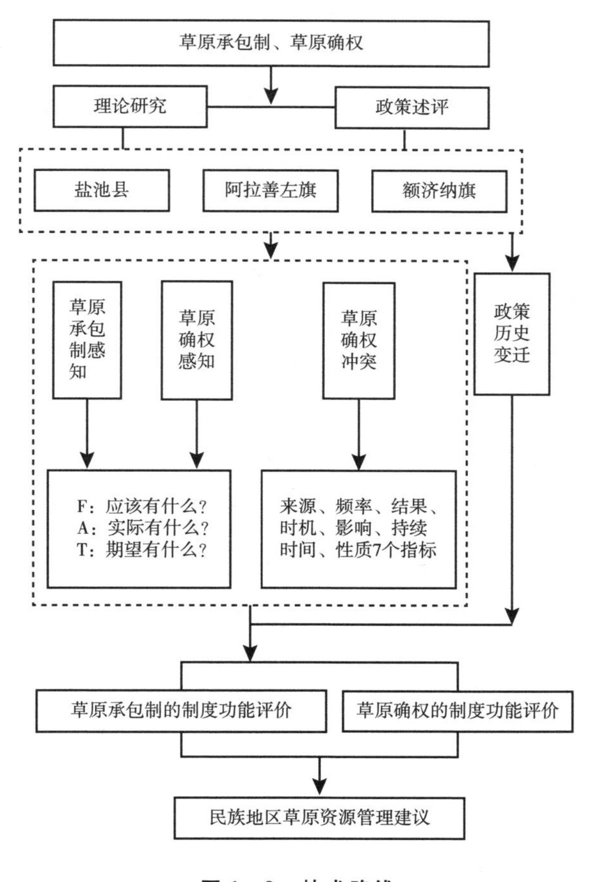

图1－9　技术路线

第五节　本书的创新之处

（1）以制度功能可信度理论为基础，探讨农牧民和政策执行者视角下的草原政策，以期更科学合理地对其进行评价。草原确权是国家针对草原管理提出的最新政策，当前对草原确权的研究起步晚，研究内容较少。本文借助制度功能可信度理论，以农牧民和政策执行者为视角，通过分析草原确权的感知和社会冲突，从而评价草原确权试图实现草原商品化的可能。最终针对可信度水平提出草原管理和保护的相应建议，为正确评价草原政策提供科学依据和理论支撑。

（2）以自然因素和人类活动双重影响为背景，探索地域性差异对草原政策评价产生的影响。中国对草原管理的研究地区多集中在典型草原区，对荒漠草原研究相对较少，地域性差异可能会对草原政策的评价结果产生影响。在自然因素和人类活动双重影响下，中国90%的天然草原出现退化，草原退化的主要表现形式之一就是荒漠化。本研究有助于荒漠草原的管理和草原资源的恢复。

（3）首次将FAT制度分析框架和CSI决策表应用于草原政策研究中，在一定程度上丰富了制度功能可信度理论。制度功能可信度理论作为较新的理论，其理论包括的FAT制度分析框架和CSI决策表应用较少，本研究首次将FAT制度分析框架和CSI决策表应用于草原研究中，丰富并完善了制度功能可信度理论的应用。

第二章　理论基础

本章内容分为三个部分，分别是概念界定、理论基础及政策述评。其中，理论基础包括研究涉及的相关理论，主要介绍制度功能可信度理论假设、内容及研究方法。政策述评主要包括“草原承包制”和“草原确权”两项政策。草原承包制是中国草原管理的核心政策之一，本研究从生态、经济及社会三方面对草原承包制进行评述。草原确权是中央政府提出的最新政策，相关研究较少，土地确权已有大量丰富的研究成果，在一定程度上可以为草原确权提供借鉴。

第一节　相关概念界定

一　草原

（一）法律法规

《草原法》第 2 条规定：“草原包括天然草原和人工草地、草山、草地，是草木和木本使用植物及其所着生的土地构成的具有多种功能的自然综合体。”《自然资源法》中将草原定义为：“生在草本或木本植物或饲料用灌木植物的土地。”《草原资源与生态监测技术规程 NY/T1233 - 2006》中的草原是指“由饲用植物和食草动物为主的生物群落及其着生的土地构成的生物土地资源，包括天然草原和人工草地”。《土地利用现状分类 GB/T21010－2017》中指“生长草本植物为主的土地，包括天然牧草地（用于放牧或割草，含禁牧草地）、沼泽草地（天然草本植物为主的沼泽化低草地、高寒草甸）、人工牧草地及其他草地（表层为土质，树木郁闭度<0.1，不适用于放牧）”。

（二）学科界定

不同学科对草原也有着不同的认识和定义。在地理学中，草原是一种特定的自然地理景观；在植物学中，草原是以多年生旱生草本植物为主组成的群落类型；在农学中，草原和草地一般情况下为同义词，其概念可随语境相互替代，指“土地资源的一种特殊类型，主要生长草本植物，或兼有灌木和稀疏乔木，可以为家畜和野生动物提供食料和生存场所，并为人类提供优良生活环境和其他多种生物产品，是多功能的草业基地。两者之间的区别是草地指中生地境，人工管理成分较多并有所认定的某些具体地块，边界相对而言较为明确，草原则泛指大面积和大范围的较为干旱的天然草地”（任继周，2015）。

（三）学者定义

草地学家贾慎修认为，“草地是草和其着生的土地构成的综合自然体，土地是环境，草是构成草地的主体，也是人类经营利用的对象”（李旭谦，2011）。

综上所述，可以看出国家法律中规定的“草原”更偏重于植物学定义。而本研究中草原更接近农学中的定义。本书中草原和草地为同义词，泛指大面积、大范围较为干旱的天然草地，本书统一为草原。

二　草原承包经营制度

（一）法律规定

2019 年修订后的《中华人民共和国土地管理法（修订）》第 4 条：

"将可用于农业生产的草地称为农用地。"2018 年 12 月修订的《中华人民共和国农村土地承包法》第 2 条和第 3 条明确指出:"农村土地,是指农民集体所有和国家所有依法由农民集体使用的耕地、林地、草地……""国家实行农村土地承包经营制度。"

（二）政策来源

家庭承包制始于 1978 年安徽省凤阳县小岗生产队。当地农民自发形成,承包制极大程度上调动了农民的积极性,在农业生产中取得了巨大成功,后来被推广到全国农区。20 世纪 80 年代后,借鉴农区的成功经验,草原地区也开始实施承包制,各地区叫法不一样,如在内蒙古地区一般叫"双权一制"(杨理,2007)。

（三）学者定义

有学者指出,畜草双承包责任制是一些相互支撑的政策措施组成的一个综合的草场管理和畜牧业发展的政策体系,可以称为"广义的畜草双承包责任制",不仅包括牲畜和草场承包产权制度的变化,还包括畜牧业生产方式和草场管理方式的变革(李文军、张倩,2009)。

三 草原确权

2015 年农业部按照中央和六部委文件精神下发《农业部关于开展草原确权承包登记试点的通知》。其中指出,"草原确权的目标是:稳定现有草原承包关系,完善承包工作规范,对尚未落实草原所有权、使用权和承包经营权的,要制定确权承包方案,加快推进确权承包工作,发放有关权属证书、签订承包合同并登记建档;对已落实的要加强规范化管理,已发放有关权属证书但内容不规范的,要及时补充和完善;有关权属证书遗失、漏发或损坏的,要及时补发或换发"。

本文中的草原确权指中央政府下发文件中所规定的一系列工作,其目的是让草原进入流转市场,实现草原的经济功能。

四　环境感知

环境感知是人们环境行为的心理基础，是合理环境行为的前提（彭建、周尚意，2001）。牧区环境感知已成为当前人文主义地理学研究的重要领域。农牧户作为草原生产活动的主体，具有自主的发展权与决策权（李小建等，2009）。并且，农牧户的环境感知及其态度反映区域发展中人和生态关系的互动（赵雪雁，2012）。农牧民作为草原生态保护政策的实施主体，他们的认知程度是能否自觉遵守政策规定的重要前提，直接影响政策实施效果和政策的可持续性；同时，政策实施状况会影响农牧民的生产行为进而对草原环境造成影响，基于此，对农户行为开展调查研究显得至关重要（苏珊等，2018）。研究农牧户的环境感知特性及其规律不仅有助于进一步深入理解民族地区复杂的人、生态环境的变化，更有助于寻求解决草原管理问题的路径。

当地农民的生活经验可以帮助他们判断草原变化的趋势（Cox，2005；Azadi et al.，2009）。学者们对牧民的环境感知相关问题也做了大量研究（齐顾波、胡新萍，2006；Li and Huntsinger，2011），这些学者们通过长期观察研究指出，农牧民对草原环境的感知普遍认为草原退化情况加剧。

本书中的“感知”指农牧民对草原生态环境及管理政策的主观感受，是集体行为的表达。

五　半农半牧区

（一）学科界定

中国地理区划中将半农半牧区定义为“季风区与中亚内陆高原区的过渡地带”。中国农业区划将此过渡带定义为“种植业和畜牧业产值大致相等的地区”。

（二）学者定义

赵松乔（1959）最早提出农牧交错带，他认为农牧交错带是自然条件和农业生产的过渡带。程序（1999）认为农牧交错带在我国北方，位于半湿润农区与干旱、半干旱牧区接壤的过渡地带。赵哈林（2002）也认为农牧交错带是过渡地带，在该地区种植业和草地畜牧业交错分布。吴贵蜀（2003）认为农牧交错带是我国传统农业区域与畜牧业区域相交汇和过渡的地带，是一个独特而重要的产业界面。

（三）形成过程

关于半农半牧区的形成过程，有学者认为是“游牧民族迁出，农耕民族迁入。农耕民族一般都为汉族，随着汉族农民人口的扩散，周边地区逐渐转变为农耕区域，在农耕区和畜牧区之间出现的过渡区域为半农半牧区”（阿拉腾，2006）。随着农耕文化圈向西北扩散、畜牧文化圈缩退，两大文化圈在空间上发生相互作用而形成半农半牧区（程序，1999）。一些学者认为，农牧交错带是由于全新世暖期结束的气候变化事件导致原始文化衰落、土地利用方式产生变化而形成的（方修琦、章文波，1998）。也有学者认为此区域是经过长时期的历史环境演变并由自然人文因素共同作用形成的（袁宏霞等，2014）。

综上所述，结合学科界定和学者观点，本研究中的半农半牧区是一个过渡区域，这个过渡区域由汉族和游牧民族两大文化圈相互作用、相互影响而形成。

六　产权与制度

产权的相关讨论始于现代经济学。按照《新帕尔格雷夫经济学大辞典》的定义，产权是一种通过社会强制实现的对某种经济物品的多种用途进行选择的权利。Alchian（1969）把产权定义为人们在资源稀缺的条件下使用资源的权利，或者说是人们使用资源的适当规则。Demsetz（1967）将产权视为“权利束”，他认为产权是一种社会工具，产权之所以有意义，就在于它使人们在与别人的交换中形成了合理的预期。产权的一个主要功能是为实现外部效应更大程度的内部化提供动力。可见产权是用来界定人在经济活动中如何收益、如何受损以及如何进行补偿的相关规则，是收益权和控制权相结合的有机体。学者Ciriacy 和 Bishop（1975）认为产权是种社会关系，产权关系的存在是为两者赋予权力和责任（Bromley，1989）。虽然不同学者对产权有着不同的表述，但在产权是包含关键性的排他性和可让渡性的权利这一点上大致相同。当然，经济学上对产权的关注在于通过界定、使用及保护这些权利给权利人带来经济利益，从而理性经济人的行为得以在经济利益的引导下改变自己的行动，以实现交易成本的节约和资源的有效配置。

经济学意义上的制度是指一系列被制定出来的规则、服从程序和道德、伦理的行为规范，North 称之为“制度安排”。制度安排旨在提供一种使其成员的合作获得一些在结构外不可能获得的追加收入，或提供一种能影响法律或产权变迁的机制，以改变个人或团体可以合法竞争的方式。所谓的制度变迁是指一种制度框架的创新和被打破。

制度是人为设计的一系列约束，由传统、习惯、道德等非正式约束和宪法、产权等正式法则组成（North，1990）。某些情况下产权和制度二者所代表的意义相同。本文中的“产权”或“制度”更为狭义，指国家政策、成文法规以及政府部门背后蕴含的“制度安排”（何·皮特，2014）。

第二节　相关理论研究

一　制度功能可信度理论

（一）假设

从新自由主义或新古典主义中得出的经验是：制度存在或其在持续期内会承担特殊的功能，此时制度是可信的；否则，制度将会被弃用或转变为其他类型。需要注意的是可信的制度并非意味着完全没有冲突。相反，可信的制度从本质上讲是存在冲突的，正如“冲突是任何产权安排固有的，即使是那些非常重要高效的制度”。其可能的原因是新自由主义的理论是一个整体（Lawson，2013），理论中包括了不同的元素，并且这些元素是自然而然产生的（Peter，2013），然而新自由主义并没有考虑到这些部分的存在（Lawson，2013）。基于全球多个国家的经济发展情况，制度功能可信度理论提出三个假设：第一，制度和经济发展并不是因果关系，二者相互影响；第二，制度是自发、内生的；第三，制度功能更重要。

（二）主要内容

1. 制度是内生的、无意的发展结果

尽管行为者有设计意图，然而并不存在任何外部机构可以设计制度，所有行为者的行为都是自发、有序的。制度产生也是行为者集体行为意料之外的结果。制度实际上是内生、非目的性的结果。学者 Grable（2000）的看法也与此类似。

2. 制度变化是受非平衡驱动的

与制度平衡概念相反，行为者的互动被视为一个不断变化和冲突的过程，而在这个过程中永远不会达到稳定平衡的状态。可以将其视为“动态非均衡”或将制度变迁视为永久的改变。制度变化的速度并不确定，有时候制度的变化慢到无法察觉，有时却异常迅速（Berger，2009）。

3. 制度形式是功能的附属

制度运行的有效或无效是在时间和空间中验证的，并不仅仅是依靠制度表现出来的形式。

4. 制度是一个连续系统

制度是一个连续系统，其变化经历为“完全可信的制度（Fully Credible）－部分不可信的制度（Partially Credible）－空制度（Empty Institutions）－完全不可信的制度（Non-credible）（Peter，2016a）”。但

制度变化的方向是任意的，可能向可信的制度方向演变，也可能向不可信的制度方向演变。

（三）分析框架

1. 可信度（Credibility）的内涵

可信度是指制度功能的集体表达，更准确地说，可信度反映了行为者对内生制度作为公共制度安排的集体感知（Peter，2014）。可信度的定义包含三个方面的内涵。第一，“集合”层面，就是个人对土地租赁、公共灌溉、法律或政策等制度的看法加以区别。第二，可信度“是内生而不是外生的”（Grabel，2000），将其与外部设计区别开，这对于有意的、外部诱导的治理具有更大的意义（Peter，2013；Stillman，1974）。第三，可信度是指行为者将制度看作是由两个或多个当事方共享的共同安排。

总而言之，虽然行为者可以反对或支持个人权利（例如私人所有权或权属安全）的公共安排，但同一行为者可能不知情地选择超越甚至违反其利益的规则，以支持更大的社区集体（例如非正式的，习惯性的制度安排）。个人和集体之间的这种内在关系推动了一种快速交替和缓慢无尽头的制度变革过程。其特征是冲突无休止地打破平衡，但如果其动力不足系统会立即崩溃（Fisher Franklin M.，1983），这就是动态非均衡：持续的不平衡，通过某种张力永远推进，而变化的速度却不同。术语“动态”具有两层内涵：一是向前运动或是处于连续运动的过程；二是前进或累积的过程，可以在社会、经济或环境方面看到。这是可信度的本质，而制度两种不利的状态要么是稳定或停滞，要么是爆发性的发展或增长。

2. 分析维度

（1）时间

制度变迁研究的一个重要维度是时间，从时间角度看，制度变迁经历了时间点 t_1，t_2，……，t_n。需要注意的一点是，制度是通过行为者的意图自己萌发经过长期过程形成的。制度不会一夜之间产生，可能需要经历半个多世纪，而这半个多世纪的改变常常被人们误认为是一蹴而就的。从时间维度而言，对制度的研究尺度尽可能越长越好。例如，中国土地登记历史可以追溯到近100年前，而这近100年的制度变迁历史也很好地说明了中国的土地制度发展从没达到国家意图（Peter，2015）。制度变迁会随时间发生变化，理想情况下，每个时期的资料都可获取。但实际情况往往有例外，假设某次行为者对制度的感知调研时间为t_1，10年后我们标记为t_2，此时对相同的内容再次进行调研。10年间社会和经济条件会发生很多变化，实际情况往往更复杂，受资源限制可能会出现数据是否可用的问题。上述问题除了做数据缺失处理外，还有两种解决方式，一种是可以选择补偿数据，如上述例子已获得t_2数据但缺t_1数据，可以试着唤起被访者在t_1时间段的经验，然而，这种方法也因人的记忆有限存在局限性（Tulving and Craik，2006）。

（2）空间

另外一种方法是“时空代替法”，不同的地点为P_1，P_2，……，P_n。上述例子中，如果t_1的数据缺失了，可以通过寻找t_2时间内和t_1。发展近似的地点P_n，用P_n的数据代替缺失的t_1数据。

（3）层级

分析制度时还需区分制度在哪个目标层级。层级指宏观层面和微观层面。如对内蒙古自治区草原管理政策，“自上而下”有国家层级的《草原法》，地方政府层级的《内蒙古自治区草原管理条例实施细则》（1998）。宏观和微观层面是相对的，国家和地方是宏观和微观的代表，而具体分析到省级地区时，省级法规政策就相当于宏观层面，县、乡级法规政策就是微观层面。

3. 评价方法

制度功能的其中一个评价指标是行为者的集体感知（Preception）。每个人都有自己的感知模式阐述周围的世界，一部分感知来源于文化、知识及价值观，在不同民族和社会中有着根本性的不同（North，1990）。如对产权而言，可能被视为一种有益的权利。我们可以通过

FAT 分析框架（见图 2－1）研究行为者的集体感知。其中，FAT 三个字母表示正式的（Formal）、实际的（Actual）、目标（Targeted），具体分析如下。

正式制度（Formal）：你应当拥有什么样的制度。

实际制度（Actual）：你实际上拥有什么样的制度。

目标制度（Targeted）：你希望拥有什么样的制度。

图 2－1　FAT 分析框架

可信度的另一个评价指标是社会、经济及生态环境中的冲突（Conflict）。冲突这项指标可以具体分为：来源（Origin），即冲突的类型；频率（Frequency），指既定时间内冲突发生的数量；结果（Outcome），冲突的最终结果是完全解决、部分解决、没有解决或不知道；时机（Timing），指频繁发生冲突的时期，如是否有历史事件；影响（Intensity），可以通过经济或社会成本，或者是冲突的诉讼等级表达；持续时间（Length），即冲突发生的时长，如天、周、月或年；性质（Nature），如暴力或非暴力，可以进一步分为诸如破坏、路障、纠察、示威、占领建筑物和公共设施等，或者是公开的暴力行为，诸如打架斗殴、绑架等。

从综合感知和社会冲突两个方面对可信度进行分级，以达到实行干预的目的（见表 2－1）。如果产权安排可信度高，那么不需要制度干预。如果可信度处于中等偏高这一阶段，最好是为产权实践提供适当选择或是使其正规化。例如，土地规范化作为一种社会权利，如果可信度处于高或者非常高的水平，为其提供可能的制度选择或是将现行的制度正规化是当前阶段最好的做法。在此期间可以做的制度干预是提供选择，选择合作也需要政府一定程度的支持。合作和允许是在强度上有所不同的制度干预。选择合作仍然需要一定程度的政府行动，通过使其正规化成为法定规则。这是一种微妙的干预形式，它在行动和非行动之间形成狭窄的分歧，每天都在不受干扰的情况下努力达成目标。当制度功能和需求存在很大分歧时，选择合作或者允许是个很好的选项。

表 2－1 可信度及其决策方法（CSI 决策）

可信度水平	制度干预	预期效果
高	允许	维持现状，不干预
中等偏高	选择	现状正式化
中等	促进	扶持应当的行为
中等偏低	禁止	禁止不应当的行为
低	命令	命令必须做什么

注：表格材料来自 Peter（2016）。

可信度的另一种情况是中间级别。这就意味着此时的制度干预可以提供一些支持确保每天惯常的制度运行。鼓励促进是更明智的选择，尤其是重要制度革新发生时期。决策者应该意识到新的发展标志着制度产生了新的功能，应当及时提供资源和空间支持制度革新。

当可信度处于低水平时，制度干预需要明确规定必须做什么。例如，如果非正式的土地制度可信度较低，那就需要将其禁止。通常，规定和禁止属于制度干预模式，只有当预期的功能已经与当地行为者的总体感知相一致时才能运行。讽刺的是，面对社会压力、私人利益及政治野心，政府经常选择命令和禁止，以象征性的方式表现出决心或与其他权力持有人进行交易。其结果是制度可信度较低，或者产生了与行为者日常不符合的空制度。正如一位法律人类学家所说：“法律可能有时在象征主义和魔法领域中移动，而不是在实际问题的实际解决方案中。”（Aubert，1966）

需要强调的是，可信度的概念是连续的，其结果是可以在连续体中发生变化的。因此，制度干预类型和预期的效果并不是一成不变的。如果人们希望更好地了解制度干预的结果，制度自发、内生产生于行为者相互作用中，必须知道制度干预在其关系中的时空条件。这意味着可以进行制度干预，但始终得提供不进行制度干预的选择。另一方面也说明了这样的一个原则，即制度形式是制度功能的附属。

二　平衡生态学与非平衡生态学

（一）平衡生态学说

平衡生态理论遵循美国植物生态学家克莱门茨的植被演替理论。最初的起源和实地验证来自美国的西部草场，之后迅速成为世界各地管理草场的主流理论（Coughenour，1991）。中国草原管理也遵循此演替模型。平衡理论认为，草原生态系统自身有能力保持稳定、均衡的食草动物数量，但是由于人类的“过牧”而导致生态系统偏离了潜在的均衡状态，因此，只要通过将牲畜数量控制在一定的水平，则生态系统可以自行通过逆向演替而恢复到顶级状态（Ellis and Swift，1988）。草原平衡理论的核心涉及两个关键词：草原承载力和草原状况等级。关于草原承载力的内容会在下文进一步阐述。

尽管草场管理已经成为一门科学理论，但理论产生与当时的政治、经济、社会背景密切相关。在特定背景下，即使草地管理实践有明确的产权边界、牲畜品种改良、强制规定载畜率、定居、商业性畜牧等规定，但都受到特定的社会、政治和经济环境影响，并非完全顺从草原生态系统规律而产生（李文军、张倩，2009）。

（二）非平衡生态学说

20 世纪 70 年代后，越来越多的研究者（Wiens，1984；Joseph et al.，1983；Deangelis and Waterhouse，1987）认识到在生态系统中基于演替理论的动态平衡理论很难发生。Ellis 和 Swift（1988）及 Westoby

等（1989）最先提出了非平衡的概念，并将其应用于干旱地区草场。非平衡理论在一些文献中也被称为“新草场生态学”。非平衡理论认为，传统生态平衡理论的模型没有考虑干旱半干旱草原的空间异质性和变异性，对草原的认识不完整，导致了不恰当甚至是失败的草原管理和恢复性干预。如果想有效合理地利用草原，必须采取适应性管理，灵活调整载畜量。

由此可见，平衡生态理论和非平衡生态理论争论焦点集中在生物因素和非生物因素到底哪个变量对草原生产力影响更大，而这直接关系到另一个问题，草原退化的主要原因是否为放牧导致的？目前相对一致的观点认为，将生态系统划分为密度驱动类型和非生物因素驱动类型过于简单化，很多草原生态系统并非“平衡”也非“非平衡”，而是出于连续波动的两极状态，即同时兼具两者特征（Sullivan and Rohde，2002）。

Scoones（1999）指出，目前草场利用和管理所面临的困境是，稳定的具有预测性的平衡生态系统理论仍然在学界、草场管理实践及畜牧业社会经济发展决策中占主流地位，而认为草场具有不确定性，动态性的非平衡理论由于种种原因，一直在被有意或无意地边缘化。只有在不同的空间尺度范围内，针对不同的退化原因制定相应的草场退化治理政策，才能达到有效治理的成果。然而，官方和学术界一直以来重点强调“过度放牧”，将草原退化的主要原因归咎于牧民和牲畜，相应地，草原退化的主要治理措施都是围绕“减畜”，这种思维模式实际上遵循了平衡理论范式。

（三）不足之处

“载畜量”是对草畜关系的度量。农业部对载畜量进行了详尽描述。“载畜量”是指在一定的草地面积、一定的利用时间内，所承载饲养家畜的头数和时间；“合理载畜量”是指在一定的草地面积和一定的利用时间内，在适度放牧（或割草）利用并维持草地可持续生产的条件下，满足饲养家畜在生长、繁殖、生产畜产品的需要时所能承养的家畜头数和时间，合理载畜量又称为理论载畜量；“现存载畜量”是指一定面积的草地、在一定的利用时间段内，实际承担的标准家畜头数。

尽管目前草原管理的原则是以草定畜，但确定的标准各不相同，所以如何科学地以草定畜是目前草原管理中面临的迫切问题。从上述定义中不难看出，草原承包的核心是最大载畜量，首先要确定的是一定面积内草原的总产草量，通常用干生物量代表，载畜量 $=\frac{\text{总产草量}}{\text{牲畜食草量}}$。这只是简化公式，公式里还涉及不同牲畜食草系数、草原可利用率，从公式里就可以看出载畜量计算不是件容易的事，实践中载畜量往往会失效。原因来自三个方面：首先，计算中需要考虑不同草原类型的植物生产量、不同牲畜组成以及草原植被经过牲畜啃食后的再生产力（Peter，2001）。北方干旱、半干旱草原空间上的异质性特点十分突出，甚至空间上的差异比时间上的差异还要大。这很可能致使不同测量者做测产样方时导致的系统误差十分惊人。其次，数据获取分析过程真实性可能不高。杨理和侯向阳（2005a）通过对以草定畜理论的研究认为，通过产草量确定的每个牧户的载畜量只是一个大概的存在较大误差的指标，并且很难说官方颁布的载畜量标准就是十分准确科学的。因为，数据获取过程并没有向农民和牧民收集和分享信息环节，大多数据是草原监理所提供的，而这些部门热衷于展示牲畜生产，这些数据被提供给草原学者，学者们在这些不是很准确的数据上加以分析后将结果及建议递交到畜牧局（Taylor，2012）。遥感虽是目前十分有效可行的测产方式，在宏观大尺度上的产草量计算能够相对准确，但是具体到微观层面，村甚至牧户，遥感的准确率就很难达到令人满意的程度。即使不考虑在样方测量上的误差，在由点及面的尺度转换中也仍然会产生较大的误差。最后，畜产品没有建立相对完善的市场体系，即使能制定合理的载畜量标准，也无法应对草原生态系统在时间上的波动性。严格按照载畜量标准调节牲畜数量时，倘若遇见巨大的产草量波动，将增加牧民的损失。所以，以草定畜应该采取以草质和草量综合的模式管理牲畜数，而不应该仅仅以草的产量定畜，更不应该单凭产草量、饲养牲畜的数量来处罚牧户。整个过程很容易得出公共资源通过承包到户的私有化形式可以解决草原退化的问题。通过上述分析可以得出，学者们对载畜量问题看法一致：不论如何补充完善草原承包制，其失败的根源是载畜量（Li et al.，2007）。

草地产草量与放牧率之间的关系在理论上有三种模式：随放牧强度的增加草群产量会降低；达到一定放牧强度水平时才随放牧强度的增加而降低；先随放牧强度的增加产量上升，达到最适放牧强度时产量最高，而后再随放牧强度的增加而降低（李博，1999）。草地与家畜之间的关系并不仅仅表现为超载，还表现为动物对植物的选择、放牧的空间分布、动物间选择性差异和生产特性。放牧是一个选择过程，它总是消除一些植物，特别是那些休眠后仍具有良好适口性的植物（聂桂山、玉兰，1993）。绵羊对柔嫩的阔叶草和小禾草极偏嗜，而对某些优势种不乐意采食。家畜对牧草的偏小木翠微偏嗜，而对某些优势种不乐意采食（韩建国、贾慎修，1990）。牲畜对牧草的偏嗜是影响所采食牧草营养价值的重要因素，也是合理利用不同类型的天然草场、防止草原退化的依据。把放牧调控作为草地管理手段，充分发挥和利用植物的超补偿生长潜力，提高植物的净生长能力和有效利用率，消除生长冗余，对于减少牧草资源的浪费、维持草地持续生产能力、实现草地的可持续利用具有重要意义。

三　产权与制度变迁理论

（一）主要学派及其观点

以何种方式管理自然资源才不会造成浪费，学者们有不同的观点（见表2-2）。自Hardin（1968）的“公地悲剧”问世以来，引起了人们对自然资源产权的深思。该理论认为在没有产权缺乏外部引导的情况下，人们会以“搭便车”的方式利用自然资源，最终“公众的自由将毁灭一切”。根据这种观点，对自然资源管理方式之一是推行国有化，即国家负责自然资源的监管，以避免“公地悲剧”，代表学者 Olson；或者建立自由市场，将产权分配给个人实行私有化，代表学者 Coase（1960）。经典产权学派也认为，在资源价值较低和排他性较高时，土地处于开放或共有产权状态（Demsetz，1967），但随着资源稀缺，开放或是共有的产权会导致资源的过度利用，这就需要将自然资源私有化管理以避免悲剧。

表 2-2　产权学派类型、主要观点及代表学者

类型	主要观点	代表学者
开放性	无人管理的产权模式，即任何人都可以使用自然资源，会造成“公地悲剧”	Hardin
国有产权	国家负责自然资源的监管，以避免“公地悲剧”	Olson
私有产权	建立自由市场，产权分配给个人，私有化管理	Coase
共有产权	“公共池塘资源管理”，即传统的小规模自我组织、自我管理模式对自然资源管理更有效	Browly，Ostrom

1. 私有产权

私有产权是一种古老的产权形式，产权将权力和利益界定到个人。没有经过所有者的许可或补偿，任何人都不能使用或改变产权所有者物品的物质形状。个人具有最完整的占有、使用、处分以及由此带来的收益的权利结构。

2. 国有产权

国有产权取决于政府的性质。政府既可以代表公共利益，也可以代表政府官员的利益。政府官员有自己的效用最大化目标，他们的行为可以使社会福利最大化，但不是单纯的社会福利最大化，如争取更高的薪金、更小的工作负担、巩固自己的职位并力求晋升、扩大下属的人数等。根据帕金森定律，无论政府工作量增加了还是减少了，或者根本没有工作可做，政府机构的人员数量总是按照一定速度递增，与此同时，行政人员还会追求更多的特权和社会附加福利。概括来讲，国有产权形式会造成浪费、经济效率低、社会总福利减少的后果。

3. 公共产权

公共产权不具备消费排他性商品的所有权。在这样的产权条件下，每个人都可以随意使用，而不会为其支付成本。如果向每个使用者开放，允许任何人自由进入，平等地分享并获取平均收益，就会出现对资源的过度使用或没有人承担费用，每一个人都可以“搭便车”。过度使用公共资源，将会使其实际增加的价值（效用）低于增加的成本，造成整个社会效率的损失，甚至可能出现“公地悲剧”。

4. 共有产权

为谋取组织内部所有成员平均收益最大化的产权属于共有产权。共有的私有财产与其他的私有产权不同，它不具备产权利益的匿名可转让性。俱乐部就是典型的具体实例。学者们对私有产权是解决自然资源困境的最好方式存在质疑（Banks，2010；Banks et al.，2003）。近些年来，“公共池塘资源”管理理论认为，传统的小规模自我组织、自我管理的共有产权形式具有有效性（Ostrom，1990；Dietz et al.，2003）。在公共池塘资源理论中，制度供给是一个渐进、连续和自主转化的过程，本身处于不断变化之中，只要人们经常不断地沟通、相互交往，在这样的环境中就会形成统一的行为准则和互惠的处事模式，通过建立信任和社群观念解决新制度供给的问题（黄永新，2011）。

我国北方草原的实证研究结果也表明，以小组共有的形式对资源进行管理是有效的，不会产生“公地悲剧”（Banks，2001）。宁夏盐池县的案例研究也表明公共产权的成功是基于以下条件：首先，禁牧区范围较小，且位于村庄附近便于监管；其次，较少的成员降低了交易费用；最后，乡镇领导的尝试以及村干部在上级和村民之间的积极沟通起到了重要作用（Peter，2000a）。

国际上草原产权与上述三种学派相对应，分为以下三种：第一类为草地私有制，大多数资本主义国家实行该制度，如英国、日本等；第二类为国有化，草地或牧区属于国家所有，政府规定使用期限，将其租给牧场主使用，如澳大利亚、加拿大等；第三类为草地集体所有（盖志毅，2005）。中国草原产权制度分为草地国有和集体所有两种形式。

集体产权是在特殊时期建立起来的一种以合作社为载体的产权形式。《宪法》规定，农村中的生产、供销、信用、消费等各种形式的合作经济，是社会主义劳动群众集体所有制经济。集体产权是指人们集体占有、使用、收益和处分的产权（黄永新，2011）。集体产权制度则是集体关于其集体财产权利划分的规则和人们行使财产权利的行为准则。中国农村目前存在的集体产权在某些方面类似共有产权，其特性如下：一是集体产权的主体是劳动群众集体经济组织，某个成员或某部分成员不能成为集体产权的主体，集体产权主体必须是一个有形的、由个人联合起来的、具有法人资格的集体经济组织。如，农村土地的所有权主体是农民集体经济组织，而非农民所有。二是集体财产不分份额，不能分割，从理论上讲，行使集体产权必须经过全体成员同意，对财产的维护、管理、保护等费用以及财产损失由成员共同承担，并负连带责任。三是集体财产已经脱离个人而存在，任何成员个人都不能成为集体财产主体（黄永新，2011）。

（二）产权关系的争论

学者斯蒂格利茨将产权明晰为核心的产权理论，称为“产权神话”，他认为这种神话误导了许多处于过渡中的国家把注意力集中在私有化问题上（约瑟夫·E. 斯蒂格利茨，1998）；而不明晰的产权不一定出现问题，产权不明晰也能成功地进入市场改革。对中国过去 30 年土地和房地产产业的研究表明，中国的大量资本积累是在没有明确财产权的情况下发生的，中国政府在农地产权制度上采取了“有意的制度模糊”，这种模糊是土地权属相关法律条款的不确定性造成的，而正是不确定性充当了润滑剂才使得土地产权顺利运行（何·皮特，2014）。

“有意的制度模糊”概念的提出引起了中国学者的激烈讨论，讨论的焦点集中在中国农地产权制度是否存在“有意的制度模糊”，这种“有意的制度模糊”会产生什么样的结果。王金红（2011）指出目前的家庭承包制是“三级所有、队为基础”的集体所有制的延续，这种巧妙的模糊制度安排，本质上回避了农地产权最根本的问题即产权明晰。罗必良（2012）通过对“公共领域”概念的扩展，揭示产权模糊的本质是政府故意制造的，而这种模糊的产权制度是造成我国农地流失的原因之一。然而，姚如青（2013）基于1000余份农户宅基地产权的调查表明，模糊产权具有制度效率。黄砺等（2014）的研究也表明，政府有意将农地产权模糊化，同时农民也认可与默许这种模糊的农地产权。这些研究都表明了产权明晰并不是解决问题的唯一途径，在市场尚不完善时，模糊的产权作为一种过渡制度可以提高经济发展的效率（季稻葵，1995）。另外，也有学者从社会学角度出发提出“关系产权”（周雪光，2005），该理论认为产权是组织与其外部环境或组织内部之间稳定的交往关联（周雪光，2005），这种“交往关联”是长期适应所处环境的结果，并不是强制实行的。

综上所述，学术界对如何保护自然资源的争论焦点集中在是否对产权进行明晰的问题上。一方面，产权明晰没有如人们的预期起到保护自然资源的作用；另一方面，不明晰的产权却在一定程度上起到了润滑剂的作用。可见，产权明晰或者不明晰只是一种形式，我们应该将过度集中在对制度形式上的讨论转移到思考制度本身发挥的功能方面。制度功能的重点是在合适的时间和空间中产生的制度内容，而不是任何为了经济增长和发展希望决定采取什么样的制度形式（Peter，2014）。过度探讨制度形式而忽略了制度功能，并不能有效解决草原资源管理中的问题。

四　新自由主义理论

（一）假设

新自由主义和新古典主义认为没有合法所有权时可能会出现如下情况：人们担心房屋和土地被随意征占，人们不愿意投资，当自然资源属于集体共有时，人们更倾向于“搭便车”行为。为了避免类似情况的发生，需要人为地将制度正式化、私有化和安全化。基于此，新自由主义提出三个假设：第一，制度可被外源设计（即有意地）并执行；第二，制度变迁是平衡性的；第三，制度形式（即正式的、安全的和私有产权）对经济发展至关重要。

（二）不足之处

新自由主义和新古典主义对制度变迁的假设和结果并不能为制度发展提供令人满意的解释。新自由主义和新古典主义过分注重制度形式，将制度视为“黑箱”，忽略了制度会随时间和空间而发生变化。并且新自由主义和新古典主义理论并不能解释“制度需要形式→形式带来增长→如果形式不符合→制度会发生改变”这个模式，其中的悖论是：制度形式符合，但经济没有增长；制度形式不符合，但制度没有发生变化（见图2－2）。

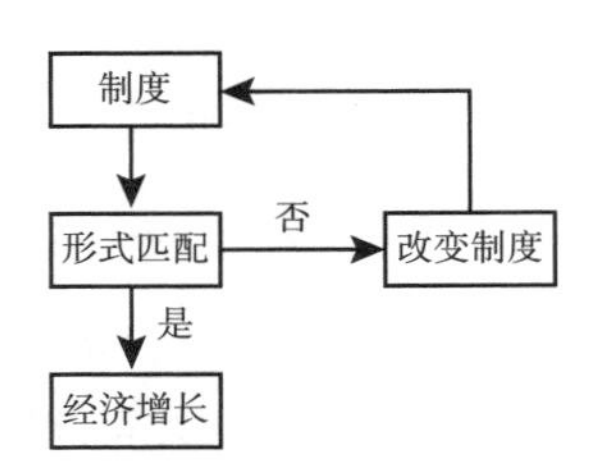

图2－2　新自由主义经济发展的逻辑

在全球经济和地缘政治权力重新分配下，新自由主义的假设并不足以解释各国的经济发展。例如，中国经济持续几十年的增长就是在产权不明晰的情况下实现的，印度迅速崛起的“寻租经济”也实现了较高的国内生产总值的增长。新自由主义和新古典主义都没能解释这些案例所呈现出来的情况。相反，这些案例表明了政策干预可能会导致“空制度”或不可信的制度（Reerink and Gelder，2010；Andre and Platteau，1998；何·皮特，2014）。领导者可以通过强制力迫使制度的倾向趋向平衡（即独裁权力）。基于此，制度可能倾向于更加正式化、安全化及隐私化，从而保证功能良好的市场和稳定的社会，然而这样的制度就其本身而言并没有发展。权力可以干预自然平衡，导致不平衡状态。从这个角度看，由于独裁政权过分的干预，效率低下的制度可以继续存在，其带来的问题是过度权力的想法也会阻碍制度变迁。

基于上述对产权学派、新自由主义、平衡生态、非平衡生态学说的讨论发现，现有的草原管理的相关政策理论都具有局限性，并不能全面、完整地解释草原管理中出现的困境。在此情况下，本书应用制度功能可信度理论来分析草原政策问题。制度功能可信度理论相较前几种理论，其贡献在于：第一，着眼于分析制度承担的功能，草原承包制承担社会保障功能，草原确权承担经济功能，跳出了原有注重国有、私有或者共有这些形式问题。第二，从时间、空间、宏观和微观的维度，因地制宜地分析制度功能，合理科学地评价制度问题避免“一刀切”。第三，以人为本，一切从行为者角度出发，每个人都是用自己的感知模式来阐述周围的世界，而制度功能通过行为者的集体感知来对制度进行评价。

第三节　草原生态与草原制度安排

中国的草原按区域类型分为三类：一类是北方干旱和半干旱草原，从内蒙古东部延伸到宁夏再到新疆，中国的大部分沙漠也在这个地带，这一地区环境比较脆弱，环境质量的好坏直接影响到内陆；第二类是青藏高原和环青藏高原一带，从新疆南部延伸到青海，一直延续到云南一片，青藏高原一直被称为“中国的水塔”，该地区不仅是中国几大河流的发源地，也是亚洲几大河流的发源地，这里的生态环境对中国甚至对东南亚都有很重要的意义；第三类是南方草原，南方草原和前两类草原差异较大，南方草原其实就是丘陵，分布零散。前两类草原地区环境近几年急剧变化（王晓毅，2014）。

中国是由农耕文化和畜牧文化组成的多元一体社会。一个社会有着多样性的文化，有民族的、地方的不同文化价值观念，社会必须有共同的价值观念驱动社会成员去实现本社会共同的目标。尤其在处理人与生产环境之间的关系时团结社会中的各种文化群体发挥他们的文化智慧显得更重要。在干旱半干旱地区的草原，水、草、畜等畜牧业资源具有很高的时空异质性，也就是说，这些资源在时间和空间上具有很高的复杂性和变异性（张倩，2015）。草原与农业互动的结果会形成一个既非草原也非农业的“过渡地带”，“过渡地带”产生了几个有意义的重要结果（德全英，2013）：第一，形成混合经济。混合经济反映草原与农业两种生产方式相互依存的生产关系，增进草原与农区具有相互依附性的深度交往的生产性关系。第二，形成混合文化。混合文化反映出草原社会与农业社会两种生产社会的跨区域交往的深层认同关系，既包含有共同认同的文化共性，也保持有各自的文化特性。第三，最终形成混合社会。混合社会既不属于草原社会，也不属于农业社会；“过渡地带”经过长期稳定后会进一步扩大，它越扩大就越加剧有独立社会秩序的地位，但又绝不会完全分裂。草原与农业互动形成的“过渡地带”实际上成为了草原民族与农业民族间彼此难分你我、和平共处的共同地带。这是跨区域交往形成的共居地带。在这里，草原（少数民族）与农业（汉族）已经相互离不开了。结果是生活在这个地理区域的人的族群身份就很难清晰地界定出来。草原的生态安全和牧民的生计对整个中国来说有着重要的意义。草原在经历迅速变化之后，很少有人真正从宏观和微观角度去把握它的总的变化趋势。草原出现问题后出台了很多政策，并采取了行动，但这些都是头痛医头、脚痛医脚的方式。这些政策和行动在解决一个问题的时候会带来十几个问题，于是事情就变得更加复杂。在这种情况下草原未来是什么趋势，究竟该如何管理，其实没有明确的答案。无论对中国的未来，还是对城镇的发展来讲，这一点都是值得关注的。

一 草原退化

（一）草原退化定义

草原退化包括可见的与非可见的两类，前者如土壤侵蚀和盐渍化，后者如化学、物理和生物因素变化导致的生产力的下降（李博，1999）。草地退化的结果是生态系统的退化，破坏了草原生态系统物质循环的相对平衡，使生态系统逆向演替过程，表现为系统的组成、结构与功能发生了明显变化，原有的能流规模缩小，物质循环失调，打破了原有的稳态和有序性，系统向低能量转化，最终建立新的亚稳态。草地退化与草地群落的逆行演替并不等同，前者有对利用价值评价的意思，后者单指群落演替的方向（万里强等，2003）。有些草地类型在顶极状态下利用价值不高，但在适度利用时价值提高，即群落虽发生了逆行演替，但并不能称为退化。另外，有些草地在长期不利用或长期封闭的情况下，会向中生化方向演替，虽然从牧草利用角度称之为退化，但这是顺行演替。一般情况下，人为活动和自然因素引起的草地退化均属逆行演替。

（二）草地退化类型

依据不同标准划分，以退化性质分可将退化草地分为退化草地、沙化草地、盐渍化草地。以退化程度划分，可分为轻度退化草地、中度退化草地、重度退化草地及极度退化草地（刘志民，2002）。长期以来，人们习惯以“三化”即草地退化、草地沙化及草地盐渍化来描述草地退化。草地沙化主要是指草地基质的粗化，既包括风蚀造成的细粒物质流失，也包括沙丘移动对原有优良草场的覆盖，草地沙化必然伴随草地植物种类组成和生物量的变化；草地盐渍化主要指草地基质含盐量提高，进而引起草地植被变化的过程。根据能量、质量、环境、草地生态系统结构与食物链、草地自我恢复功能确定的草地评价指标划分草地退化类型比较合理。衡量草地是否退化应与各类型的原生状态比较。随着放牧强度的增加，优势种和适口性好的植物种逐渐减少，适口性差、影响价值较低的杂类草增加，甚至代替原来的优势种。在高强度放牧影响下，地表覆盖植被消失，土壤表层裸露，反射率增高，土表硬度与土壤容重明显增加，毛管持水量降低，风蚀与风积过程或水蚀过程增强，小环境变劣，进而土壤质地变粗，硬度加大，有机质减少，肥力下降，土壤向贫瘠化展，草地在生物地球化学循环过程中的作用降低。

（三）草原退化原因

综观文献，草原退化的原因概括起来为自然和人为两大类（见图2－3)。但这两类要素对不同区域、不同类型草地的作用效果不同。

(1) 在局部地区，气候变化在草原退化中起重要作用。中国草原区在40年的时间内降水率达46%～95%，多雨年与少雨年年降水量相差2.6～3.5倍，每逢旱年自然灾害发生的频率增加，草地退化加速(李博，1999)。气候因素在高寒草原退化过程中发挥了重要作用（张国胜等，1998；吕晓英和吕晓蓉，2002)。植被减少、反射率提高、潜热散失量减少以及显热散失量的增大是干旱所引起的，而这些变化导致湍流和云层的减少，反过来造成气候的进一步干旱。干旱导致草地退化，草地退化又加剧了局部地区的干旱程度。然而，李博（1999）认为，“气候变化是草原退化的主要因素”的论点不成立。无独有偶，李青丰等（2002）以降水量和气温对内蒙古草原区1970～1999年30年气候变化和草地退化的分析结果表明，目前尚难做出气候趋于干旱引起草地生态系统劣变的结论；草地生态系统内物质能量流（以氮为例）的出入失调和季节性的草－畜供求失衡是引起草地生态系统迅速退化的主要因素；而气候变化对系统的裂变只起了推波助澜的作用。由此看来，气候对草地退化的作用可以归结为两点：第一，在局部地区（如高寒草甸区），气候变干对草地退化起关键作用；第二，在大多数地区，气候变化对草地退化起了一定的促进作用。

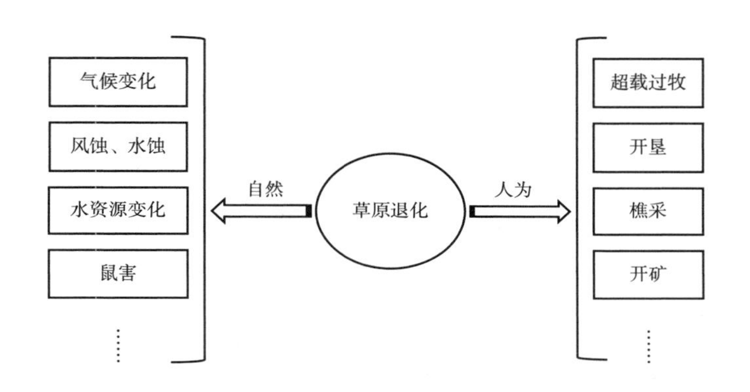

图 2－3 草原退化原因

（2）水资源的变化也是草地退化的原因之一。在荒漠绿洲区，断流和地下水位下降导致草地向裸地和沙地演变，断流和地下水位下降与人为活动密切相关（徐海量等，2003）。

（3）风蚀、水蚀在草地退化过程中发挥了一定的作用（肖巍，2019；张惜伟等，2017、2018）。干旱区的植被常常遭受风沙干扰，风沙除了对草本和灌木造成机械损伤外，还影响它们的光合作用和水分利用，主要有风蚀、沙埋等形式。风吹走地表物质形成风蚀，风蚀使埋在沙中的植物种子和根系裸露，严重时可导致植物折断，影响植物的种子萌发、生长发育、繁殖生存等整个定居过程（刘志民等，2002）。沙埋是风沙流中的沙粒沉积覆盖植物。但风沙对植被也有正向作用，如风是种子的传播力，适度的沙埋有促进植物生产的作用等。

（4）鼠害也给草原带来了一定的灾难（钟文勤、樊乃昌，2002；

洪军，2014；苏军虎，2013；姚正毅，2017；王丽焕，2005；张知彬，2003）。草地鼠害发生面积已经超过800万公顷，约占全国可利用草地面积的10%（钟文勤、樊乃昌，2002）。鼠类持续不断的啃食及挖掘活动导致草地生产力降低，养分较高的土层被翻抛至地表，易遭受风蚀、水蚀，使土壤肥力下降。处于不同演替阶段的退化草地，由于植物群落组成和结构特性不同，鼠兔数量有所差异，以中度退化草地的平均密度最高。

（5）人类活动对草地退化的影响。部分学者认为由于人口增加需求量加大，过牧、樵采、开垦等活动的频度和强度加大，导致草原退化。在中国北方，各牧区的家畜数量都在迅速增加，报道超载的地区非常多。即使地广人稀的青藏高原地区也存在超载现象，如西藏那曲地区高寒沼泽草甸的理论载畜量为791.37万羊单位，而实际载畜量已达1242.28万羊单位。

任继周和朱兴运（1995）将草地生产系统的退化归因于系统相悖，即植根于两个系统的结构性不完善结合和由此发生功能不协调运行：一是动物生产系统和植物生产系统时间上不协调，在自然状态下，动物生产的能量动态年度波动较小，而植物生产的能量动态年度波动远较动物的大，这种时间上的不协调不仅危害动物生产，还普遍损害草地本身；二是动物系统和植物系统在空间上不协调，动物生产系统在地区间存在差别，在同一地区内也存在季节差别，以放牧为例，在北方草原放牧就有春场和冬场；三是动物生产系统与植物生产系统之间的种间不协调，是指动物和植物的组合不合理，错误的组合造成草地和畜群两败俱伤。

蒙古游牧的四季和五畜搭配原则，就很好地考虑了自然和生态环境因素。遵循“人畜无异”“以畜牧畜”“以畜安为上”，随自然调理畜性，搭配马、牛、骆驼、山羊、绵羊五种牲畜组成畜牧业结构，一方面不同牲畜间相互适应，另一方面不同牲畜对草类需求不同，减轻了草原压力。如果在规定的草原上饲养100只羊，羊群只会选择自己喜欢的草吃，被羊群青睐的草种很快就会被啃净，而其他类型的草仍在，会逐渐造成草原生态系统失衡，如果将100只羊改为同时饲养马、牛、骆驼、羊，牲畜总数量仍控制在100只以内，那么牲畜各自选择自己喜欢的草类，就不容易造成草种不平衡。

二　草原家庭承包责任制

为了控制荒漠化、恢复草原，中国政府尝试了各种政策。20世纪80年代中期，草原承包制的主要目的是限制过度放牧，以固定数量的反刍动物向牧民出租草地。草原承包制基于两个原则：①草原或草原生态学的均衡观点，建立在这样一种观点的基础上，即放牧压力可以随着时间的推移与生物量生产力平衡。②Hardin（1968）对草原管理的观点认为必须将自然资源私有化，即将牧区（划分好的围栏）草地租给个别牧民。政策执行初期的确极大地鼓励了牧民的积极性，但是增加牲畜数量成了牧民提高收入的唯一方式（Longworth and Williamson，1993）。

草原承包制在理论上至少包括以下几个阶段（Peter，2016b）：①草原调查和确权；②将草原租给牧民；③核算每个地块的草原载畜量；④对与实际载畜量有关的承载能力进行监督。牧民有权从村集体承包草原，期限在30～50年。据官方数据公布，中国70%的可利用草原或2.2亿公顷草原已被承包到户（农业部草原监理中心，2012）。

自20世纪80年代末中国政府推行草原承包制以来，该政策经过一系列补充完善，在21世纪初期增加了禁牧政策。根据这项政策，部分或全面禁牧时，政府将会补偿牧民由于固定放牧或者完全放弃畜牧业造成的经济损失。禁牧的起源可追溯到1991年在内蒙古伊金霍洛旗（县）进行的试验。2000年国务院将禁牧政策作为国家政策采用，并于2002年修订的《草原法》中加以明确。这期间对草原承包制的学术讨论从未停止过。综观对草原承包制的学术讨论，时间多集中于20世纪90年代末至21世纪初，研究区域也较为广泛，包括内蒙（Taylor，

2012；Conte and Tilt，2014）、新疆（Banks，2001；Banks，2003）、西藏（Richard et al.，2006）、甘肃（阿不满等，2012；张卫国等，2014）、宁夏（Peter，2000a；Peter，2001；余露、宜娟，2012）。主要研究内容涉及承包制的理论研究、实践中存在的问题及解决建议等。有研究表明草原承包也如农区土地承包所达到的目标，使牧区生产力要素得到了充分发挥（韩柱，2014），提高了牧民的生活水平（阿不满等，2012），牧区呈现繁荣景象。然而，大量文献也指出草原承包制在实践中的困境，草原承包所起作用的地区是那些早期分配匆忙并没有清晰边界的地区（Taylor，2006）。下文将从生态、经济及社会三方面做详细分析。

（一）对生态的影响

中国草原政策有着实施的普遍性，其以自上而下的方式在全国几乎1/5的地区进行（Peter，2000b；陈洁和苏永玲，2008）。众多学者就制度和草原生态环境二者之间的关系做了大量研究。关于中国草原退化和荒漠化的学术讨论可以追溯到多年前（Peter，2000c）。过去二十年来中国西北地区，如西藏和内蒙古（Park et al.，2013）的荒漠化正在下降（夏照华等，2006；武称意等，2008；Li et al.，2013），荒漠化降低归功于草原承包制中规定的载畜量和禁牧政策。阿不满（2012）对玛曲草原的研究表明，草原承包期内草地平均地上生物量、植被覆盖度、草层高度和物种数分别下降了47.0%、15.8%、44.1%和36.2%。丁恒杰（2002）等的研究表明，草原承包到户后，牧户将属于自己的草地围起来，这样牧民彼此之间的生产活动不会受到影响，似乎做到了“产权明晰”，在某种程度上甚至掀起了“圈地运动”。曾贤刚（2014）认为，草原承包看似在一定程度上解决了“公地悲剧”问题，但是围栏的设立却忽视了生态外部性问题，如对牧区野生动物的取水、觅食以及迁徙等活动造成了影响，使得草原牧区生态质量参差不齐，并与游牧民族传统放牧方式相冲突，影响了牧民的生活方式。

有关草原承包制是不是恢复草原的合理措施学术讨论很多（Cao et al.，2013）。草原生态和制度研究的主流观点认为，“生态恶化是由超载过牧引发，而过牧是由牧民养畜积极性导致”，于是提出了“减少牲畜”“生态移民”等政策，而这些政策的实施背离了其初衷，既没有明显改善草原环境，也没有适应气候改变（Yeh，2009）。张倩和李文军（2008）将草原承包制引起牲畜数量变化、进而导致草原退化定义为“分布型过牧”，该定义认为除了关注牲畜总量外，也应注意到牲畜时空分布方式。Peter（2000a）的研究认为，与传统游牧相比，草场承包后的定居放牧使同等数量的牲畜对草场的作用力成倍放大，会造成定居点向周围出现点状荒漠化扩散。Taylor（2006）也认为草原承包并没有减轻放牧压力，将大面积草原分配到户带来了严重的土地退化问题，而这种结果就是限制牲畜移动造成的。达林太和阿拉腾巴格那（2005）认为，造成我国草原退化的原因是制度因素，中国照搬美国草原平衡生态系统理论以期治理草原退化，而草原退化空前加剧的时期，恰好是被普遍认为取得长足“发展”的时期（达林太和郑易生，2008）。深层生态学认为，草原生态恶化的根本原因是草场产权制度滞后，如有偿流转不完善、激励欠妥、放牧制度不合理等（马桂英，2006）。

另一些学者认为牧民有着悠久的游牧和牲畜管理历史，在此期间累积的知识可以为他们保护草原生物多样性及实现可持续发展提供帮助（Gadgil et al.，1993），而草原承包制会起到相反的作用。如对内蒙艾勒案例的研究表明，该区在人民公社时期，尽量遵从蒙古族日常生活和风俗习惯，环境保护比较好，未出现大面积沙化现象。1983 年，以牧户为单位的草场使用权极大地调动了牧民的生产积极性，家畜数量迅速增多，到 1988 年增长近 2 倍，并且富裕农户可以通过其他方式获取贫困农户使用权。在此制度下，产生的结果是 1984～1986 年，该地区第一次出现草原退化。1990 年该区人们开始吸取教训，重新共同利用草场，草原沙化现象得到控制。1996～1997年在30年承包期激励下，牧民开垦草场，出租草场现象泛滥，草场第二次出现沙化（孟和乌力吉，2013）。

内蒙艾勒案例虽然反映了私有化能很好地刺激人们进行投资，但对环境造成的后果却背离了人们的初衷。其他学者的研究结果也同样表明草原承包带来了不利的生态后果。基于目前草原的不合理利用和浪费（Ken and Bauer，2005），参与者们常致力于从现存政策上去解决问题，而不是从土地退化原因和低生产力原因层面上去解决，从案例研究和数据分析角度看，草原生态环境确实受到了草原承包制的负面影响（敖仁其和达林太，2005；杨理，2007，2011；Banks，2010；杨思远，2015）。

在探讨草原承包制或其他政策是否可以使草原恢复时，其中有三个问题需要考虑（Peter，2016b）。第一，术语"退化"本身在不同的学科和研究之间有着不同的概念，极易造成混乱。最主要的一个原因是，为什么详细的统计资料审查确定了中国草原退化程度的巨大矛盾（Peter，2000a；Harris，2010；张军等，2011；达林太和郑易生，2012）。第二，退化原因在多大程度上影响草原并不确定。目前已经确定了诸如过度放牧、采矿、农业复垦、害虫和啮齿动物、土壤性质、构造活动和气候变化等退化成因（Peter and Azadi，2010）。同时，人们认为过度放牧和过度载畜量可能被夸大，而其他例如气候变化、采矿和农业复垦因素可能被低估（Harris，2010；YundanNima，2012）。第三，有学者认为，统计数据上的退化是政治化的，这可能需要根据国家管理少数民族居住地缘政治重要边界的目标进行重新诠释，该地区存储着大量的石油、天然气、铀和稀土等矿产资源。过度退化可能有助于干预措施合法化，而不是出于环境问题本身（Banks，2003a；Williams，1996b）。另一些学者认为，将退化归因于过度放牧可将牧民从畜牧业转移出去，从而释放牧区用于其他用途。

（二）对经济的影响

《中国西部草原可持续发展研究》中提到，“家畜和畜产品是牧区当地经济的重要组成部分，然而，大部分家畜牲畜更多在农区而非牧区”（Brown et al.，2009）。也就是说，牧区的产品价格主要取决于农区而不是牧区，许多发展规划和政策就是忽略了这点而导致政策干预代价过大。

以内蒙古为例，尽管改革开放以来内蒙古经济发展迅速，“六五”时期经济收入比改革初期增加了2.5倍，“七五”时期比“六五”时期增长了2.2倍，“九五”末期牧区经济总量跟随全区经济增长，但增速明显减缓。达林太和郑易生（2010）对1995～2005年内蒙古32个牧区县域和18个半农半牧区县域做的发展变化趋势研究，将县域间的发展水平差异分为“繁荣型”、“潜在萧条型”、“落后型”及“萧条型”，研究结果表明，牧区和半农半牧区县域经济发展缓慢和落后的局面没有根本改变。

另外，草原承包需要围栏，围栏的安装费会增加牧民的投入。数千亩草场，铁丝一般4万～5万元，每年还需要数千元维修费（杨思远，2015）。从内蒙古锡林格勒牧民承担草原围栏的费用看，只有10%的牧民可以全部负担起围栏费用，20%可以负担一半，剩余的根本负担不起（Li et al.，2007）。草场固定后人畜饮水、打井投资10万元左右；便于移动的蒙古包由砖房替代，草原上修建砖房7万元，有些也会高达20万元；还有固定放牧需要修建的牲畜圈棚要投资2万～3万元（杨思远，2015）。这些无疑增加了牧民的生活成本。

（三）对社会的影响

草原承包的固定边界增加了牧民应对自然灾害的风险（Li and Huntsinger，2011）。换句话说，私有产权削弱了牧民从草原获利的能力。在草原家庭承包制之前，牧民之间通过互惠关系抵御天气事件。互惠关系基于牧民们相互之间的期待和信任，在发生干旱、暴雪等自然灾害时，可以相互帮助，这种关系下牧民的草原边界很灵活。然而，草原承包破坏了牧民们原本灵活的草原边界，也伤害了牧民们原本亲密的社会关系。

除了削弱牧民们之间的期待和信任，在承包到户的同时也减弱了牧民们通过一些传统活动建立的社会关系，如唱歌、跳舞、绘画、赛马等（Cao et al.，2011）。正如一位牧民所说，“围栏不仅阻碍了牲畜们获取食物，同时也切断了人们之间的联系”（Cao et al.，2011）。也就是说，对农村而言，承包制有可能削弱了社区的功能。另外，草原承包势必带来人口定居。而根据马尔萨斯理论，人口增加后牧民饲养的牲畜数量也会随之增加，而人口和牲畜的变化又会引起制度变化，可见放牧制度改变是人口和牲畜增加的结果（王晓毅，2007）。草原承包的“再集中”并没能够扭转中国草原退化的趋势，在严格的监管、惩罚和补贴等措施下，违规行为仍时有发生，可见其深层原因是“自上而下”的政策并没得到认同（王晓毅，2009）。

综上，尽管草原承包制在一些地区提高了经济效率、改善了牧民的生活水平，但是并不能认为明晰草原产权是万能的，进而“一刀切”地推行明晰产权的草原承包制。土地退化如果脱离了社会制度和文化背景就不能很好地进行解释，因此国内外学者从社会学角度对承包制做了广泛深入的调查。Williams（1996a）的研究认为照搬西方理论制定解决中国草原管理中的问题会产生很多负面效应。如前文文献综述中分析的，从生态角度而言，草原承包使生态系统破碎化，阻挡了动物们迁徙，并且牲畜被限制在固定草场，牲畜们连续啃食使草场没机会恢复（曾贤刚，2014；阿不满，2012；丁恒杰，2002）。从经济角度而言，草原围栏增加了农牧户的经济负担（杨思远，2015；Li et al.，2007），增加了农牧户之间的贫富差距（李青丰，2005）。从社会角度而言，不仅削弱了牧民从草原获利的能力（Li and Huntsinger，2011），而且减弱了牧民们通过一些传统活动建立的社会关系（Cao et al.，2011）。牧民依赖草原，如不采取其他措施，即使明晰草原承包权也会超载放牧。在当代人基本生活条件都没有保障的条件下，无论产权怎样明晰，都改变不了草原生态环境崩溃的命运（盖志毅和马军，2009），过度重视草原承包制可能会引发制度安排扭曲（敖仁其，2003）。

三　草原确权

草原确权是中国政府管理草原资源的重要政策。近年来，中央政府极其重视草原确权工作，并多以正式的制度形式将其规定出来。例如，2014 年中央一号文件指出："稳定和完善草原承包经营制度，2015 年基本完成草原确权承包和基本草原划定工作。"实际上，确权概念首次出现于 2008 年的中央一号文件，2013 年农业部表示"力争到 2015 年基本完成草原确权承包"。然而，截至 2015 年末，草原确权工作才在全国各省（区）相继展开。毋庸置疑，草原确权是一个复杂的系统工程，其显著特征是涉及内容广、参与部门多。

草原确权绝不仅是勘察、测量、所有权等相关权利的简单记录过程，确权登记过程还可视为一个国家的经济发展缩影。通常认为，确权是在经济条件和法律意识达到一定程度时发生的。从这方面来讲，确权的完成最终是发展的结果，而不是发展的前提（Peter，2015）。进行课题研究时国内对草原确权的报道多见于新闻中，如进展情况、换发新证件、草原确权破解林牧矛盾等。学术界对草原确权研究方面为 GIS 技术在草原确权测量中的应用（苏清荷和吾其尔，2014），河北省草原确权中存在的问题及建议（张美艳和张立中，2016）。而农牧民对草原确权的态度以及草原确权真实执行情况的田间调查少有研究。时隔两年，2019 年 10 月 14 日在中国知网对"草原确权"关键词检索时，检索记录为 57 条，多为草原确权工作的相关报道，草原确权的实地研究案例仍然很少。从已有对草原确权的报道来看，虽有部分草原确权困难报道，如资金没有及时到位、历史遗留等，但具体如何解决并没有清晰的说明。反观政府文件对确权的开始表现出的信心满满，随后不断调整确权工作计划，到如今中央一号文件不再给出确权完成的具体时间，这些都反映出草原确权工作的复杂性。

目前有关确权的学术争论都集中在土地制度，尽管草原和土地是两类不同的自然资源，但土地确权的经验仍对草原确权在某种程度上具有启示意义。对于土地确权的相关研究，国外发达国家大多数为产权理论，一些学者对土地确权持积极肯定的态度。如，稳定的土地产权关系可以激励农户投资（Besley，1995），降低失业率（Katherine，1994），是农业发展的重要因素（Deininger，2003），确权可以带来一定的经济和社会效益，也可以解决土地产权制度中的不稳定性。土地确权实现这些功能的前提是公平、效率、公众参与以及实时监测系统。国内一些学者也认为土地产权不稳定、不安全以及无长远的产权许诺，从而导致农民不愿长期投资，降低了要素配置（于建嵘和石凤友，2012；杨小凯，2002），确权则可以最大限度地保护农民权益（曾皓等，2015；陈华，2014；杨明杏等，2013；何虹和许玲，2013）。

然而，另一些学者认为土地确权并没有达到预期目标，地权稳定性并不会对交易成本、投资行为和农民收入等农业生产产生影响。在此情况下，以私有化方式对自然资源进行管理并无优势。如，Payne et al.（2009）的研究表明，土地确权相较其他制度而言，虽然增加了土地的安全性，但并没有对投资、贷款及财政收入等做出特别大的贡献，确权并不能保证人们免于被驱逐和征地的风险。缺乏法律保障的土地所有权制度不会影响人们投资改善居住条件，尽管确权从法律角度来讲能够保障土地产权的稳定性。与其他所有制形式相比，确权也并没有如政府所想的那样降低贫困水平（Payne et al.，2009）。在此情况下，确权和登记，实际上是私有价值的体现，可能会造成社会浪费（叶剑平等，2017；郑宝华，2014；丁琳琳和孟庆国，2015）。

需要注意的是，私有财产并不等同于可靠的制度。何·皮特的研究表明，土地登记的阻碍因素除了历史原因、管理部门分散、土地与房产分离这三个因素外，更加困难的是土地确权变得模糊，确权与地方习惯制度相冲突。土地承包系统并不是一个将土地作为商品而进行分配的制度，而是一种社会保障体系。中国政府历史上曾经尝试过建立起土地登记制度，但是与建立制度的背景不吻合，所制定的制度很可能成为“空制度”，而不是可信的制度。人们不愿意登记，即使愿意登记，也并不能发挥登记具备的市场功能，确权最终也只能是写在纸上的“空制度”。

第三章　中国草原管理的探索

草原管理政策对畜牧业有着极其重要的作用。本章第一节简要介绍在制度和生态工程的影响下，中国草原生态环境的整体情况及变化趋势；草原政策按宏观和微观维度划分为国家级、地方级，第二节、第三节分别从国家、自治区、县这三个维度回顾草原管理制度的变迁历史及其各阶段政策变迁带来的草原生态状况变化。

第一节　中国草原生态环境变化评述

按照草原地带性分布特点，可以将中国草原分为北方干旱半干旱草原区、青藏高寒草原区、东北华北湿润半湿润草原区和南方草地区四大生态功能区，这些区域在发挥生态系统服务功能、保障国家粮食安全、维护社会稳定等方面具有十分重要的作用和地位。然而，大量文献指出中国草原资源退化现象严重（Gao Q. et al.，2010；邵景安等，2008；颜长珍等，2005；冯威丁等；2014）。虽然一系列草原退化治理的生态工程措施取得了一定程度的效果（王丹等，2015；Li J. et al.，2013），但长期监测也发现了这些工程措施带来的负面影响（Jiang H.，2006；Cao S.，2008）。中国草原资源退化程度如何？草原生态环境变化趋势是怎样的？制度及生态工程对草原生态环境产生了什么样的影响？本节内容试图通过文献梳理回答上述问题。

一　中国草原生态环境概况

（一）北方干旱半干旱草原

北方干旱半干旱草原区位于中国西北、华北北部以及东北西部地区，涉及内蒙古、甘肃、宁夏和新疆等10个省（区），是我国北方重要的生态屏障。根据《2016全国草原监测报告》，北方草原面积最大，占全国草原总面积的41%，该区域气候干旱少雨多风，冷季寒冷漫长，草原类型以荒漠化草原为主，生态系统十分脆弱。

1. 内蒙古自治区

内蒙古草原面积辽阔，从东北部的呼伦贝尔草原到西南部的鄂尔多斯草原，从辽河流域的科尔沁草原到贺兰山麓的阿拉善荒漠，纵横数千里。内蒙古的五大草原（呼伦贝尔草原、锡林郭勒草原、科尔沁草原、乌兰察布草原及鄂尔多斯草原）中，科尔沁草原、乌兰察布草原及鄂尔多斯草原三大草原退化情况不容乐观，以乌兰察布草原最为严重。

《2013全国草原监测报告》显示，锡林郭勒草原自20世纪80年代至21世纪初，受牲畜数量激增和气候的影响，生态加剧退化至最差状态。草甸草原的平均盖度降低15%，温性典型草原的平均盖度降低6%，温性荒漠草原的平均盖度降低1.9%。随着草原生态保护力度的加大，自治区全面实施草畜平衡、退耕还草等政策，目前锡林郭勒草原盖度和牧草产量明显提高，草原生态系统功能正在逐步恢复，但还未达到20世纪80年代未破坏时的水平。

科尔沁草原在1985~1992年，草原沙化面积持续扩大，草原生态功能下降。受超载过牧和降水减少等因素影响，科尔沁草原沙化面积从188.9万公顷增加到267.1万公顷，沙化比例从13.7%增加到19.3%，轻度、中度和重度沙化草原面积均呈增加趋势，其中重度沙化草原面积增加22.6万公顷，占新增沙化草原面积的28.9%。1992~

2001 年草原沙化状况总体稳定。2001 年科尔沁草原沙化 254.8 万公顷，基本与 1992 年持平。这段时期内虽然草原开垦、樵采等破坏草原行为有所遏制，但超载过牧现象依然严重，加上受降水量减少影响，草原沙化状况没有得到根本性改善。2001～2014 年，科尔沁草原沙化状况加速改善。进入 21 世纪以来，国家和地方政府相关部门对草原生态问题日益重视，草原禁牧力度加大、草原生态保护工程陆续实施，一些严重沙化草地得到治理，草原沙化面积不断缩小，沙化程度有所减轻。2013 年科尔沁草原沙化面积为 165.6 万公顷，比 2001 年减少 23.3 万公顷。

综上，在 20 世纪 80 年代至 21 世纪初，内蒙古草原生态环境退化严重，随着生态保护相关政策措施的实施，草原生态环境逐步改善，但仍未恢复至未破坏时的水平。

2. 宁夏回族自治区

宁夏回族自治区地处我国内陆黄土高原西北边缘，东、北、西三面分别被毛乌素沙漠、乌兰布和沙漠及腾格里沙漠包围，向西延伸又是巴丹吉林大沙漠，是典型的大陆性干旱半干旱地区。根据《2013 年宁夏统计年鉴》，宁夏主要草原类型为荒漠草原、干草原和草原化荒漠，占全区土地总面积的 44.9%。宁夏沙化草原集中分布于中部的银川市、中卫市、吴忠市及石嘴山市的 16 个县（市、区）。遥感监测结果显示宁夏草原沙化状况明显改善（见图 3－1），具体表现为：第一，沙化草原面积明显减少，1993 年沙化面积约占 27%，到 2011 年降至 22.5%，近 20 年间，沙化面积比例下降了 4.5 个百分点；第二，草原沙漠化程度明显减低，1993 年重度沙化草原面积比例为 12.1%，到 2011 年降至 5.1%，部分重度沙化草原转为中轻度沙化草原，中度沙化草原转为轻度或未沙化草原。宁夏实行全区禁牧封育措施，草原生态保护建设工程和管理措施取得明显成效，宁夏草原沙化状况明显改善，草原生态环境加快恢复。

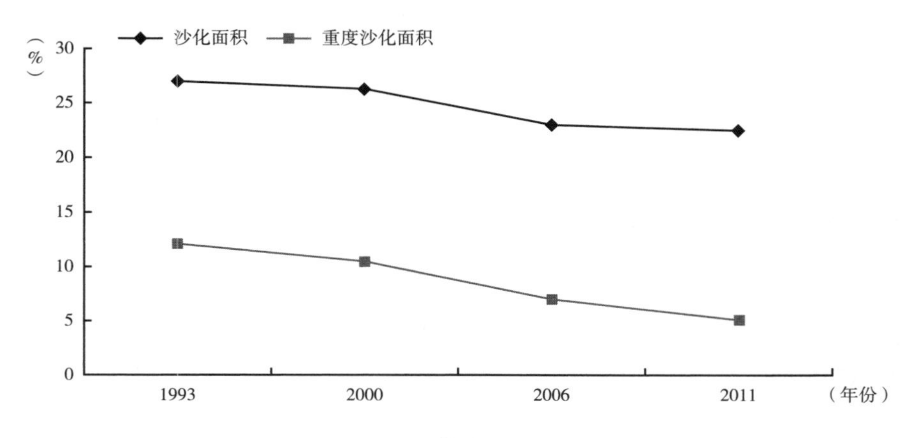

图 3－1　1993～2011 年宁夏沙化草原面积变化

（二）青藏高寒草原

青藏高寒草原区位于中国青藏高原，涉及西藏、青海、四川、甘肃及云南部分地区，占全国草原总面积的38%。[①] 在构建“两屏三带”为主体的生态安全战略格局中，青藏高原生态屏障是重要组成部分。该区域内大部分草原在海拔3000米以上，气候寒冷、牧草生长期短，草层低矮，产草量低，草原类型以高寒草原为主，生态系统极度脆弱。

（三）华北东北湿润半湿润草原

东北华北湿润半湿润草原区主要位于中国东北和华北地区，涉及北京、天津、河北、山西、辽宁、吉林、黑龙江、山东、河南和陕西等10省（市）。在构建“两屏三带”为主体的生态安全战略格局中，东北森林草原带主要位于该区，发挥着东北平原生态安全屏障的作用。该区域是我国草原植被覆盖度较高、天然草原品质较好、产草量较高的地区，也是草地畜牧业较为发达的地区，发展人工种草和草产品加工业潜力很大。

---

① 资料来源：《全国草原监测报告 2016》。

（四）南方草原

南方草原位于中国南部，涉及上海、江苏、浙江、安徽、福建、江西、湖南、湖北、广东、广西、海南、重庆、四川、贵州和云南等15省（区、市）。在构建“两屏三带”为主体的生态安全战略格局中，南方丘陵地带全部位于该区，发挥着华南和西南地区生态安全屏障的作用。全区域有草原面积6419万公顷，占全国草原总面积的16.3%。区域内水热资源丰富，牧草生长期长，产草量高，但草资源开发利用不足，部分地区面临石漠化威胁，水土流失严重。

二　中国草原生态环境变化趋势

（一）20世纪80年代至21世纪初整体恶化

中国北方荒漠化面积自20世纪50年代持续扩张，到21世纪初情况才有所好转（Tao Wang，2014）。杜自强等（2010）对黑河流域1986~2003年草地植被的遥感监测研究表明，草地退化是渐变的过程，重度退化、中度退化的比例较高而且呈增长趋势，总体态势仍为退化加剧、局部改善、整体恶化的变化格局。草场退化呈现由草原草场向荒漠化草原草场再向荒漠化草场演替的趋势。邵景安等（2008）对青海三江源草地自20世纪70年代至21世纪初近30年的变化的研究结果表明，草地退化面积约占总草地面积的10%，草地退化面积呈增加趋势，尤其是沙化面积增加较快，草地退化类型由复合型向单一型过渡。颜长珍等（2005）对陕甘宁1986~2000年草地变化趋势的研究表明，研究区域草原呈减少趋势，主要原因是草地开垦为耕地、退草还林、草地沙漠化、草地变为水域等。青藏高原草地退化主要发生在高寒草甸草地类、高山嵩草草甸草地。并且，高寒草地成土母质因素决定了局部草地的耐牧程度，而局部草地退化程度与局部草地的耐牧性和放牧强度息息相关（涂军等，1999）。陈涛等（2011）对藏北地区草地退化趋势分析的结果表明，草地退化的面积在增加，从1990年至2009年，草地植被覆盖面积减少了92.88万公顷。从动态变化来看，1990～2000年，草地退化较严重；2000～2009年，草地退化趋势得到控制，并有一定程度恢复。冯威丁等（2014）对呼伦贝尔1989～2010年草原覆盖进行了研究，其结果表明，1989～2010年草地覆盖面积显著减少，但在2000～2007年草地面积有所回升，且草地覆盖变化剧烈程度减缓，整体规模趋于平衡。

（二）2000年以后退化情况得到显著改善

北京、河北、山西、内蒙古、广西、四川、西藏、甘肃、青海、宁夏、云南、贵州、新疆等13个省（区、市）和新疆生产建设兵团的250多个县（旗、团场）陆续实施了退牧还草、京津风沙源治理、西南岩溶地区草地治理等草原生态工程。其中，退牧还草工程从2003年起实施，按照不同区划，全国退牧还草工程分为：内蒙古东部和东北西部退化草原治理区，新疆退化草原治理区，蒙陕甘宁西部退化草原治理区，青藏高原江河源退化草原治理区。各项工程措施取得的效果见表3－1。

表3－1　生态治理工程取得的效果

单位：%

生态工程项目	治理效果	2009年	2010年	2012年	2013年	2014年
退牧还草	比非工程区提高	12	12	11	10	6
京津风沙源治理	沙漠化面积比2000年减少	26.6	—	38	—	43.6
西南岩溶地区草地治理试点	改良草地盖度比非工程区提高	7	7	6	9	10
	围栏封育盖度比非工程区提高	5	5	8	17	5
	人工草地盖度比非工程区提高	—	—	10	—	18

资料来源：2009～2014年《全国草原监测报告》。

学者们就生态治理工程对草原植被的影响做了大量的研究，这些研究多集中在运用遥感、地理信息系统技术进行草原区植被的监测分析，研究地区涉及呼伦贝尔草原、毛乌素沙地植被、甘南草地、黄土高原等，研究结果说明2000年以后的生态治理工程对草原植被恢复具有促进作用（范建忠等，2013；Li J et al.，2014；王丹等，2015），然而也有学者认为，地方政府片面的环境建设虽然产生了短期的经济效益，却导致了草原无意识的退化（Jiang H，2006），尤其在干旱和半干旱地区（Cao S，2008）。黄文广等（2011）以宁夏盐池县为例，运用遥感技术分析盐池县2000年以后的草地覆盖变化，结果表明，2000～2009年高覆盖、中高覆盖和中覆盖草地呈增加趋势。冯威丁等（2014）对呼伦贝尔1989～2010年草原覆盖进行研究，结果表明，1989～2010年草地覆盖面积显著减少，但在2000～2007年草地面积有所回升，且草地覆盖变化剧烈程度减缓，整体规模趋于平衡。黄永诚等（2014）对毛乌素沙地植被覆盖变化的研究表明，2005～2010年，草地大幅度增加。近10年来毛乌素沙地植被覆盖度呈逐步增加趋势，西北部和东南部增加尤为明显。马琳雅等（2014）对甘南草地2001～2011年覆盖变化的研究表明，甘南州近11年的草地植被盖度总体呈波动上升趋势，总体上，甘南草地具有由高植被盖度向较高植被盖度转换的趋势。张翀等（2011）对1982～2006年近25年来黄土高原植被覆盖进行了研究，结果表明，虽然植被覆盖变化波动程度较高，但植被覆盖是向着改善的方向发展的。黄土高原区三江源2005～2009年草地类保护区的草地减少趋势缓解，荒漠化明显遏制，草地植被覆盖度有所增加（邵全琴等，2013）。综上所述，草原生态环境逐渐改善都是国家开始推行生态治理工程的时期，除了气候因素外，工程措施可以显著提高植被覆盖度，改善草原生态环境。

（三）部分地区草原生态环境仍呈退化趋势

西藏北部阿尔卑斯草原退化严重（Stoate C. et al.，2009）。那曲地区2002～2010年草地共退化628.7万公顷，退化趋势为先增加、后减少、再增加，且以轻度退化为主（卓嘎等，2010）。其中，2002～2005年是那曲地区草地退化的主要阶段（戴睿等，2013），降水、风速的减少（增加）对应着植被覆盖的减少（增加），到 2010 年前后植被状况有所改善（卓嘎等，2010）。

甘南州及玛曲县 90% 以上的天然草原不同程度地存在退化现象（张云华，2008）。20 世纪 80 年代至 21 世纪初，玛曲县天然草场一直呈退化状态（Wang Qian et al.，2012），草场沙化面积占全县总面积的比重不断上升（戚登臣等，2006）。李文龙等（2010）对玛曲高寒草地的研究表明，2000～2008 年玛曲草地呈退化趋势，尤其优等植被退化较为严重。张起鹏（2014）、康悦（2011）、吕少宁（2011）等学者的研究同样也证实了 2000～2010 年玛曲草地覆盖度整体仍呈减小趋势，局部修复现象仅存在覆盖草地植被区。非法采药、鼠害、牲畜数量增加、水热不平衡等是该区植被覆盖变化的主要原因（张起鹏等，2014）。

戴声佩等（2010）对祁连山草地植被覆盖的研究表明，沙漠草地、高寒草甸草地未来有改善的趋势，而典型草原和平原草地未来则有退化的趋势。

丁明军等（2010）对 1982～2009 年青藏高原草地盖度的研究结果表明，草地盖度呈现持续增加的区域主要分布在西藏北部；阿里地区草地盖度表现为先减少后增加；雅鲁藏布江流域草地盖度呈现先增加后减少；而持续减少的区域主要分布在青海省以及川西地区，其中青海省分布最广。

内蒙古草原生态治理的速度赶不上恶化的速度（马桂英，2006），五大草原中三大草原基本消失，特别是乌兰察布草原成为内蒙古土地沙化最严重、环境最恶劣、生活最贫困的地区（王皓田，2011）。艳燕等（2011）对锡林郭勒 1975～2009 年草地退化趋势的研究表明，1975 年以来锡林郭勒盟东部草原一直处于退化状态，但 2000 年之前为持续、加速的退化过程，2000 年之后草地退化态势得到遏制和缓解；草地破碎化与盖度降低是本区的主要退化类型。20 世纪 70 年代起，锡林郭勒草原生态环境急剧恶化，条件良好的呼伦贝尔大草原也已经从“风吹草低见牛羊”的美景转变为“浅草才能没马蹄”的窘境（张云华，2008）。

对新疆阿勒泰地区的草原生态研究结果显示，虽然21世纪初国家开始重视草地的保护与建设，实施了西部大开发、天然草原围栏、退牧还草等一系列项目措施，加强了阿勒泰生态环境保护和建设的力度，但气候变旱、人为破坏、超载过牧、鼠虫危害、利用不合理导致草地产草量下降，毒害草、牲畜不食草滋生蔓延，草地退化面积增加，已经危及阿勒泰地区的生态安全（沙依拉·沙尔合提和焦树英，2008）。

综上所述，中国草原生态环境从20世纪80年代的整体恶化，到21世纪初各项生态治理工程对草原生态环境的改善，呈现出整体改善、局部恶化的趋势。一系列草原生态保护工程的实施，对当地的生态环境和社会经济产生了显著影响，对周边区域的社会经济发展和生态建设发挥了积极的辐射带动作用。工程项目区和周边的草原生态环境明显改善，有效地促进了草原牧区畜牧业生产方式的转变，取得了较好的生态、社会和经济效益。

三　制度与草原环境变化的讨论

学者们对政策制度导制草原环境变化的研究颇多。达林太和阿拉腾巴格那（2005）认为造成中国草原退化的原因是制度因素，中国照搬了美国草原平衡生态系统理论指导草原退化的治理。而被普遍认为取得长足“发展”的近20多年，恰好是草原退化和荒漠化空前加剧的时期（达林太等，2008）。主流观点认为“生态恶化是由超载过牧引发的，过牧由牧民养畜积极性导致”，于是提出了“减少牲畜”“生态移民”等政策，而这些政策（退牧还草）和初衷背离，既没有明显改善草原环境，也没有适应气候改变（Yeh E.，2009）。以往的研究和对策大多停留在浅层生态学层面，而深层生态学认为，低效率的制度安排是草原生态恶化的根本，即草场产权制度延滞落后，草场有偿流转制度漏洞百出，畜牧生产激励制度欠妥当，草场放牧制度弊端迭累，法律制度稀松筛漏（马桂英，2006）。

宁夏回族自治区盐池县自2002年起实施禁牧政策，遥感监测研究（Li J. et al.，2013）证实了禁牧政策对该区植被恢复的促进作用。禁牧后，盐池县经济效益与社会效益较禁牧前平均增加了119.5%与81.0%；生态效益层面，退化的草原得到了有效恢复，植被的群落演替过程也有明显的变化（刘国荣，2006），林木覆盖率由原来的11.0%提高到23.2%，植被覆盖率由封禁前的35.0%提高到70.0%，产草量明显提高（冯立峰，2013）。虽有偷牧行为，但仍实现了草地沙漠化的逆转（陈勇等，2013）。

虽然禁牧政策取得了生态环境显著改善、地区经济快速增长、社会事业不断发展的良好效益（陈广宏，2007），但是，长期禁牧、缺乏人为干预和牲畜活动，使草场再生能力下降，病虫鼠害增加，给草场甚至当地农业生产带来损害（李小云等，2006）。谷宇辰和李文军（2013）的研究表明，虽然禁牧使得草场状况在一定程度上有所恢复，但相较于当前的退化速度，禁牧带来的植被恢复对于草场的整体状况改善并不能起到决定性的作用。盐池县沙漠化的研究也证实了这个结论，当禁牧程度达到40%时，沙漠化的变化趋势趋于稳定，当继续提高禁牧程度甚至完全禁牧，都不能更有效地提高沙漠化的逆转速度。随着沙漠化程度的减轻，完全禁牧既不能更加有效地提高草原生产能力，也不能更大程度地减少沙漠化面积，势必需要有更合理的放牧管理制度替代禁牧。从草地植被的生长和再生特性来讲，也没有必要实行全年完全禁牧（周立华等，2012）。相反，禁牧时间过长打破了原有草地生态系统中“草－畜”的关联关系，反而有可能不利于草场的健康恢复（谷宇辰和李文军，2013）。许中旗等（2008）的研究认为，禁牧在一定的时间内可以提高典型草原的物种多样性，但随着禁牧时间的延长，典型草原的物种多样性和丰富度都表现出一种先上升后下降的趋势。王霄龙等（2008）研究了内蒙古禁牧力度，禁牧效果的类型不平衡、地区不平衡问题。最经济的畜牧业生产方式是利用牲畜对草地牧草进行合理利用（李青丰，2005）。任继周和牟新待（1964）的试验研究结论也认为，适度放牧还可以刺激牧草的再生性，提高草原的生产能力。

草场有偿流转制度致使草场严重退化沙化，在牧区只存在不改变承包经营合同主体的流转形式，而这种流转形式对草原最具破坏性。牧业大户通过出租等有偿流转制度，很容易获得畜牧业扩大再生产所需要的追加基本生产资料——草原，并能对其进行掠夺性经营（范英英，2010）。

四　草原生态的真实情况

（一）草原大面积退化真实性存在质疑

中国草原大面积退化程度被过高估计。一方面，是研究方法导致草原退化情况被高估，当前草地退化遥感评价与监测工作中存在草地退化与草地植被长势概念混淆，是以草地植被覆盖度（或地上生物量）的最大合成值或其平均值作为基准值的做法造成的（刘玉杰等，2013）。另一方面，被普遍引用的数据“90% 的中国草地都在退化，而且以每年 200km 的速度退化着”（Unkovich M. and Nan Z.，2008；Wang Zongming et al.，2009），并没有草业和畜牧局的调研文件（Harris，2010）证实其真实性。

（二）草原生态状况整体控制、局部恶化

通过文献梳理，2000 年后国家实施的一系列生态工程措施有效地改善了草原生态环境，使得草原整体退化的趋势得到控制或缓解，但是局部地区如西藏北部、甘肃南部及内蒙古地区草原环境仍在退化。草原

生态系统原本脆弱的地区，一旦破坏就很难恢复。

（三）草原管理政策是柄“双刃剑”

20世纪末国家开始重视草原生态，实施了诸多的草原保护与植被重建工程、放牧家畜改良与管理工程等。这些工程措施取得了一定程度的效果，但也给草原生态环境带来了意想不到的结果。如何协调生态工程建设与农牧民利益及区域发展之间的关系始终没有得到很好的解决。一方面快速发展经济破坏了生态，另一方面保护生态会影响农牧民利益，限制区域发展，使得草原发展陷入两难困境（侯向阳，2010）。

第二节　中央层面草原管理制度变迁史

中国草原资源的管理大体分为三个阶段：第一阶段为1949年前，草原所有权归统治阶级；第二阶段为1949～1978年，草原改革为“草原公有、放牧自由”；第三阶段为1978年后，以草原家庭承包制为主要政策。这三个阶段各有其特点（见表3－2）。

表3－2　中国草原产权变迁阶段及其特点

阶段	特点	产权
1949年前	封建体制下，草原所有权归属统治阶级，各层官员通过受封的形式拥有草原的占有权	明晰
1949～1978年	废除封建特权，实施“牧场公有、放牧自由”政策	不明晰
1978年后	草原归国家和集体所有，实施“草畜双承包制”政策	明晰

一　第一阶段，1949年前

1949年以前，中国草原归皇族、藏传佛教或氏族部落所有，牧民可以使用（何·皮特，2014）。清朝时期为三层产权结构，土地所有权归国家，国家将部分土地分封给地主和官吏，并允许土地占有权买卖，农牧民租用使用权（乌日陶克套胡，2006）。土地的占有权和大部分牲畜的所有权集中在当时的蒙古王公贵族手中，牧民只有土地使用权和少量的私有牲畜（乌日陶克套胡，2006）。民主革命以前统治阶级拥有草原的所有权，各层官员通过受封享有草原的占有权，官员阶层又将草原使用权让渡给牧民（李金亚，2014），形成了三层产权结构体系。在这种产权模式下，草原对牧民而言并不是开放性或公共放牧，牧民仅拥有非排他性的草原使用权。

二　第二阶段，1949～1978年

1949年新中国成立后，草原经历了民主改革和集体化进程。不同草原牧区开展改革的时间也各不相同。在内蒙古自治区，牧区的改革与耕地的改革同步进行，自1947年始至1952年结束；新疆牧区改革于1953～1954年进行；青海省牧区改革时间为1952～1958年；四川牧区改革时间为1955～1960年；西藏自治区牧区改革时间最晚，从1959年持续到1961年（何·皮特，2014）。这些改革运动的主要目的是废除封建特权，因为改革时间和地点不同，政策内容和力度有些差异。这一时期虽然仍有小部分草原保留在私人手中，但政府已宣布草原归国家所有，此时期国家的草原政策为“牧场公有，放牧自由”（达林太等，2008）。

三　第三阶段，1978年后

1978年“改革开放”后，人民公社被乡镇取代，生产大队变为行政村，生产队变更为自然村，原来归生产队的草原又分配到户或联户，实行牧业大包干（李金亚，2014）。随后的两年，按照国家“草畜统一经营”的原则，各地开始固定草场所有权和使用权。这个时期的草原管理转变巨大。1982年的《宪法》和1985年的《草原法》都明确规定

草原的所有权。但是，由于一系列历史原因，《草原法》并没有对国家和集体所有的草原分别给出定义，也没有对草原的使用权、收益权以及转让权等各项权能做出专门的规定，草原产权仍是模糊的（何・皮特，2014；刘艳等，2005）。

20 世纪 80 年代末，针对“畜草双承包”推行后部分牧区施行效果并不理想的问题，政府开始推行以户、联户、浩特等多种形式的第二轮草牧场承包，并实行草场有偿使用办法，试图进一步完善草牧场承包责任制。此政策又称为“草牧场有偿使用联产承包”，使用者承担保护建设草原的责任，同时其权益也受法律保护。

20 世纪 90 年代中期，草原承包责任制尚不完善，草原权属模糊、测量面积不准、边界不清、草原违法现象时有发生，草原管理与利用仍不合理，并没有解决“公地悲剧”问题（李金亚等，2013；王彦星等，2015）。基于上述问题，20 世纪末中央和省（区）级政府开始施行草原彻底承包到户（杨理，2008b）。

为了有效保护、建设和合理利用草原，维护生物多样性，发展现代畜牧业，2003 年修订后的新《草原法》开始施行。新《草原法》最大的特点就是把人、畜、草三者作为一个系统，对草原的生态功能、经济功能及社会功能都有涉及。具体而言，明确了国家对草原施行科学规划、全面保护、重点建设和合理利用的方针；明确了草原权属和草原承包方面的规定；明确了国家对草原保护、建设和利用实行统一规划的制度；规定了各级人民政府在草原保护与建设方面的职责和义务；提出了科学利用草原，实行划区轮牧、牲畜圈养等合理利用草原的规定；强化了对草原的保护，做出了建立基本草原保护、草畜平衡、禁牧休牧制度及禁止开垦草原等规定；新增了加强草原监督管理机构和执法队伍建设的内容；充实和完善了法律内容，加大了对各种违法行为的处罚力度。同年，出台《关于进一步做好退牧还草工程实施工作的通知》（以下简称《通知》），《通知》是对 2002 年《国务院关于加强草原保护与建设的若干意见》的补充，《通知》中建立基本草地保护制度，实行草畜平衡制度；推行划区轮牧、休牧和禁牧制度；完善实施方案，推进家庭承包，明确权利义务；加强监督管理，实现草畜平衡。2005 年《中华人民共和国畜牧法》出台，"国家支持畜牧业发展，发挥畜牧业在发展农业、农村经济和增加农民收入中的作用。国家帮助和扶持少数民族地区、贫困地区畜牧业的发展，保护和利用草原，改善畜牧业生产条件"。

2008 年后中央政府开始提出"确权"，包括土地、草原、林地、宅基地等登记工作。每块地要经过登记申请、地籍调查、权属审核、登记注册、颁发证书等登记程序才能得到确认和确定。2013 年后，各地纷纷在现有承包的基础上，加快推进确权登记工作。农业部明确提出力争 2015 年完成草原确权承包工作（于文静，2013）。虽然确权概念早些年就已经提出，但确权完成时间却一再调整。表 3－3 为2005～2019 年中央一号文件中关于草原保护年度工作的部署，可以反映近 15 年间中国草原政策的变化，表中政策内容重点可以总结为以下几个方面。

第一，从稳定农村土地承包关系到建立健全土地承包经营权流转市场，农村土地承包政策、集体产权改革贯穿始终。值得一提的是在 2019 年的一号文件中对农村土地制度改革方面明确指出"不搞私有化"。

第二，草原生态地位逐步提高，对草原生态保护意识逐步加强。可以看到 2006 年提法为"生态补偿"，2010 年为"构筑牢固的生态安全屏障"，2016 年提出"山水林田湖生态保护和修复工程"，2018 年更新为"把山水林田湖草作为一个生命共同体"。可见，对于草原保护的重视程度逐渐加强，从政策实施的范围、力度和手段都反映了中央对于草原保护越来越重视。

第三，在高度重视草原生态保护的同时兼顾农牧民的利益。可以看出，历年中草原生态保护占有重要的地位，强调生态效益并不等同于牺牲农牧民利益，中央政策及时考虑到农牧民利益并有一些政策性补贴，农牧民补充收入逐渐多样化。

第四，草原政策从单一的草地保护向多元、多层次的配套体系发展，围绕"退牧还草"，逐渐强调技术推广层面、制度层面和监管层面的政策。

表 3－3　2005～2019 年中央一号文件草原政策相关摘录

时间	草原管理政策相关内容
2005 年	(1)认真落实农村土地承包政策; (2)加快发展畜牧业。牧区要加快推行围栏放牧、轮牧休牧等生产方式,搞好饲草料地建设,改良牲畜品种,进一步减轻草场过牧的压力
2006 年	(1)继续推进退牧还草、山区综合开发; (2)建立和完善生态补偿机制
2007 年	(1)探索建立草原生态补偿机制; (2)加快实施退牧还草工程; (3)坚持农村基本经营制度,稳定土地承包关系,规范土地承包经营权流转,加快征地制度改革
2008 年	(1)深入实施退耕还林等重点生态工程; (2)建立健全森林、草原和水土保持生态效益补偿制度,多渠道筹集补偿资金,增强生态功能; (3)落实草畜平衡制度,推进退牧还草,发展牧区水利,兴建人工草场; (4)加强森林草原火灾监测预警体系和防火基础设施建设
2009 年	(1)扩大退牧还草工程实施范围,加强人工饲草地和灌溉草场建设; (2)加强森林草原火灾监测预警体系和防火基础设施建设; (3)提高中央财政森林生态效益补偿标准,启动草原、湿地、水土保持等生态效益补偿试点; (4)稳定农村土地承包关系; (5)建立健全土地承包经营权流转市场

续表

时间	草原管理政策相关内容
2010 年	(1)扩大补贴种类,把牧业、林业和抗旱、节水机械设备纳入补贴范围。逐步完善适合牧区、林区、垦区特点的农业补贴政策; (2)构筑牢固的生态安全屏障。加大力度筹集森林、草原、水土保持等生态效益补偿资金; (3)切实加强草原生态保护建设,加大退牧还草工程实施力度,延长实施年限,适当提高补贴标准; (4)落实草畜平衡制度,继续推行禁牧休牧轮牧,发展舍饲圈养,搞好人工饲草地和牧区水利建设; (5)推进西藏草原生态保护奖励机制试点工作; (6)加大草原鼠虫害防治力度; (7)加强草原监理体系建设,强化草原执法监督; (8)有序推进农村土地管理制度改革
2011 年	搞好水土保持和水生态保护。实施国家水土保持重点工程,采取小流域综合治理、淤地坝建设、坡耕地整治、造林绿化、生态修复等措施,有效防治水土流失,加强重要生态保护区、水源涵养区、江河源头区、湿地的保护
2012 年	(1)探索完善森林、草原、水土保持等生态补偿制度; (2)加快转变草原畜牧业发展方式,加大对牧业、牧区、牧民的支持力度,草原生态保护补助奖励政策覆盖到国家确定的牧区半牧区县(市、旗); (3)稳定和完善农村土地政策。加快修改完善相关法律,落实现有土地承包关系保持稳定并长久不变的政策。按照依法自愿有偿原则,引导土地承包经营权流转,发展多种形式的适度规模经营,促进农业生产经营模式创新。加快推进农村地籍调查,2012 年基本完成覆盖农村集体各类土地的所有权确权登记颁证工作; (4)加快推进牧区草原承包工作
2013 年	(1)探索建立严格的工商企业租赁农户承包耕地(林地、草原)准入和监管制度; (2)全面开展农村土地确权登记颁证工作。健全农村土地承包经营权登记制度,强化对农村耕地、林地等各类土地承包经营权的物权保护。用 5 年时间基本完成农村土地承包经营权确权登记颁证工作,妥善解决农户承包地块面积不准、四至不清等问题; (3)加快推进牧区草原承包工作,启动牧区草原承包经营权确权登记颁证试点; (4)推进农村生态文明建设; (5)继续实施草原生态保护补助奖励政策

续表

时间	草原管理政策相关内容
2014 年	(1)加快建立利益补偿机制。完善森林、草原、湿地、水土保持等生态补偿制度，继续执行公益林补偿、草原生态保护补助奖励政策，建立江河源头区、重要水源地、重要水生态修复治理区和蓄滞洪区生态补偿机制； (2)加强沙化土地封禁保护； (3)加大天然草原退牧还草工程实施力度，启动南方草地开发利用和草原自然保护区建设工程； (4)支持饲草料基地的品种改良、水利建设、鼠虫害和毒草防治； (5)稳定和完善草原承包经营制度，2015 年基本完成草原确权承包和基本草原划定工作
2015 年	(1)继续实行草原生态保护补助奖励政策，开展西北旱区农牧业可持续发展、农牧交错带已垦草原治理、东北黑土地保护试点； (2)实施沙化土地封禁保护区补贴政策； (3)加快实施退牧还草、牧区防灾减灾、南方草地开发利用等工程； (4)建立健全农业生态环境保护责任制，加强问责监管，依法依规严肃查处各种破坏生态环境的行为； (5)健全农村产权保护法律制度； (6)健全“三农”支持保护法律制度。健全农业资源环境法律法规，依法推进耕地、水资源、森林草原、湿地滩涂等自然资源的开发保护，制定完善生态补偿和土壤、水、大气等污染防治法律法规
2016 年	(1)探索实行耕地轮作休耕制度试点，通过轮作、休耕、退耕、替代种植等多种方式，对地下水漏斗区、重金属污染区、生态严重退化地区开展综合治理； (2)实施山水林田湖生态保护和修复工程，进行整体保护、系统修复、综合治理； (3)扩大新一轮退耕还林还草规模。扩大退牧还草工程实施范围； (4)实施新一轮草原生态保护补助奖励政策，适当提高补奖标准； (5)深化农村集体产权制度改革。到 2020 年基本完成土地等农村集体资源性资产确权登记颁证、经营性资产折股量化到本集体经济组织成员，健全非经营性资产集体统一运营管理机制； (6)完善草原承包经营制度
2017 年	(1)实施耕地、草原、河湖休养生息规划； (2)加强重大生态工程建设。推进山水林田湖整体保护、系统修复、综合治理，加快构建国家生态安全屏障； (3)完善农业补贴制度。深入实施新一轮草原生态保护补助奖励政策； (4)深化农村集体产权制度改革。落实农村土地集体所有权、农户承包权、土地经营权“三权分置”办法。加快推进农村承包地确权登记颁证，扩大整省试点范围

续表

时间	草原管理政策相关内容
2018 年	(1)统筹山水林田湖草系统治理。把山水林田湖草作为一个生命共同体,进行统一保护、统一修复; (2)健全耕地草原森林河流湖泊休养生息制度,分类有序退出超载的边际产能; (3)扩大退耕还林还草、退牧还草,建立成果巩固长效机制; (4)继续实施草原生态保护补助奖励政策
2019 年	(1)统筹推进山水林田湖草系统治理,推动农业农村绿色发展; (2)扩大退耕还林还草,稳步实施退牧还草; (3)实施新一轮草原生态保护补助奖励政策; (4)坚持农村土地集体所有、不搞私有化,坚持农地农用、防止非农化,坚持保障农民土地权益,不得以退出承包地和宅基地作为农民进城落户条件,进一步深化农村土地制度改革

第三节　地方层面草原管理制度变迁史

一　盐池县草原政策变迁历史

盐池县历史上是“地利宜耕牧”“以畜牧业者多于耕种”区，畜牧业以滩羊为主，当地人们常用“地是聚宝盆，羊是摇钱树”做比喻，可见滩羊对盐池县经济发展具有极其重要的地位和作用（武树伟，1986）。1949 年前，盐池县畜牧业极度依赖天然草原，产量低且不稳，靠天养畜。据县志记载，盐池县冬春季节极易遭受风沙灾害，每年风沙侵蚀地表，延误农时，影响农作物生长，造成草原退化。1949 年后的畜牧业在生产方针和政策的指导下，有较为快速的提升，可以划分为以下四个阶段（见表 3－4）。

（一）社会主义改造时期（1949～1956年）

新中国成立初期的土地改革运动，激发了农牧民的极大生产热情。1950 年，群众开荒使耕地面积恢复到解放战争以前的水平。1953 年实行社会主义改造，成立了全县第一个农业生产合作社。在“农牧并举”生产方针指导下，县委、县人民政府通过发放牲畜贷款、加强疫病防治、推行人工种草和草原划管轮牧、引进和改良种畜等措施，推动了畜牧业生产的恢复和发展。到1954年，全县发展到50多万只羊，比1949年增长2.4倍，大型家畜发展到3.2万头，比1949年增长2倍。1956年时大型牲畜30065只，羊380699只（武树伟，1986）。1956年在“五亩地上闹革命”的指导下，即每人5亩基本农田，每头畜5亩基本草原。施行退耕还牧还林，严禁开荒打草，划管草原119.99万亩。1956年基本完成对个体畜牧业的社会主义改造。在此时期，盐池县于1951年进行草原划管轮牧试点工作。结果表明，试点区草种平均高度比非试点区高24.5厘米，产草量每平方丈多12.0公斤。在社会主义改造期间，由于全县人口较少，垦荒面积少，农业与牧业并未出现明显矛盾，二者相互促进、共同发展。

表3-4　盐池县各阶段方针及草原生态状况

阶段	牲畜数量	政策方针	草原生态状况
社会主义改造时期（1949～1956年）	1956年，大型牲畜30065只，羊380699只	农牧并举、五亩地上闹革命	1951年草原划管轮牧试点，试点区草种平均高度比非试点区高24.5厘米，产草量每平方丈多12.0公斤
全面建设社会主义时期（1957～1966年）	1966年，大型牲畜32342只，羊657058只	农牧并举、以牧为主、退耕还牧还林	严禁开荒打草，划管草原119.99万亩
“文化大革命”（1966～1976年）	1976年，大型牲畜29521只，羊319498只	以粮为纲	大量开荒，草原遭到严重破坏
社会主义建设新时期（1977年至今）	—	以牧为主	1979年以后，进行三次飞机播种

（二）全面建设社会主义时期（1957～1966年）

1957～1966年为盐池县全面建设社会主义时期。1957年以后的9年，盐池县先后贯彻“农牧并举”“以牧为主”的生产方针，在生产和指导上比较重视畜牧业发展与草原保护，因而畜牧业得到稳定发展。到1966年羊只发展到657058只，较1956年增长72.6%；大型家畜发展到32342只之多，较1956年增长7.6%（武树伟，1986）。

（三）“文化大革命”时期（1966～1976年）

1966～1976年为“文化大革命”时期。盐池县始终贯彻落实“农牧结合，以牧为主”“五亩地上闹革命”的方针。1970年，北方地区农业会议召开，盐池县掀起“农业学大寨”运动。同年，盐池县为贯彻自治区“以粮为纲”的生产方针，大量开荒，导致草原严重沙化、退化，沙化面积从1961年的282万亩扩大到539万亩，产草量下降，草原生态结构遭到破坏，再加上盲目追求羊畜存栏数，加之连年干旱，畜牧业生产损失很大。1976年全县羊只死亡15.9万只，死亡率达30%，死亡率为历史上最高的一年（武树伟，1986）。在不遵守自然规律、盲目大规模开荒背景下，形成了“农田挤草原、风沙吃农田”的恶性循环，农业和牧业双双受到重创。

（四）社会主义建设新时期（1977年至今）

1977年以后，盐池县出台了大量草原管理方面的意见和规定（见表3－5）。1977年4月，按照《盐池县自然资源综合考察报告》的意见，宁夏回族自治区党委批准盐池县实行“以牧为主（发展以滩羊为主的畜牧业），农林牧相结合，因地制宜，全面发展”的生产方针。1978年，盐池县被国家畜牧总局列为畜牧业现代化综合试验基点县（胡凤巧，2010）。由于把林草建设摆在首位，在农业建设中以生物措施为主、坚持工程措施和生物措施相结合的原则，盐池县草原生态环境得到了显著改善，草原沙化得到了初步控制。

1982年盐池县畜牧局出台《对今后草原管理建设的几点意见》（以下简称《意见》）。《意见》中规定：“（1）将草原使用权固定到生产队，划定界限。（2）以草定畜，全县平均13亩地养1个羊单位，干旱草原10亩养1个羊单位，半荒漠草原每15亩养1个羊单位，全县可养52万只羊。每户社员养13只羊单位不负担草原费，超过的每只羊单位负担0.1元。(3) 严禁破坏草原，凡在草原上开垦一亩地罚款10～20元。(4) 人工种植牧草，谁种谁用，国家给予适当补贴；全县在3～5年内每户优良牧草逐步达到15亩，可有人工牧草25万～30万亩。"1987年9月，《关于实行草原承包经营责任制有关问题的规定（试行）》明确规定了草原承包制相关问题。

1999年9月，《关于进一步完善草原承包经营责任制的暂行规定》出台，明确草原权限，实行"谁承包、谁经营、谁建设、谁管理、谁使用"和"以草定畜、增草增畜"，承包年限为30年，以"大稳定小调整"为原则，10年为小调整期限；依据"八五协议"划定草原边界。

2002年，自治区人民政府下发《关于进一步完善草场承包经营责任制工作的通知》，盐池县继续完善落实草原承包制。盐池县全面施行草原承包经营责任制，工作从2002年11月开始，2003年4月10日基本结束。据统计，[①] 全县总面积1069万亩，天然草原面积835.4万亩，占总面积的78.2%，其中可利用草原面积714.7万亩。当时承包到户或联户的草原面积为476.5万亩，全县人均承包草原36.91亩，计划发放《草原使用证》6343份，实际发放5437份。

表3－5 宁夏回族自治区、盐池县草原管理政策和法规

日期	盐池县	宁夏回族自治区
1982年	《对今后草原管理建设的几点意见》	—
1987年9月	《关于实行草原承包经营责任制有关问题的规定(试行)》	—
1998年3月	《关于印发盐池县围栏草场管理办法的通知》	—
1999年9月	《关于进一步完善草原承包经营责任制的暂行规定》	—

① 盐池县人民政府文件《关于盐池县施行草原承包经营责任制工作总结的报告》。

续表

日期	盐池县	宁夏回族自治区
2002 年	—	自治区《关于进一步完善草场承包经营责任制工作的通知》
2003 年 4 月 11 日	—	《自治区人民政府关于对草原实行全面禁牧封育的通告》
2007 年 5 月 3 日	—	宁政办发《关于巩固退耕还林和退牧还草成果若干问题的意见》
2009 年 8 月 11 日	—	宁政办发《宁夏回族自治区巩固退耕还林成果项目管理办法》
2011 年	—	自治区《宁夏回族自治区禁牧封育条例》
2015 年 7 月 4 日	—	《宁夏回族自治区农牧厅开展草原确权承包登记试点工作方案》
2015 年 10 月 27 日	《盐池县青山乡草原确权承包登记试点工作方案》	—

2002 年 11 月，为了遏制草原植被严重退化，改变以传统自由放牧为主的粗放饲养方式，盐池县率先在全区实行草原禁牧，并逐步探索和完善禁牧激励和考核机制，全面推行村民自治禁牧制度，按照“谁建设、谁管理、谁受益”的原则，严格落实护林员管理办法，完善管理监督网络，严格效能目标管理，并将林木管护工作纳入责任制考核内容，全面实行目标责任制，形成一级抓一级、层层抓落实的局面。先后出台了《盐池县关于进一步加快生态建设的意见》《盐池县义务植树管理办法》《盐池县林地管护管理办法》等文件。邀请专业机构对“盐池生态功能价值评估与增值增效途径”进行前瞻性的专业研究和实践指导，并形成盐池生态功能价值评估与增值增效顶层战略设计规划。同时，县财政每年投入 2000 多万元资金用于生态建设和管护抚育，为植树造林、林木管护提供了资金保障。

随着禁牧政策的实施，当地农牧民和政府之间的矛盾逐渐加剧，违规放牧现象时有发生。此时期，为了研究禁牧后如何科学利用草原，自治区申请“宁夏中部干旱带禁牧封育草原利用方式研究”项目。在自治区政府的支持和众多学者的努力下，出版了《科学利用草原研究》一书。经过全面封育政策以及退耕还林还草、荒山造林、草原围栏补植和人工种草等措施，生态环境得到明显恢复和好转。崔永庆（2011）的调研结果显示，盐池县可承包草原面积为550万亩，承包到户面积为530万亩，围栏面积为326万亩，补播面积为250万亩。2004年草场调查测定数据显示，盐池县植被平均覆盖度达86%，比封育前提高56%；海原县植被覆盖度由42%提高到60%以上；封育5年的南华山草原覆盖度也由30%提高到95%以上。

2007年5月，自治区办公室下发《关于巩固退耕还林和退牧还草成果若干问题的意见》。2009年8月，下发《宁夏回族自治区巩固退耕还林成果项目管理办法》。2011年，自治区施行全区禁牧封育，《宁夏回族自治区禁牧封育条例》于同年3月1日全面施行。2015年7月，宁夏开展草原确权承包登记试点工作方案，详细内容见本书第四章。

经过多年探索实践，盐池县始终坚持“绿水青山就是金山银山”的发展理念，认真贯彻“生态立区”战略不动摇，在多年的生态建设实践中，逐步探索出了“北治沙、中治水、南治土”的总体思路，持续推进防沙治沙、造林种草、封山育林等生态建设工程，先后获得全国防沙治沙先进县、全国林业科技示范县、全国绿化先进县、全国林业系统先进集体、“三北”防护林体系建设工程先进集体等荣誉。盐池县因地制宜，积极谋划，坚持草原禁牧与舍饲养殖、封沙育林与退牧还草、生物固沙与工程固沙、防沙治沙与沙产业开发、移民搬迁与迁出地生态恢复的“五个结合”治沙模式，提出建设“一圈一带三区多点”的生态安全格局，着力构筑森林生态、林业产业、林业科技推广、森林资源保护四大体系，重点实施防沙治沙、新一轮退耕还林、产业提升等十大工程。自“十二五”以来，盐池县防沙治沙累计投工投劳20万余人次，投入资金达3.2亿元，治理面积50余万亩，建成防沙治沙综合治理示范区12个。在生态脆弱区、县城周围、乡镇村庄、重点区域，分别采取不同措施，加强生态建设和修复力度。加强与北京林业大学、宁夏农林科学院等科研院校合作，探索出了具有盐池特色的防沙治沙模式和技术措施。邀请专业机构对“盐池生态功能价值评估与增值增效途径”进行前瞻性的专业研究和实践指导，并形成盐池生态功能价值评估与增值增效顶层战略设计规划。同时，县财政每年投入2000多万元资金用于生态建设和管护抚育，为生态建设和管护提供了资金保障。盐池县成为宁夏东部重要的生态安全屏障。

二　阿拉善左旗草原政策变迁历史

（一）牧业合作化

土地革命（1949年前～1952年）时期。土地革命使草原产权制度第一次变迁。按照土改纲领，废除封建特权，将草牧场归为公有，牧民在自治区内有放牧自由，但因自治区内土改时间不同，政策也有所差异。东部地区在新中国成立前已完成土改，土改主要内容为：封建地主和庙宇所占土地一律归公所有，按人口分配给无地和少地者；富农土地维持不动；保护中农（李新，2007）。西部地区在新中国成立后的两三年完成，主要内容为：没收大地主的土地、牲畜、农具以及多余的房屋；没收中等地主的土地；小地主维持不动（李新，2007）。

牧业合作化时期（1952～1958年）。此时期草原产权属公有，由集体统一经营。由于牧户散居，并且生产方式较为单一，牧民之间逐渐产生合作的需求。政府根据牧民生活习俗以“浩特”和“呼日什”建立互助组，并在互助组的基础上，建立了初级合作社和高级合作社。此阶段对牲畜和生产工具进行统一经营和使用，推行草原公有化，合作化极大地解放了生产力。阿拉善左旗认真贯彻落实党在牧区的“牧场公有、自由放牧”“不分不斗、不划阶级”“牧主、牧工两利”的政策，在实行“新苏鲁克”制的同时，贷款、扶助贫困牧民发展，保护和恢复发展畜牧业。全旗各类牲畜由 1949 年的 21.8 万头发展到 1953 年的 42.5 万头，增长了 95%（罗巴特尔，2000）。1953 年 5 月，宗别立组建立了全旗第一个常年牧业互助组，全旗开始在牧区建立互助合作组织，生产资料所有权仍归个体。1957 年底，根据牧主经济实行社会主义改造，主要政策为“稳、宽、长”，即步子要稳、政策要宽、时间要长。1957 年，全旗牲畜头数达 64.9 万只，比 1949 年增长 1.98 倍（罗巴特尔，2000）。1958 年 6 月，全旗在牧业互助组的基础上，进行牧业合作社的试点工作，合作社社员的劳力、牲畜、生产工具均由合作社统一安排经营。在“左”的指导思想影响下，合作社还未来得及巩固完善，就在“大跃进”的高潮中向人民公社过渡。

（二）人民公社

1958 年 12 月，阿拉善左旗组建 20 个“政社合一”的人民公社，原牧业合作社集体所有的生产资料和公共积累全部归公社所有，原入牧业合作社社员的牲畜、生产工具等统归公社直接支配，取消畜股报酬。人民公社初期推行“一大二公”“一平二调”，否认等价交换和分配的差别，生产关系变革超越牲畜的发展水平，严重挫伤牧民劳动积极性，又逢连年的自然灾害，牧民生活遇到很大困难。1961 年，全旗开始生产关系调整。牧区实行三级所有、队为基础的制度，即公社、生产大队和生产队，以生产队为基本核算单位，按劳分配。生产上先后实行“两定一奖”（定工、定产、超产奖励）和“三定一奖”（定工、定产、定费用、超产奖励）。1967 年，全旗牲畜总数首次超过百万，达到 100.87 万头。此后，生产关系在社会发展进程中逐步得到改进，畜牧业生产虽经连年旱灾，但仍得以稳步发展。到 1978 年，全旗牲畜总数达 120.4 万头，比 1957 年将近翻了一番（罗巴特尔，2000）。

（三）草畜双承包

1985 年开始新一轮的草牧场有偿承包使用。具体包括规定承包的面积和年限，规定产草量和牲畜数量，规定承包者的权利和义务，收取使用费。1985 年的《内蒙古自治区〈草原法〉实施细则》可以看作是草牧场有偿承包形成的标志。1986 年，内蒙古自治区人民政府相继实行草牧场有偿承包使用制度。1989 年，草牧场有偿承包责任制度在内蒙古自治区全面推广。1991 年，内蒙古自治区政府对草原管理条例进行修改，主要调整了三方面内容：一是草原的承包经营权可以依法有偿转让；二是严格草原使用审批程序；三是严格盟和旗（县）征用草原的审批权限。

十一届三中全会后，党在农牧区实行经济体制改革，全面推进家庭联产承包责任制，革除长期以来生产经营上的“大锅饭”模式。1983 年，全旗普遍实行“保本经营、提留现金”“成畜保本、仔畜分成”的牧户家庭承包经营形式。1984 年，全旗实行以“牲畜作价归户、草场使用权到户”为核心内容的草畜双承包责任制，将牲畜与草场有机结合起来，草场由嘎查按户或联户统一划分，明确草场使用、建设和保护的责任与权利。牲畜则采用有偿作价归户或无偿归户，私有私养，集体提留，现金兑现，进而将责、权、利统一起来。畜牧业经营方式逐步从粗放型向效益型发展。1997 年，全旗牲畜总头数达 155.4 万，牧民人均纯收入达 1886.6 元，比 1949 年增长 7.13 倍（罗巴特尔，2000）。

（四）“双权一制”

随着管理保护政策法规的逐步完善，此阶段的政策和法规突出“保护”（见表 3－6）。1996 年内蒙古自治区人民政府印发了关于《进一步落实完善草原“双权一制”的规定》的通知。1999 年，内蒙古自治区人民政府做出《关于加强草原承包经营权流转办法的决定》。2002 年，内蒙古自治区人民政府实行《内蒙古退耕还林（草）工程管理办法（试行）》，加强保护草原的力度。2004 年和 2006 年先后两次修订《内蒙古自治区草原管理条例》。2010 年，内蒙古自治区人民政府下发了《关于进一步落实完善草原“双权一制”有关事宜的通知》。2011 年，内蒙古自治区政府办公室下发《内蒙古草原生态保护补助奖励机制实施方案》。同年9月《内蒙古基本草原保护条例》出台，1998年的《基本牧场保护条例》废止。《基本草原保护条例》第六条明确指出草原行政主管部门及其职责。第三十二条规定对破坏基本草原的行为依法追究刑事责任，并针对每种违法行为列出明确罚款金额。2012年1月，内蒙古自治区人民政府出台《关于促进牧区又好又快发展的实施意见》。同年3月，内蒙古自治区人民政府办公厅下发《关于做好农村牧区集体土地确权登记发证工作的通知》。这是内蒙古自治区首次开始农村土地确权工作。2014年，内蒙古自治区人民政府同时下发《内蒙古自治区土地承包经营权确权登记颁证试点工作实施方案》《内蒙古自治区完善牧区草原确权承包试点工作实施方案》《内蒙古自治区基本草原划定工作实施方案》三份文件。可见内蒙古自治区政府对草原确权工作的重视程度。

表3-6　内蒙古自治区草原政策和法规

日期	内蒙古政策
1979年2月8日	《关于农村牧区若干政策的决定》
1984年6月7日	《内蒙古自治区草原管理条例》
1989年10月25日	《进一步落实草牧场使用权,实行草牧场有偿承包使用制度初步意见》
1991年8月31日	修正《内蒙古自治区草原管理条例》
1996年11月20日	《进一步落实完善草原“双权一制”的规定》
1998年	《内蒙古自治区基本草原牧场保护条例》
1999年	《关于加强草原承包经营权流转办法的决定》
2006年1月12日	修订《内蒙古自治区草原管理条例》
2007年11月28日	内政发《关于进一步加强草原监督管理工作的通知》
2010年11月16日	内政发《关于进一步落实完善草原“双权一制”有关事宜的通知》
2011年5月23日	内政办《内蒙古草原生态保护补助奖励机制实施方案》
2011年9月28日	《内蒙古基本草原保护条例》,1998年基本草牧场保护条例废止
2012年1月5日	《内蒙古自治区人民政府关于促进牧区又好又快发展的实施意见》
2012年3月30日	《内蒙古自治区人民政府办公厅关于做好农村牧区集体土地确权登记发证工作的通知》

续表

日期	内蒙古政策
2012 年	《内蒙古贯彻落实国家〈西部大开发“十二五”规划〉重点工作分工方案的通知》
2014 年 9 月 9 日	《内蒙古自治区土地承包经营权确权登记颁证试点工作实施方案》 《内蒙古自治区完善牧区草原确权承包试点工作实施方案》 《内蒙古自治区基本草原划定工作实施方案》

1997 年，全旗在稳定家庭联产承包责任制和草畜双承包责任制的基础上，本着“大稳定、小调整”的原则，认真落实土地延包期 30 年和草原“双权一制”，将承包给牧户的草场实行一次性划定 30 年不变，允许草场依法进行租赁、转包、有偿转让。经过两年运作，48299 平方公里的草场承包到户或联户，占草场总面积的 92%；全旗 28 个苏木镇 159 个嘎查 10364 户牧民全部发放草场所有证和使用证。连续四年牲畜总头数稳定在 150 万。1999 年，牧民人均纯收入达 2299 元（罗巴特尔，2000）。

三　额济纳旗草原政策变迁历史

据县志，“额济纳旗地区曾有过水草丰茂、林木蔽日、丰衣足食，繁荣兴旺的时期”。新中国成立以后，额济纳旗开始大规模兴修水利、封滩育林，发展林、牧、农业生产。这些水利工程体系改善了全旗干旱的状况，增强了抗御自然灾害的能力，为发展牧业和农业生产创造了良好的条件。

（一）互助组阶段

1953 年 2 月中共中央发布《关于农业生产互助合作的决议》后，在牧民自觉自愿的基础上，组织了 3 个常年互助组。

1955 年 12 月，据旗工委《畜牧业生产中的互助合作情况》调查，全旗有临时性互助组 14 个、季节性互助组 24 个、常年性互助组 8 个。

（二）牧业合作社阶段

1958 年，在旗委、旗人民委员会“苦战三年，改变额济纳旗面貌”的号召下，全旗人民进行牧业合作化工作。

（三）人民公社阶段

1958 年 8 月，中共中央做出《关于在农村建立人民公社问题的决议》，额济纳旗进行牧区经济体制改革。人民公社时期以牲畜资料归劳动群众集体所有的社会主义经济组织为主要组织形式。人民公社建立后，原属牧业合作社集体所有的草场、公共建筑、水利设施、机械设备等公共积累全部归公社所有，社员的自留牲畜、农副产品加工工具、牲畜工具折价归属公社，推行贫富拉平的平均主义。

（四）草畜双承包阶段

1983 年 3 月，旗委、旗政府印发《关于大包干的试行方案》。牧业主要采用两种承包形式，一种是作价承包，另一种是保本归户。1983 年底，对沿河 3 个公社进行了调查，于 12 月向旗人民政府提交《关于牧农业试行大包干责任制后一些情况的调查》，从牧业承包户和种植承包户、驼群和羊群承包的收入着手，阐明实行大包干责任制的利益。

牧业承包户和种植业承包户的收入为：1983 年，苏泊淖尔策克生产队 6 家牧业承包户，共 17 口人，17 个劳动力，人均收入 604 元，比 1982 年的人均 559 元，增长 8.05%。策克 5 家农业承包户，共 30 口人，11 个劳动力，人均收入 811 元，比 1982 年的人均 336 元增长 141.37%（李生昌，1998）。

驼群与羊群承包户的收入为：赛汉陶来公社都赛汉淖尔生产队 3 家羊群承包户，人均 255 元，比 1982 年的人均 236 元增长 8.05%。3 家养驼专业户，人均收入 308 元，比 1982 年人均增长了 15.36%（李生昌，1998）。

第四章　半农半牧区盐池县草原管理的实践

本章主要以盐池县草原管理实践为案例，对其草原管理政策的制度功能进行分析。为了更深入地理解盐池县草原管理制度，本章第一节试图通过 Peter 教授对宁夏 1995 年和 2012 年的两项研究数据，从另外一个角度对比分析农牧民对草原政策的认知变化，从本节的内容也可以看出制度功能是如何随时间变化的，农牧民对草原政策的认知发生了哪些变化。第二、第三节则是基于制度功能可信度理论，分析农牧民对草原承包制及草原确权的感知，合理评价两项政策的制度功能。

第一节　盐池县1995 ~2012年的变化

一　研究区概况

盐池县位于宁夏回族自治区东部，地理坐标东经 106°30′ ~ 107°47′，北纬 37°04′ ~ 38°10′，靠近陕、甘、宁、内蒙古四省（区）交界地带。地势南高北低，南部为黄土丘陵区，海拔 1600 ~ 1800 米，沟谷纵横。北部为鄂尔多斯缓坡丘陵区，海拔 1400 ~ 1600 米，地势开阔平缓（武树伟，1986）。该县属于典型的中温带大陆性气候，冬冷夏热、干旱少雨。受季风的影响，降水主要集中在夏、秋两季。2018 年平均降雨量为 385. 5 毫米，年平均气温 9. 3℃。[①] 境内无大河，水资源贫乏。地表水分布少，地下浅层水多为高氟和高矿化度劣质水，深层水埋藏深，且分布不均匀。降水少且季节分配不均，加之受风沙影响，土壤水分蒸发加速，促进沙化，降低土壤肥力，致使种子萌发和牧草返青受到阻碍。据统计，2018 年全县土地总面积 8377. 3 平方公里，草原面积 5533. 3 平方公里，承包草原面积 4733. 3 平方公里，耕地 1047. 4 平方公里。[②] 2002 年禁牧以前，盐池县是全国沙化最严重的县区之一，沙化面积占土地总面积的 79. 3%（余露、宜娟，2012）。盐池县地下蕴藏的矿产资源种类多，有石油、煤炭、石灰岩、石膏、石英砂、砂砾石、铜、铁等，其中已探明石油储量 4500 万吨，煤炭储量 81 亿吨。石膏 4. 5 亿立方米，白云岩 3. 2 亿立方米，石灰石 11 亿立方米，开发利用前景广阔。皮毛、食盐、甘草俗称盐池“三宝”（赵涛，2012）。2019 年，盐池县户籍人口总户数 68487 户，总人口数为 172975 人，其中男性占总人口数的 51. 1%，女性占总人口数的 48. 9%，民族构成为汉族占 97. 5%，以回族为主的少数民族占 2. 16%。[③] 盐池县辖 8 个乡镇，草原确权试点的青山乡辖 8 个村委会。盐池县为半农半牧区，2019 年全县地区生产总值 105. 64 亿元，其中农林牧渔业生产总值 19. 34 亿元，农业产值 6. 7 亿元，畜牧业产值 11. 3 亿元，农村居民人均可支配收入 12127 元。[④] 滩羊在该县经济发展中占重要地位。2011 年，盐池县组织实施草原生态保护奖励机制，享受生产资料综合补助牧户达 36622 户，全县得到国家项目补助资金 6600 万元，户均 1800 元。

同心县位于宁夏回族自治区中南部，与盐池县类似，处于半干旱草

① 资料来源：《宁夏统计年鉴 2019》。

② 资料来源：盐池县草原站。

③ 资料来源：《盐池县 2019 年国民经济和社会发展统计公报》。

④ 资料来源：同上。

原区，总年降水量346.8毫米，年平均气温10.6℃，耕地面积1391.12平方公里，草地面积1761.69平方公里。① 原州区位于宁夏回族自治区固原市，属于半干旱黄土高原区。20世纪90年代为固原县，2001年经国务院批准，撤销固原县，设立地级固原市和原州区。原州区耕地面积1032.66平方公里，草地面积678.28平方公里。②

二　研究方法

（一）资料来源

本研究采用定性和定量相结合的方法。定性即对当地农民进行深入透彻的访谈，主要围绕草地资源管理展开，梳理共性问题进行探讨，涉及牧民们对草原生态环境的认识、对草原管理方式及草原承包责任制的认识评价等，以期探讨近20年宁夏草地资源管理变化趋势。笔者于1995年和2012年对宁夏回族自治区盐池、同心和固原分别进行了两次调研，两次调研地点相同。1995年走访了盐池县的4个村庄98户人家，同心县4个村庄96户人家，固原县走访47户，共计241户；2012年走访盐池县的7个村庄147户，同心县53户，固原1个村庄51户，共计251户（见表4-1）。挨家挨户独立进行访谈和问卷发放，避免牧农民们集体商讨影响问卷的有效性。

表4-1　调研地点及人数

单位：人、%

时间	地点	人数	占比	时间	地点	人数	占比
1995年	同心	96	39.8	2012年	同心	147	58.6
	盐池	98	40.7		盐池	53	21.1
	固原	47	19.5		固原	51	20.3
总计		241	100.0	总计		251	100.0

① 资料来源：《宁夏统计年鉴2018》电子版。

② 资料来源：《宁夏统计年鉴2018》电子版。

用 SPSS 20.0 对回收的有效问卷进行定量分析。本研究中将盐池和同心作为草原地区，固原作为黄土高原区，按时间和地区划分为 1995 年草原区、1995 年黄土高原区、2012 年草原区及 2012 年黄土高原区。

（二）样本特征分析

年龄分布。从研究区年龄结构可以看出（见表 4－2），整体而言，1995 年和 2012 年，草原区和黄土高原区 21～30 岁和 31～40 岁年龄段人口呈现出下降趋势，41～50 岁和 51～60 岁呈现上升趋势，人口年龄逐渐增长，以中青年为主。其中，草原区 21～30 岁由 27.9% 降至 4.5%，黄土高原区由 27.7% 降至 9.8%；31～40 岁，草原地区由 27.8% 降至 17.5%，黄土高原区由 29.8% 降至 19.6%；41～50 岁，草原地区由 22.2% 上升至 34.5%，黄土高原区由 27.7% 上升至 31.4%；51～60 岁年龄段明显增多，草原区由 8.2% 上升至 25.0%，黄土高原区由 8.5% 上升至 19.6%。

职业。由职业构成可以看出（见表 4－2），整体而言，草原区和黄土高原区农民人数呈现下降趋势。具体而言，草原地区在 1995 年时 92.8% 为农民，而到 2012 年时下降为 57.0%；黄土高原区由 1995 年的 87.2% 下降至 2012 年的 62.9%。

收入来源。由人均收入来源可以看出（见表 4－2），整体而言，1995 年和 2012 年，农业收入的份额逐渐下降，非农收入份额上升，草原地区已无挖干草的额外收入。具体而言，草原地区，在 1995 年时，挖干草收入占主要份额，为 55.8%，农业收入占 21.2%，非农收入仅占 7.5%；而到 2012 年时，已经没有挖干草的额外收入，非农收入大幅提高至 43.0%，畜牧业几乎增长 1 倍，为 30.6%，农业收入份额变化不大，为 25.3%。黄土高原区，在 1995 年时农业为主要收入来源，占总收入的 64.0%，其次为畜牧业，为 30.0%，非农收入仅为 6.0%，无挖干草的收入；而到 2012 年时，农业收入约下降一半，为 32.4%，非农收入上升至 37.1%，畜牧业基本无变化，为 30.5%。

表 4-2 调研地点年龄、职业及收入来源

单位：%

项目		1995 年		2012 年	
年龄	区间	草原区	黄土高原区	草原区	黄土高原区
	≤20 岁	7.2	4.3	0.5	0
	21～30 岁	27.9	27.7	4.5	9.8
	31～40 岁	27.8	29.8	17.5	19.6
	41～50 岁	22.2	27.7	34.5	31.4
	51～60 岁	8.2	8.5	25.0	19.6
	≥61 岁	4.1	0	18.0	19.6
	缺失	2.6	2.1	—	—
总计		100.0	100.1	100.0	100.0
职业	类型	草原区	黄土高原区	草原区	黄土高原区
	农民	92.8	87.2	57.0	62.9
	干部	6.7	12.8		
	其他			43.0	37.1
	缺失	0.5	0		
总计		100.0	100.0	100.0	100.0
收入	来源	草原区	黄土高原区	草原区	黄土高原区
	农业	21.2	64.0	25.3	32.4
	畜牧业	15.5	30.0	30.6	30.5
	非农（打工）	7.5	6.0	43.0	37.1
	额外（挖干草）	55.8	—	0.1	—
总计		100.0	100.0	99.0	100.0

三　研究结果

（一）草原生态环境变化

由草原生态环境变化（见图 4-1）可见，草原生态环境明显得到改善。1995 年时草原区和黄土高原区超过 90% 的人认为草原环境是退化的，而到 2012 年仅有不到 20% 的人认为草原是退化的，超过 55% 的人认为草原环境得到了明显改善，植被变得更好了。

（二）草原管理方式的转变

谁来管理草原。从调研情况来看（见图 4-2），由最初的政府机构

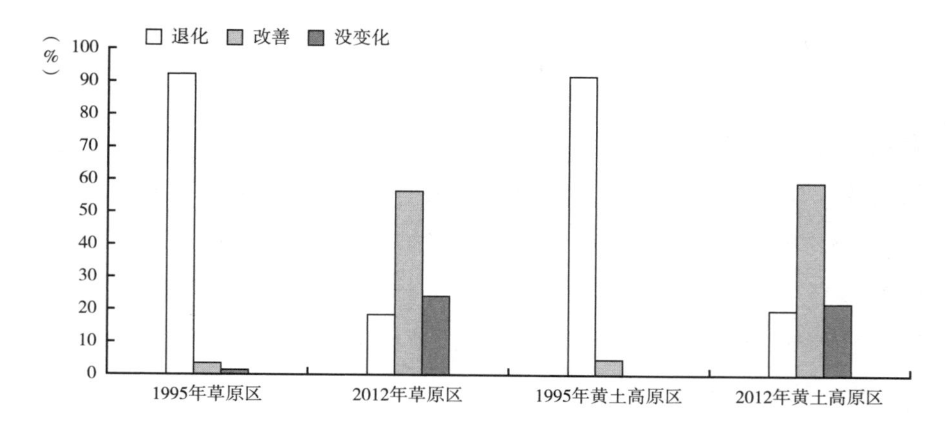

图 4－1　1995 年、2012 年草原生态环境的变化

管理逐渐转变为农民自己管理或是联户、社团管理，黄土高原区对草原管理站的需求有所增加。具体而言，草原地区，农民自己管理由41.3%上升至73.5%，联户管理由17%上升至66%，社团管理由13.4%上升至40.5%。对于黄土高原区，支持联户和社团管理的人群明显上升，分别由1995年的12.8%、4.3%增加至52.9%、27.5%，并且对草原管理站的需求由19.1%增加至49%。可见，农民自愿管理草原的意愿更强了。

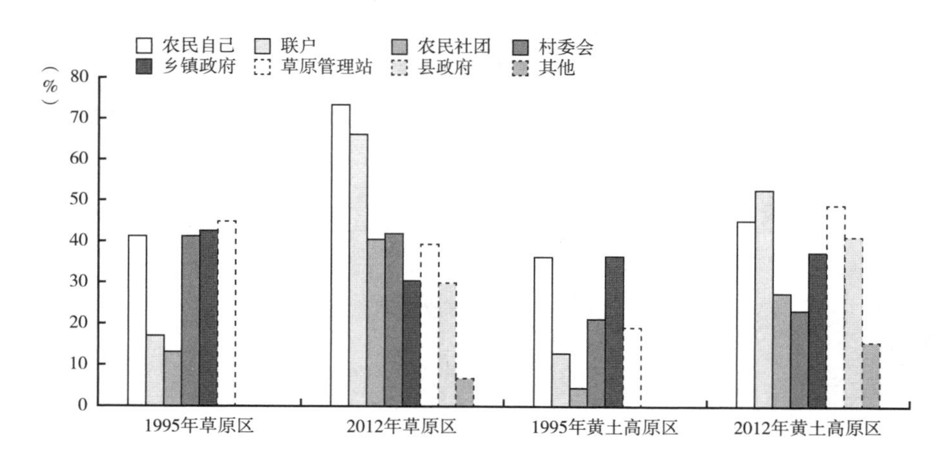

图 4－2　1995 年、2012 年草原管理者变化

改善草原的方式。整体而言（见图4－3），1995年草原的管理方式以限制牲畜数量、人工草场、飞播、围栏等为主，2012年这些管理方式支持率激增，并且增加了农民照看、使农民意识到草原的重要性、禁牧及轮牧等新的管理方式。1995年时，草原区大多数人支持人工草场（63.4%）、限制牲畜数量（34%）、飞播（40.7%）、围栏（39.7%）等方式管理草原，而到2012年时，限制牲畜数量、人工草场、围栏及施肥管理支持率急速上升，尤其是围栏和施肥管理，分别由39.7%上升至75%、4.1%上升至20.5%。新增加的农民自己照看草原78%，使农民意识到草原的重要性占76%，轮牧占65.5%。黄土高原区，1995年时支持人工草场（36.2%）管理的方式高于其他管理方式，而到2012年时，限制牲畜数量、人工草场、围栏的支持率进一步提高，对施肥管理的需求也由4.3%上升至33.3%。新增加的农民自己照看草原占68.6%，使农民意识到草原的重要性占84.3%，轮牧占54.9%。

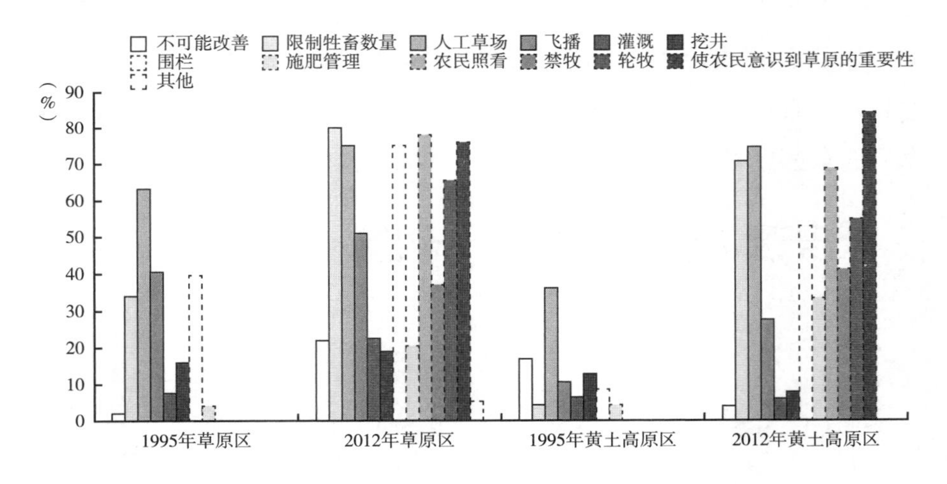

图4－3　1995年、2012年改善草原的方式变化

（三）草原承包制的认识变化

承包人数增多。整体而言（见图4－4），两个区承包草原的人数明显增多，且黄土高原区承包人数由1995年低于草原区到2012年明显高

于草原区。两个区具体变化为：黄土高原区由4.3%增加至80.4%，草原区由7%增加至55%。可见，两个区越来越多的人承包草原。

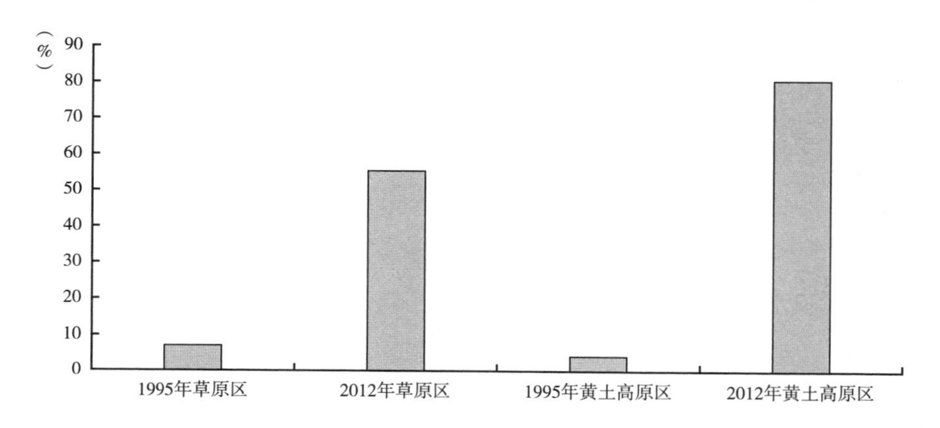

图4-4　1995年、2012年草原承包人数的变化

对承包责任制权利的认知。整体而言（见图4-5），两个区村民们了解的各项权利明显多于1995年，黄土高原区人们权利意识明显提高。具体来讲，村民们了解最多的是使用权和继承权；而对于经营权、抵押权、流转权等权利是近些年才被村民了解的。

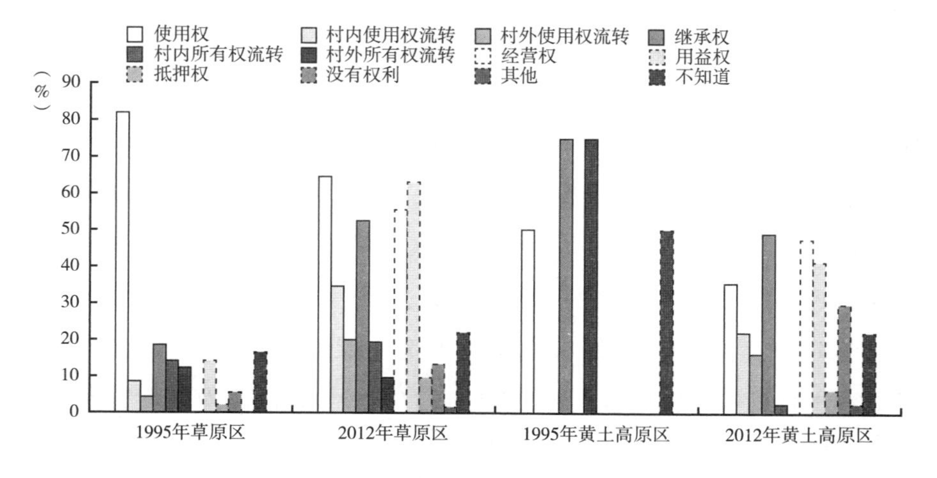

图4-5　1995年、2012年农牧民对各项权利的了解程度对比

承包合同边界问题。有关草原承包合同中的边界是否清楚（见图4－6），整体而言呈现出下降趋势，且黄土高原区大多数农民认为合同边界内容是不清楚的。草原区1995年时，认为草原边界清楚的人们占45.2%，而到2012年下降为17.3%，没有见过承包合同的人由15.1%上升至23.6%；黄土高原区1995年认为清楚的占44.4%，而到2012年也下降为17.1%，没有见过合同的人由33.3%下降为22%。

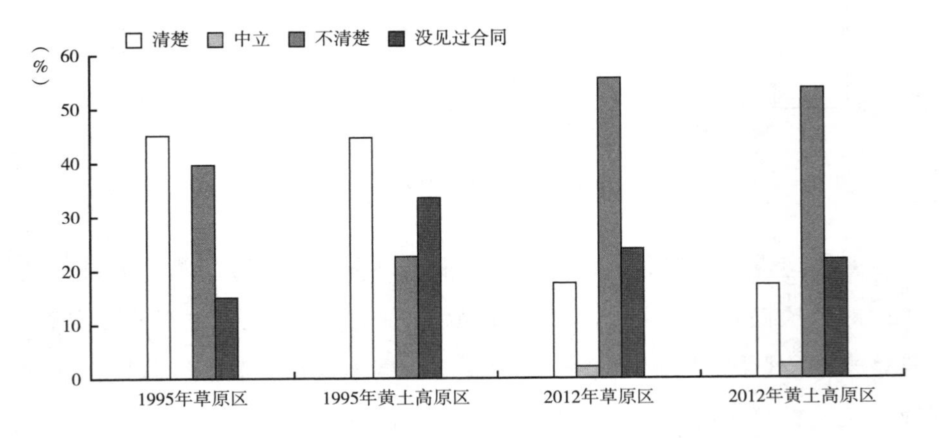

图4－6　1995年、2012年草原承包合同中的边界表述情况对比

承包责任制的评价。由承包制的评价（见图4－7）可以看出，草原区在1995年时，认为草原承包制失败的人约占一半（52.1%），14.5%的没听过草原承包制，而到2012年时，认为草原承包制成功的人上升至一半（52.5%），认为失败的人下降至17.0%。在草原区，越来越多的人们对承包制改变了看法，认为承包制是成功的。黄土高原区，在1995年时73.3%的农牧民认为是失败的，而到2012年下降为47.1%，虽然认为草原承包制失败的人数下降了，但认为失败的人数仍高于成功的。由此可见，越来越多的农牧民开始接受草原承包制，且草原区农牧民较黄土高原区农牧民更为支持承包制。

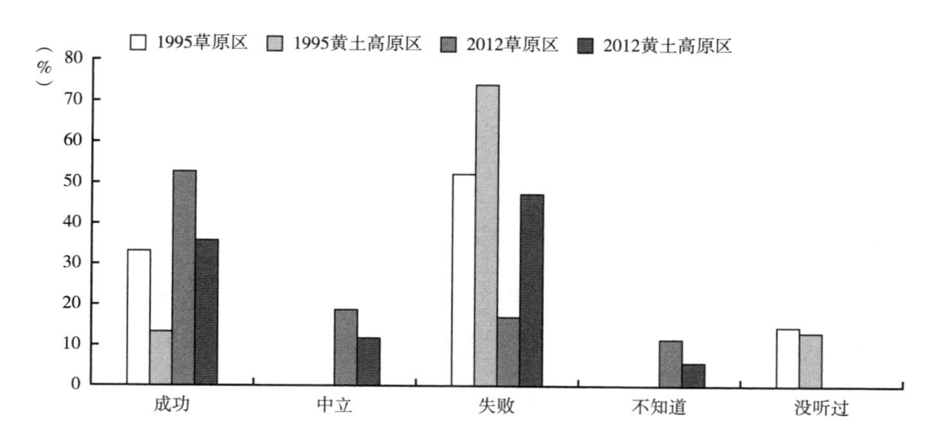

图 4－7　1995 年、2012 年农牧民对草原承包制评价的变化

四　结论与讨论

本文应用制度功能理论，结合 1995 年和 2012 年两次宁夏草原资源调查数据，通过村民年龄结构、草原生态环境及对草原承包制的总体看法等指标，分析了该区草原承包制的制度功能，并总结了近 20 年间宁夏草原管理变化规律。通过上述分析，得出以下结论。

（1）大多数年轻人外出打工，村子变成“空巢村”。留守在村子里的多以 40～50 岁、50～60 岁人群为主，此部分人群年龄普遍偏高，知识水平普遍偏低且受体能的限制，看管自家羊群已非易事，青年劳动力缺乏会成为限制草原长远发展的不利因素。1995 年和 2012 年，草原区和黄土高原区 21～30 岁和 31～40 岁年龄段人口呈现下降趋势，41～50 岁和 51～60 岁呈现上升趋势，且以 41～50 岁为主；农牧民人数呈现下降趋势；农业收入的份额逐渐下降，非农收入份额上升，草原区已无挖干草的额外收入。在 20 世纪 90 年代，草原生态环境还较好，草原地的农民可以依靠挖干草作为家庭收入的主要来源。随着挖干草造成的草原生态环境破坏，迫于生计压力，村里大量 20～30 岁的年轻人开始外出务工。从调研数据可以看出，外出务工收入约占总收入的 40% 左右，村民们对草原的依赖性已经大大降低，推行一些草原相关政策时可能受到的阻力会减轻很多。

（2）草原生态环境得到明显改善。1995 年时草原区和黄土高原区超过 90% 的人认为草原环境是退化的，而到 2012 年超过 55% 的人认为草原环境得到了明显改善，植被变得更好了。《2012 全国草原监测报告》中也证实了此阶段草原植被生长状况良好，自国家实施西部大开发战略以来，国家在草原牧区实施退牧还草等重大生态保护建设工程，宁夏实行全区禁牧封育措施，草原生态保护建设工程和管理措施取得明显成效，宁夏草原沙化状况明显改善，草原生态环境加快恢复。另外，对宁夏草原荒漠化的动态遥感监测研究也表明，1993 ~ 2011 年沙化草地面积降低了 13.98%，荒漠化降低了 59.41%，全区禁牧政策和其他生态工程促进了草地植被恢复（Li J. et al.，2013）。

（3）承包草原的人数增多，村民们开始接受草原承包制。对比研究发现，尽管两个区对草原承包制的评价表现不同，但认为草原承包制成功的人数逐渐增多。黄土高原区承包人数由 1995 年低于草原区到 2012 年明显高于草原区。表明黄土高原区较草原区有更多的人愿意承包草原。对草原承包制的评价两区表现不同，草原地区在 1995 年，认为草原承包制成功的占到 33.3%，而到 2012 年上升至一半左右（52.5%），可见，在草原地区越来越多的人们对承包制改变了看法，认为承包制是成功的。黄土高原区，虽然认为失败的人数仍占主体，但由 73.3% 下降为 47.1%。由此可见，越来越多的农牧民开始接受草原承包制，草原区农牧民比黄土高原区农牧民更支持承包制。可能有以下几个方面原因：首先，宁夏地区经济发展相对滞后，草原承包目前还处于初级阶段，此时期的草原承包制符合该区社会经济发展水平，发挥了其该有的制度功能；其次，政府在 2011 年发布了《国务院关于促进牧区又好又快发展的若干意见》，明确指出完善草原承包经营制度，紧接着各地开展了第二轮承包换证工作，这可能也是促使承包人数增加的原因。

（4）草原管理方式发生转变。对草原的管理方式由最初的政府机构管理逐渐转变为农民自己管理或是联户、社团管理，黄土高原区对草原管理站的需求有所增加。可见，农民自愿管理草原的意愿更强了。1995 年草原管理以限制牲畜数量、人工草场、飞播、围栏等方式为主，2012 年这些管理方式支持率激增，并且增加了农民照看草原、使农民意识到草原的重要性、禁牧及轮牧等新的管理方式。

公共管理被认为是资源有效利用的方式，因为在公共管理中通过协商可以使不同利益群体的目标得以实现。对政府而言，社区管理资源的方式无疑是更加有效的，因为社区化管理自然资源产生的交易成本更低（张建娥等，2006）。在社区管理中，群体的道德发挥着重要的作用，而且，这种压力随着群体数量的缩小和群体之间亲密程度的增加而增加。因此，群体数量越小越能实现资源管理的有效性（张建娥等，2006）。然而，草原的所有权归国家或集体，农户拥有承包经营权，但国家却拥有最终的决策权和管理权，这样的制度安排削弱了基层农户和当地社区的管理能动性（杨瑞玲等，2014）。草原承包制作为我国草原管理的基本制度，与以社区管理的共有财产在理论上有着本质的区别。首先，共有财产制度建立的基础是单个使用者社区对资源进行的使用和管理，该社区能够有效地将非社区成员排除在外，拒绝后者使用自己拥有的特定资源。而目前的草原承包制需要借助一个外部力量即管理机构（政府），才能有效地避免“搭便车”行为。其次，共有财产主张草原的边界具有一定的灵活性，即提倡循环放牧，也就是说，草原在时间和空间上都具有一定的可变性，放宽草原边界能更好地利用草原。然而，草原承包制却以最大载畜量为基础，明确了草原的边界。虽然有学者质疑共有财产对自然资源可持续性的作用，但越来越多的案例证明了当地人有意愿并且有能力通过集体行动来实现社区自然资源的自我治理（Hagedorn，2008；余露、宜娟，2012）。与由上级制定并监督实施的政策相比，多方参与、以社区为主体的管理机制使相关利益群体的能动性得到了更好的发挥。

根据上述结论，提出以下建议。

(1) 加大政策法规等的宣传力度，提高村民们的法律意识。村民们是否清楚政策目标，是否具有守法意识以及是否了解自己的权利和义务，关乎到政策实施的结果。村民们法律意识不高，不清楚政策目标会导致政策失败，甚至会加剧生态环境的恶化（Peter，2003）。本研究中，两个区村民们对各项权利的意识明显有了提高，黄土高原区人们意识提高尤为明显。村民们了解最多的是使用权和继承权，而对于经营权、抵押权、流转权等权利是近些年才被村民了解的。并且随着村民们的认知水平提高，已经能了解合同中表述不清楚的地方。建议采取广播、电视、网络、会议和印发宣传标语等方法加强相关法律的宣传力度，向村民们讲清楚《农村土地承包法》和《草原法》的内容。村民们只有了解清楚政策的具体内容，才能明白该政策实施到底会对自己今后的生活产生什么影响，从而对政策有全面的评价。

(2) 联户管理或合作经营。制定政策相对而言是容易的，但想要被民众接受并执行却非常不易。如禁牧政策的施行就引发了村民们新的制度安排。本调研中，针对草原较好的管理方式中，草原区支持联户管理由17%上升至66%，黄土高原区由12.8%增加至52.9%。数据表明了村民们有自己管理、联户管理的需要。如果建立起相应的机制，村民们彼此相互信赖、自发的集体行动，更有助于群体的利益。对草原的利用和规划，由村民们协商讨论完成，而村子内部的文化、习俗也有助于约束村民们的个人行为。在此机制的基础上，村子内部也可以选举成立管理委员会，由委员会落实合作或联户经营的规则。

(3) 社区化管理。虽然社区化管理被认为是对自然资源更加有效的管理方式，然而，在宁夏的草原管理历史过程中，合作化时期进行的大范围草场围栏行动完全被破坏，沉痛的教训使得人们似乎不敢再触及有关草原集体化管理的模式（张建娥等，2006）。由此可知，推行草原社区化管理困难重重。乐观的是，一些村子在现实中，尤其是在农牧交错带，已经形成了相对完善的草原社区管理制度，有些村子虽然没有实行社区化管理，但也达到了社区化管理的条件。本研究中，草原区社区管理由13.4%上升至40.5%，而黄土高原区也由4.3%增加至27.5%。这表明社区化管理是有一定生命力和群众基础的，只要达到了社区化管理的条件，政府认同并给予支持，社区化管理制度必将作为现有草原管理制度的补充而发挥巨大的作用。

第二节　草原政策的感知分析

一　样本量特征

（一）调研地点及样本量

笔者于2015年7~8月、2015年11月、2016年1~2月、2016年7~8月及2017年2月对研究区域草原资源管理情况进行了调研。调研地点涉及盐池县2个乡镇7个行政村，对调研村庄进行入户调查，共发放239份问卷，回收问卷239份，回收率100%。剔除无效问卷8份，有效问卷231份，有效问卷率96%。其中，青山乡青山村25份、方山村4份、营盘台31份、猫头梁71份、郝记台37份、旺四滩25份，花马池镇皖记沟村38份。盐池县青山乡共4060户，根据样本量计算[①]样本为352份，实际调研问卷样本量无代表性。调研地区多数家庭成员外出务工，部分家庭成员现居住在县城，每个村庄平均常住人口十来户，调研时发现某村只有两户人，问卷样本量极难满足统计学的代表性，故用混合法研究。

（二）被访者基本信息

从调研结果看（见表4-3），盐池县被访者主要以男性为主，占总

① 问卷样本量计算见 http：www. checkmarket. com/sample - size - calculator/。

数的81.8%，女性占18.2%。年龄方面绝大多数为60岁以上，占总数的36.8%；其次是51~60岁的，占到29.0%，21~30岁的数量最少，占总数的2.6%。从年龄比例中可以看出，被访者以51岁及以上者居多，占总数的65.8%。民族结构以汉族为主，占总数量的99.6%。受教育程度以小学居多，占总数的67.5%，高中学历和本科及以上者极少，分别占总数的1.7%和0.4%。调研地区文化水平相对较低。

表4-3 盐池县受访者基本信息

性别	数量(份)	占比(%)	民族	数量(份)	占比(%)
男	189	81.8	汉	230	99.6
女	42	18.2	蒙	1	0.4
合计	231	100.0	合计	231	100.0
年龄(岁)	数量(份)	占比(%)	教育水平	数量(份)	占比(%)
21~30	6	2.6	无	45	19.5
31~40	28	12.1	小学	156	67.5
41~50	43	18.6	初中	23	10.0
51~60	67	29.0	高中	4	1.7
≥60	85	36.8	本科及以上	1	0.4
缺失	2	0.9	缺失	2	0.9
合计	231	100.0	合计	231	100.0

二 生态环境的感知

（一）草原植被变化

当地农民的生活经验可以帮助他们判断草原变化的趋势（Cox，2005；Azadi et al.，2009）。对过去5年草原植被变化情况的研究结果表明（见图4-8），调研地区认为草原植被“变好了”的农牧民居多，占总调研人数的70.6%，认为“变得更好了”的为6.9%，认为草原植被“没变化”的占18.2%，“不知道”的占2.6%，1.7%为缺失值。从调查结果看，近几年盐池县草原生态恢复效果较好。

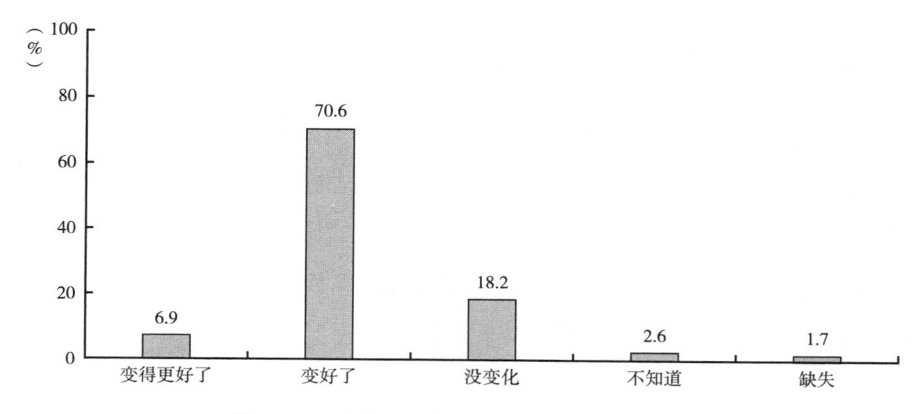

图 4－8　盐池县过去 5 年草原植被变化情况

（二）草原植被变化的原因

研究区对草原植被过去 5 年变化的感知主要表现在政策制度方面（见图 4－9），其中，86.7% 的农牧民认为草原变化的原因是“禁牧”；5.6% 的农牧民认为草原变化的原因是天气因素“降水量”；认为是“围栏”“草原承包”因素的较少，分别占总数的 0.6% 和 3.3%；“不知道”是什么原因的占总数的 1.1%；“其他”原因占 2.8%。从结果可知，在农牧民感知中“禁牧”政策对草原生态变化起了非常积极的作用。

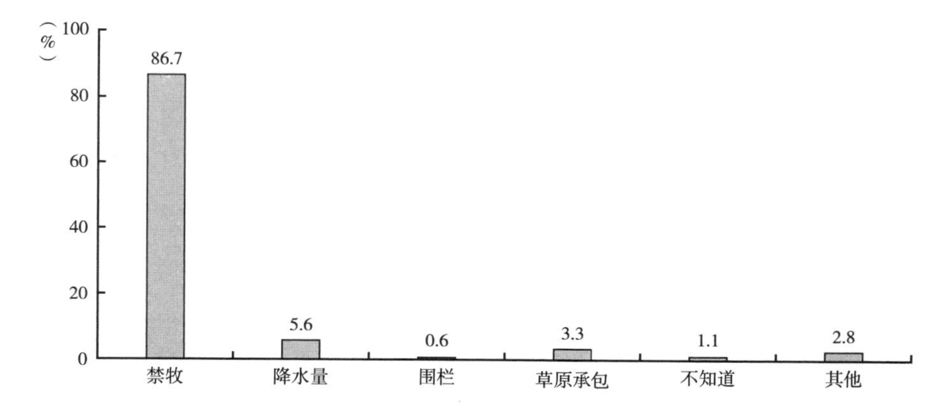

图 4－9　盐池县植被变化原因

三　草原承包制的感知分析

依据制度功能可信度理论，结合盐池县当地情况，利用FAT模型对农牧民的集体感知研究，进而评价草原承包制的功能。FAT模型为政策施行的法律规定和流程（Formal）、政策实施的情况（Actual）及政策目标（Targeted）。其中，草原承包制的法律规定（F）已在本书第三章第三节草原管理制度变迁史中详细阐述；政策执行情况（A）从草原证持有率、承包形式、承包年限等内容分析；政策目标（T）从草原证的重要性、承包意愿、草原承包制的评价以及权力感知等内容分析。

（一）实际执行情况（Actual）

1. 草原承包证的拥有情况

盐池县草原承包制自1987年施行以来，已经历过两轮承包，而对该地区“是否有草原证”的调研结果表明（见图4－10），回答“有”草原证的人数占总调研人数的62.8%，“没有”的农牧民占总人数的21.2%，“不知道”的占总调研人数的15.2%，0.8%的数据缺失。尽管调研时62.8%的被访者认为拥有草原证，但请村民出示草原承包证时，村民将林权证错当草原证出示的情况时有发生。

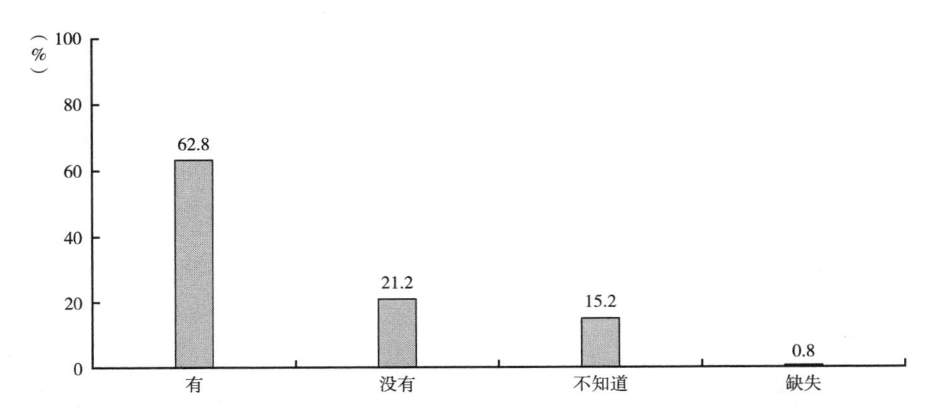

图4－10　是否有草原承包证

2. 承包形式

调研地区农牧民家中草原承包形式（见图4－11）以“户”承包的占37.8%，以“集体”承包的人数占总调研人数的36.8%，“联户”承包的占18.6%，仅有6.1%的农牧民“不知道”承包形式，缺失值为0.9%。

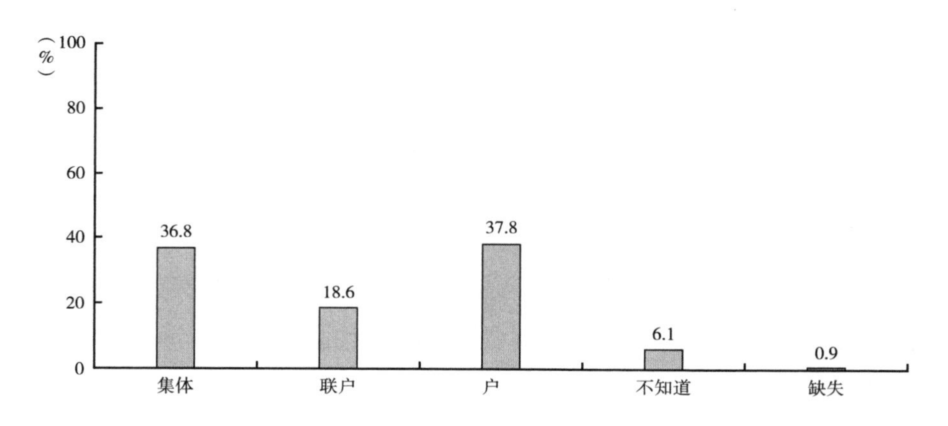

图4－11　盐池县草原承包形式

3. 承包年限

调研结果表明（见图4－12），盐池县农牧民认为草原承包年限为“30年”的比例最高，占39.8%；32.5%的农牧民“不知道”草原承包年限；认为“50年”的占18.6%；认为“其他”形式的占8.2%，缺失的占0.9%。实际上，盐池县草原承包开始时年限为30年，在二轮承包时延长为50年。调研中个别农牧民表示草原承包年限为70年，是将草原承包和林地承包搞混了，盐池县林权证的承包年限为70年。

（二）承包制的目标（Targeted）

1. 草原承包证的重要性

草原承包家庭责任制是草原管理的核心政策，以牧户（集体或组）为基本单位将草原划分给个人（集体）管理，并由旗（县）颁发证书。调研中将农牧民对草原承包证的重要性归为以下几类：“非常重要”、

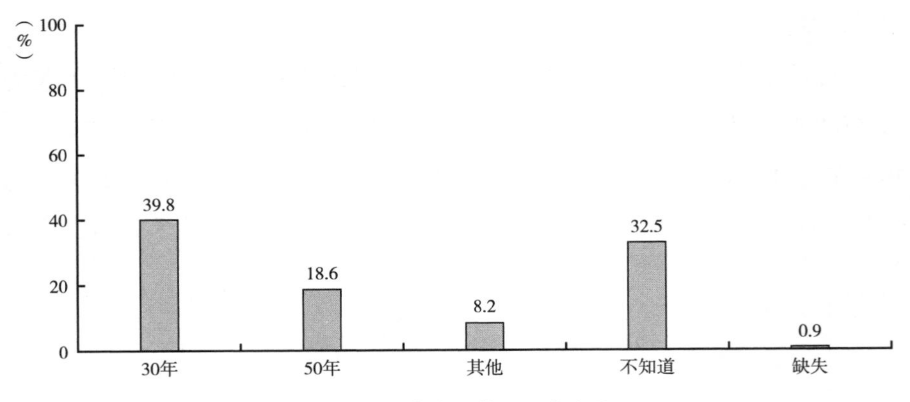

图 4－12　盐池县草原承包年限

“重要”、“中立”、“不重要”、“非常不重要” 及 “不知道”。调研结果表明（见图 4－13），草原承包证在农民心中占据重要地位。29.4% 的农牧民认为草原承包证 “非常重要”，44.2% 的农牧民认为草原承包证 “重要”，而认为承包证 “不重要” 和 “非常不重要” 的农牧民数量分别占总数的 4.3% 和 3.9%，持 “中立” 态度的占调研人口的 6.9%，7.8% 的农牧民不知道承包证是否重要，缺失值为 3.5%。

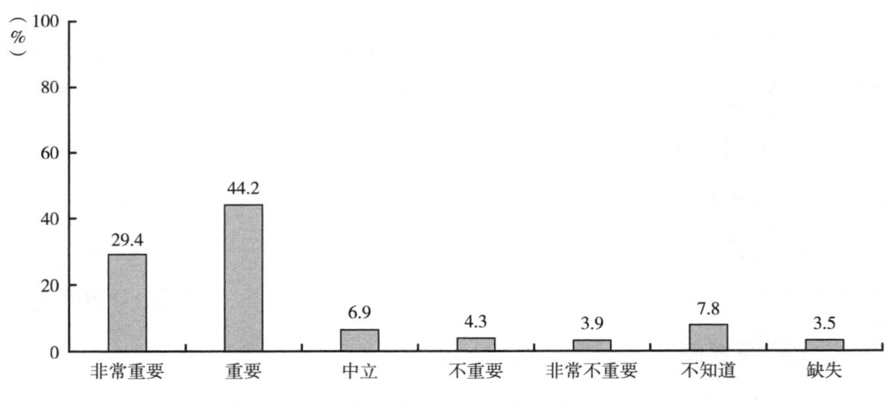

图 4－13　盐池县农牧民对承包证的态度

2. 承包意愿

农牧民愿意承包草原的年限在一定程度上体现出承包制的可信度。

调研结果显示（见图 4 - 14），“不知道”的占一半多，为 53.2%；愿意承包“多于 50 年”的占总数的 19.0%；愿意承包“50 年”的占 10.0%；愿意承包“30 年”的占比最少，为 3.5%；还有 12.1% 的农牧民“无所谓”。

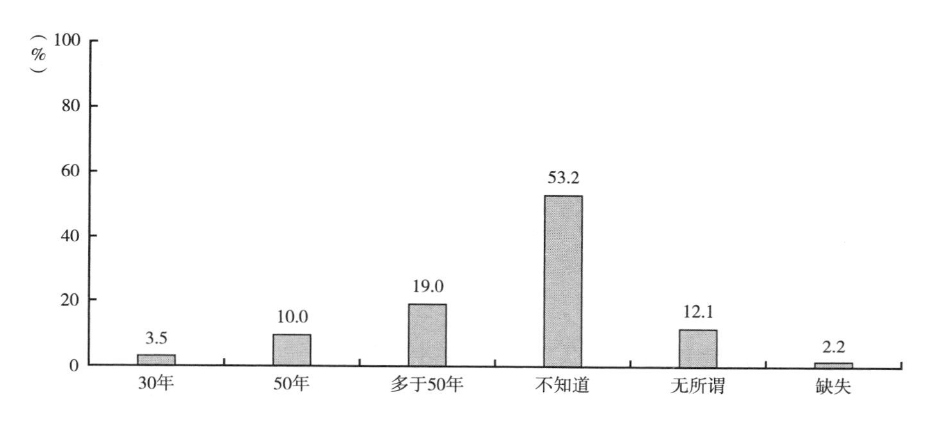

图 4 - 14　盐池县农牧民草原承包意愿

3. 对草原承包的评价

草原承包制的评价这个问题可以直接反映出草原承包是否达到了目标。调研结果表明（见图 4 - 15），认为草原承包制度“非常成功”和“成功”的居多，分别占总调研人数的 8.2% 和 47.2%；而认为草原承包制“不成功”和“非常不成功”的较少，分别占总调研人数的 7.4% 和 0.9%；“不知道”如何评价的占总调研人数的 20.3%，持“中立”态度的占 12.6%，缺失值为 3.4%。

4. 对权利的感知

目前对草原权属的讨论集中在法律法规不完善、权属模糊（刘乐乐、李占婷，2014；彭芙蓉，2015；梁琳、胡小玲，2009），很少有研究关注农牧民对现存法律的了解程度。本调研结果表明（见图 4 - 16），盐池县农牧民认为自己拥有的权利最高的前三项为“使用权”“继承权”“经营权”，其他权利比例近似。其中“使用权”最多，占总数的

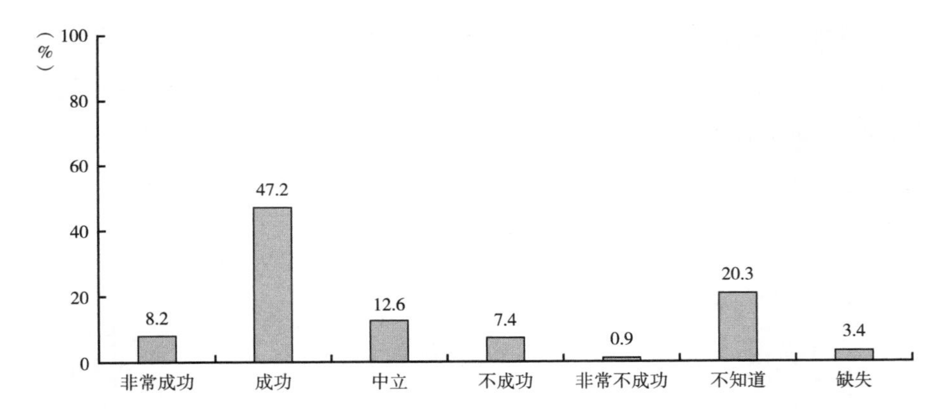

图 4－15　盐池县农牧民对承包的评价

67.5%；其次为“继承权”，占总数的 45.5%；“经营权”占总数的 43.7%。“村内使用权流转”和“村外使用权流转”比例近似，分别占 26.4%和 26.0%。“村内所有权流转”和“村外所有权流转”比例近似，分别占总调研人数的 19.9%和 20.3%。认为拥有“用益权”的占 28.1%，认为“没有权利”的占 6.9%。

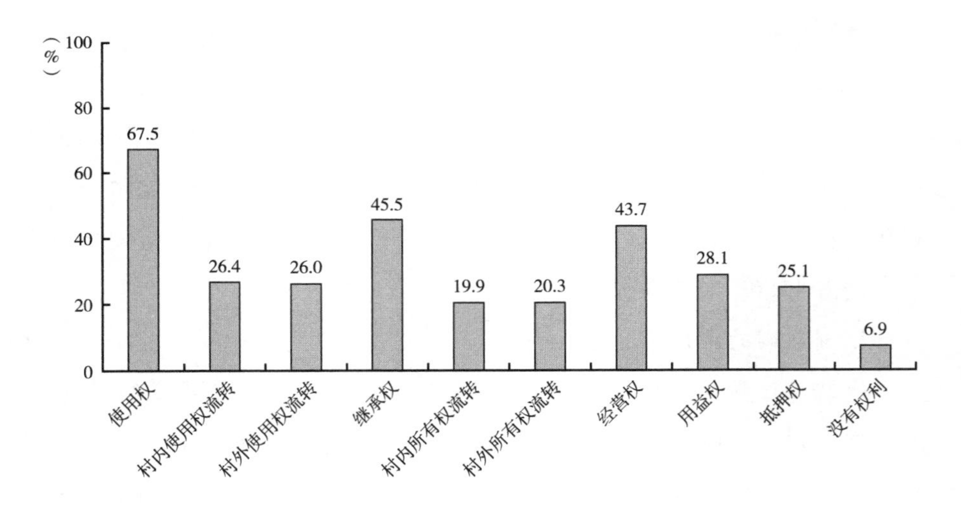

图 4－16　盐池县农牧民的权属感知

四　草原确权的感知分析

（一）集体感知

1. 法律规定（Formal）

盐池县青山乡为宁夏回族自治区草原确权试点区。按照《农业部关于开展草原确权承包登记试点的通知》要求，自治区农牧厅于2015年7月14日制订了试点工作方案，并下发给盐池县。盐池县根据自治区农牧厅的工作方案，结合青山乡的具体情况制定了《盐池县青山乡草原确权承包登记试点工作方案》，根据方案成立县、乡、村三级草原确权承包登记试点领导小组。确权工作部门涉及自治区农牧厅、草原监理中心、畜牧局、盐池县农牧局、县财政局、国土资源局、民政局、环林局、农经站等，其中县农牧局为主要负责部门。

盐池县确权分三个阶段：第一，准备阶段（2015年7月1～10日），成立确权工作机构、宣传动员、对工作人员进行培训；第二，实施阶段（2015年7月10日～11月15日），信息采集、公示确认、信息归档、网络化管理；第三，总结验收阶段（2015年11月15日～12月31日），组织工作小组对试点乡镇进行验收。调研时盐池县确权领导小组刚开过草原确权启动会议。

2. 施行情况（Actual）

（1）农牧民对草原确权的了解程度。农牧民对政策的了解程度有助于政策推行。“您是否听说过草原确权?”调研结果表明（见表4-4），盐池县的宣传力度很大，90.0%的农牧民“听说过”草原确权政策。“没听过”的占5.2%，“不知道”的仅占4.3%，缺失值为0.5%。因为调研群体年龄偏高，回答“不知道”或“没听过”的可能与年龄相关。调研时极少有村民能说出草原确权的内容，结合当时县政府仅进行了前期宣传、内部培训等工作环节，尚未向青山乡村民深入讲解草原确权的具体内容，所以并没有设计了解确权内容的相关问题。随着确权工作的展开，了解确权具体内容的村民仍不多。

六庄滩某村民:[①]“确权就是不让开荒，不让砍树（柠条），国家给补钱。”

（2）农牧民信息获取途径。调研结果表明（见表4－4），村民们获取信息主要来源于“乡政府”和“村”两个渠道。其中，来自“乡政府”的占总调研人数的47.4%；“村”里听到的占总调研人数的42.2%；“县政府”占5.8%，“亲朋”占2.3%，“其他”来源占2.3%，而没有从“新闻”途径获取信息的。可见，对盐池县农牧民而言，政策宣传的主要承担者为乡政府和村集体。

（3）草原确权的进展。2015年7月第一次调研时，盐池县确权工作还未进行，此问题主要针对后面两次调研，调研样本数量为132人。调研结果表明，农牧民认为已确权的占总人数的61.4%，正在进行的占22.7%，11.4%的农牧民表示未确权，4.5%的农牧民表示“不知道”。

赵记场某村民:[②]“2015年冬天就开始确权，但村民不认可，就停下来没继续。”

表4－4 盐池草原确权感知结果

问题及选项	数量（份）	占比（%）	问题类型
您是否听说过草原确权？			A
听说过	208	90.0	
没听过	12	5.2	
不知道	10	4.3	
缺失	1	0.5	
合计	231	100.0	

① 访谈对象：六庄滩村李某，男；访谈时间：2016年2月23日。

② 访谈对象：赵记场村原村长李某，男；访谈时间：2016年2月21日。

续表

问题及选项	数量(份)	占比(%)	问题类型
从哪个渠道听说的?			A
县政府	12	5.8	
乡政府	97	47.4	
村	87	42.2	
新闻	0	0.0	
亲朋	5	2.3	
其他	5	2.3	
合计	206	100.0	
草原确权了吗?			A
是	81	61.4	
否	15	11.4	
正在进行	30	22.7	
不知道	6	4.5	
合计	132	100.0	
愿意草原确权吗?			T
非常愿意	74	32.0	
愿意	127	55.0	
中立	8	3.5	
不愿意	3	1.3	
非常不愿意	0	0.0	
不知道	14	6.1	
缺失	5	2.1	
合计	231	100.0	
会流转草原吗?			T
非常愿意	6	2.6	
愿意	64	27.7	
中立	27	11.7	
不愿意	68	29.4	
非常不愿意	4	1.7	
不知道	55	23.8	
缺失	7	3.1	
合计	231	100.0	
会抵押草原吗?			T
会	17	13.4	
不会	75	59.1	
不一定	10	7.9	
不知道	25	19.6	
合计	127	100.0	

注：字母 A 表示 FAT 模型中的 Actual 类问题，T 为 Targeted 类问题。

（4）草原确权结果。自2015年7月至2016年2月，青山乡草原确权工作经过承包草原权属调查，家庭成员及承包地块信息采集，承包地块指认勘界、面积确认，审核公示、完善合同、确权发证等环节，共调查承包户4060户12739人。完成草原地籍图绘制、草原承包数据库建设、草原确权承包登记程序标准制定等专业技术工作，建立了“宁夏草原确权承包登记综合信息平台”，制定了《宁夏草原确权承包技术规程》，完成《青山乡草原确权承包登记基本信息表》《青山乡草原确权承包勘察登记表》表册9000余份（套），完成青山乡草原地籍图确认36份，签订草原承包经营合同36份。根据实地调查测绘，确认青山乡本次确权承包面积为39万亩，比2011年二轮承包面积减少18万亩。实现了确权承包草原权属明晰，承包地块空间位置明确、四至清楚、面积准确，“一地一证”的确权承包登记目的。[①]

3. 确权的目标（Targeted）

（1）草原确权的意愿。将愿意确权的程度分为“非常愿意”、“愿意”、“中立”、“不愿意”、“非常不愿意”及“不知道”，调研结果表明（见图4-17），盐池县愿意确权的人数占绝大多数，不愿意确权的人数极少。其中，“非常愿意”和“愿意”草原确权的分别占总调研人数的32.0%和55.0%；“不愿意”的人数占总调研人数的1.3%，没有人表示“非常不愿意”；持“中立”态度的占总调研人数的3.5%；“不知道”的占总调研人数的6.1%，缺失值为2.1%。

方山村某村民：[②]“愿意确权，但确权后并不会对自己生活产生影响。”

月儿泉某村民：[③]“虽然不知道确权是什么，但确权是好事。”其姑

① 资料来源：《盐池县青山乡草原确权承包登记试点工作情况总结》，盐池县草原站。

② 访谈对象：方山自然村某村民，男；访谈时间：2016年2月18日。

③ 访谈对象：月儿泉村，赵某，男；访谈时间：2016年2月20日。

姑认为“听国家的”。

刘记窑头某村民：[1]“只要给钱就愿意确权。”

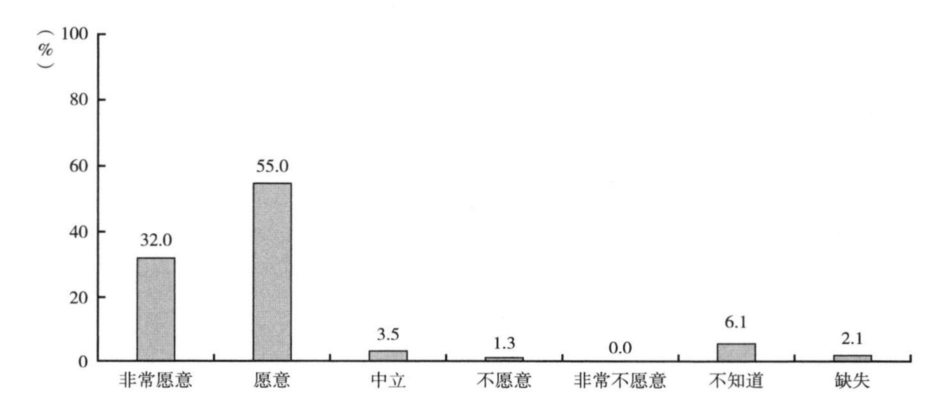

图 4－17　草原确权意愿

（2）草原流转意愿。草原确权是为了鼓励草原进入市场，农牧民对草原流转的意愿是判断草原确权功能的一个非常重要的问题。调研结果表明（见表 4－4），“不愿意”草原流转、“愿意”草原流转及“不知道”的农牧民比例近似，分别占总数的 29.4%、27.7%、23.8%。“非常愿意”的占总数的 2.6%，“非常不愿意”的占总数的 1.7%，中立者占 11.7%，缺失值为 3.1%。访谈时发现，部分农牧民表示草原是集体的，不能抵押，即便想抵押也得经过集体允许。

（3）草原抵押意愿。草原抵押是流转的另一种方式，将其流转给银行以获得一定金额的贷款。农牧民对抵押的意愿同样可以反映出草原确权的制度功能。调研结果表明（见表 4－4），59.1% 的农牧民表示确权后并“不会”抵押草原；回答“会”抵押草原的农牧民占 13.4%；7.9% 的农牧民表示“不一定”，19.7% 的农牧民“不知道”如何选择。访谈结果表明，年龄越高对政策越不了解。另外，多数村民并不清楚草

① 访谈对象：刘记窑头村，刘某，男；访谈时间：2016 年 2 月 21 日。

原确权后可以抵押。

刘记窑头某小组组长[①]说："集体的草原，确权后也不能抵押。"

由于调研时盐池县草原确权政策刚开始施行，农牧民无法直接给出草原确权的政策评价，所以对草原确权的分析并没有选用与草原承包相同的评价问题。

（二）草原确权冲突分析

1. 农牧民的视角

根据制度功能可信度理论中的7个评价冲突的指标——来源（Source）、频率（Frequency）、时序（Timing）、时长（Length）、强度（Intensity）、性质（Nature）、结果（Outcome），结合调研地区的情况，本研究从频率、性质、结果、解决途径、希望谁来解决等方面来评价草原确权冲突。

（1）冲突频率。调研结果表明（见表4－5），认为确权时存在冲突的略高于不存在冲突的，认为存在冲突的占总调研人数的51.1%，而认为没冲突的占总调研人数的43.4%，"不知道"的占5.5%。

表4－5　盐池县草原确权冲突结果

问题及选项	数量（份）	占比（%）	问题类型
草原确权时有冲突发生吗？			频率
有	74	51.1	
无	63	43.4	
不知道	8	5.5	
合计	145	100.0	
冲突产生的原因是？			性质
边界不清	41	53.9	
面积变小	2	2.6	
户籍	16	22.5	

① 访谈对象：刘记窑头村某小组组长刘某，男；访谈时间：2016年2月21日。

续表

问题及选项	数量(份)	占比(%)	问题类型
上述都有	12	17.1	
其他	3	3.9	
合计	74	100.0	
冲突得到有效解决了吗?			结果
是	10	13.7	
否	64	86.3	
合计	74	100.0	

（2）冲突性质。发生冲突的原因中（见表 4－5），认为“边界不清”的占多数，为 53.9%；认为“户籍”原因的占 22.5%；认为“面积变小”的占 2.6%；有 17.1% 的农牧民认为“边界不清”、“户籍”和“面积变小”同时都存在，其他原因的占 3.9%。

赵记塘某村民[①]反映村内草原确权无法施行。该村草原最初属于集体管理，2002 年时开始承包到户，随后施行了几年情况不太好便又实行集体管理。2015 年确权政策开始施行，虽然说草原确权将草原划分到户，但实际上草原还是无法到户。一个原因是该村拥有油井。到户后征占油井时的补偿费用分配易引发矛盾，若采取集体管理那么油井补偿每户都有份。另一个原因是养羊农牧户和不养羊农牧户之间的问题。不看羊的就愿意到户，看羊的不愿意到户。而确权施行的实际情况，除了上述问题，该村还涉及和邻村的边界纠纷。

“过去和刘窑头村有签订《八五协议》，协议上签字的是书记和赵记塘村民，但是村里并没有人签过字。刘窑头村支书去世了，没法说清楚这个事情，所以现在村子没确权。”

（3）解决途径。调研结果表明（见图 4－18），认为“乡政府”可以解决纠纷的农牧民占 24.3%；其次为“自己协调”，占总调研人数的

① 访谈对象：赵记塘村村民朱某，男；访谈时间：2016 年 2 月 20 日。

18.0%；认为“村集体”可以解决的占 14.1%；有 17.1% 的农牧民认为需要依靠“乡政府”“村集体”“自己”一同解决问题；还有 3.6% 的农牧民认为“没法解决”纠纷。在解决途径中农牧民并没有选择“县政府”和“司法途径”。

（4）解决的意愿。调研结果表明，盐池县农牧民希望处理冲突的前三个部门为“乡政府”“国家”“县政府”，分别占总调研人数的 40.0%、26.0% 和 15.1%；“不知道”者占 26.0%；没有农牧民认为可以依靠司法途径来解决纠纷问题。从调研结果看，盐池县农牧民更希望国家和政府来解决纠纷问题的意愿高于其他选择。

（5）冲突结果。样本数量 74 人，回答有效解决的仅有 10 人，占总调研人数的 13.7%，回答没有得到解决的人数为 64 人，占总调研人数的 86.3%（见表 4-5）。

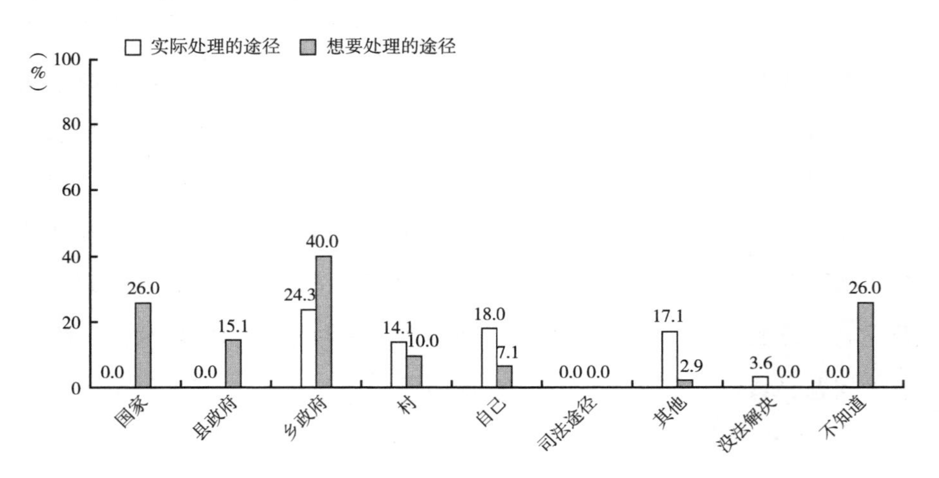

图 4-18　盐池县草原确权解决途径和农牧民的意愿对比

2. 执行人员的视角

从《盐池县青山乡草原确权承包登记试点工作方案》看，青山乡政府是草原确权主要牵头和组织实施工作的执行者。向执行人员进行访谈时发现，执行人员认为草原确权纠纷很多，多集中在边界和户籍划分方面。青山乡草原确权共实测 54 个自然村，其中，45 个自然村无异议，9 个自然村有边界纠纷需乡镇调解，[①] 21 个自然村已打印新的确权证，但打印好的确权证并没盖章，不会发放给村民。调研得知，因哈巴湖自然保护区边界问题暂时得不到解决，故确权证暂时在农牧局保管，不发放到农牧民手中。哈巴湖国家级自然保护区总面积 84000 公顷，属荒漠草原－湿地生态系统类型的自然保护区，是在原盐池机械化林场基础上建立的，隶属于宁夏回族自治区林业厅，属正处级事业单位。[②] 1979 年国家林业总局“三北”防护林建设工程正式启动，盐池是宁夏“三北”防护林建设的重点；2006 年 2 月，经国务院批准哈巴湖自然保护区晋升为国家级自然保护区；2008 年 10 月，经自治区编委会批准，将盐池机械化林场更名为宁夏哈巴湖国家级自然保护区管理局（宁编发〔2008〕51 号）。

第三节　草原政策的可信度评价

一　草原承包制的可信度分级及制度干预

本研究仅从制度功能的感知方面分析草原承包制的制度功能。从草原承包的实际情况看（见表 4－6），62.8% 的农牧民认为拥有草原承包证，其中能正确出示草原承包证的极少；认为以户承包的占 37.7%，以集体承包的占 36.8%。青山乡草原承包到户，但仍以集体形式管理；承包年限为 50 年，回答正确的占 18.6%。从承包证拥有情况、承包形式和承包年限可以看出草原承包的可信度较低。而从草原承包的目标，即草原承包证的重要性和评价两方面看，认为草原承包证“重要”（包

① 资料来源：盐池县草原站。

② 资料来源：http：//www. nx. xinhuanet. com/2015－03/16/c_ 1114653487. htm。

括“非常重要”）的占绝大多数，比例为 74.6%；仅 8.3% 的农牧民认为草原承包制不成功。综合上述两个方面，得出农牧民视角下的草原承包制在盐池县一定程度上具有可信度。

表 4-6　盐池县草原承包制的 CSI 检查

类型	内容	可信度等级	制度建议
A	承包证	低	命令应当的行为
	形式		
	年限		
T	重要性	中偏高	现状正式化
	承包意愿		
	评价		
	生态		

农牧民对草原政策的认知是对政策相关内容形成的概念与直觉，是对政策相关信息判断的过程（王丹等，2019），认知决定农户偏好，进一步又指导其行为和决策。牧民政策认知水平随着政策实施时间逐步提高（Yin et al.，2019），但不同区域牧户对政策认知程度差异较大（苏珊等，2018），可能是政策实施时间不同导致（陈海燕、肖海峰，2013）。满意度作为心理感知与评判的重要方式，既可以反映人们对生活质量的感受，又可以评价人们获取资源效用价值的质量。农牧户作为草原政策实施的直接利益主体，其对政策的满意度决定了利益需求与政策供给之间的关系。农牧户的满意度将直接影响其政策执行，进而影响政策实施的绩效。目前各界对草原承包制评价不一致。如，阿不满（2012）对甘南牧区草原承包的调查结果表明，赞同和较赞同者共占 31.9%，而不太赞同和不赞同者共占 68.1%。农业部草原监理中心（2012）在 2012 年对内蒙古、四川、青海、宁夏等 7 省（区）进行的草原承包情况进村入户调查结果表明，绝大多数牧民支持草原承包。此结论与本书对宁夏盐池县研究结果一致。虽然目前对草原承包制褒贬不

一，但在研究区，草原承包制仍受到农牧民较高的认可。这很可能是研究区主要为经济欠发达区域，虽然已经推行承包制有十多年时间，但对于该地区而言，仍处于初期发展阶段，所以对草原承包制的目标表现出较高的认可。

二　草原确权的可信度分级及制度干预

农牧户作为草原经营权流转权利主体，其流转意愿与行为对草原流转进程的推进有着根本性的影响（张美艳等，2017）。国家实行草原确权政策，试图将草原推入市场化进程，使草原商品化。而盐池县的案例中，草原确权并没有推行下去，从调研情况可以看到该区草原确权的阻力来自农牧民和地方政府两方面。

1. 来自农牧民的阻力

本研究从感知和冲突两方面对草原确权制度功能进行分析（见表4-7）。第一，感知从三个层面考虑，自治区农牧厅下发《宁夏回族自治区农牧厅开展草原确权承包登记试点工作方案》，盐池县结合青山乡情况制定当地的《盐池县青山乡草原确权承包登记试点工作方案》，按照方案执行草原确权。在实际施行过程中，尽管90%的农牧民听

表4-7　盐池县草原确权CSI检查

类型		内容	可信度等级	制度干预
FAT分析	F	确权流程	低	命令应当的行为
	A	了解程度		
		信息来源		
		确权进程		
	T	确权的意愿		
		抵押		
社会冲突		频率	低	命令应当的行为
		性质		
		解决途径		
		结果		

说过草原确权，但并不了解草原确权的内容。调研显示已确权占61.4%，正在确权占22.7%。实际确权从2015年7月始至2017年2月结束，时间远超方案中的2015年12月结束。对于确权的目标而言，尽管高达87%的农牧民愿意确权，但不愿意（包括非常不愿意）草原流转的人群占总数的40.8%。针对草原抵押，59.1%的农牧民在确权后并不会抵押，20%的农牧民并不知道确权后可以抵押。土地确权的核心价值体现在降低生产成本，提高农业效益，促进农业机械化发展（张引弟等，2010），而土地流转的核心价值在草原区并不能满足。第二，从冲突的频率、性质、解决途径和结果看，51%的被访者认为有冲突，86.3%的被访者表示冲突发生后没有结果。结合上述两方面分析，草原确权在盐池处于低的可信度水平区间。根据制度功能可信度理论，该区间的制度最好采取的政策干预是停止草原确权。

2. 来自地方政府的阻力

尽管草原政策的执行者在整个确权过程中积极、努力执行确权信息登记、边界测量、信息复核等工作，然而在碰到边界纠纷时，地方政府采取了妥协态度，尤其是盐池县特殊的“哈巴湖国家级自然保护区”的案例，使得该地区的草原确权案例更加复杂。

第四节　盐池县草原管理的启示

本章主要对草原承包制和草原确权政策的制度功能进行分析和评价。基于制度功能可信度理论，从农牧民对草原承包制的感知角度对制度功能进行了探讨，具体梳理草原承包制的变迁历史，分析了农牧民视角下的草原承包施行现状。另外，从草原确权感知和社会冲突两方面对草原确权进行了分析。研究结果如下。

第一，研究区“空巢现象”居多，且文化水平普遍偏低。常住人口以60岁年龄段为主，年轻人外出务工，形成“空巢村”。劳动力缺失影响草原资源的管理和保护。

第二，盐池县草原植被恢复情况较好。对生态环境的感知，诸如“草原退化”“生态恢复”因学科差异，有不同的测量方法。本研究结果表明，盐池县74%的农牧民认为过去5年中，草原植被变化是往良性发展的，仅有3.5%的农牧民认为草原植被“变差了”（见图4-8）。宁夏草原遥感监测表明，沙化草原面积明显减少，1993年沙化面积约占27%，到2011年降至22.5%，近20年间，沙化面积比例下降了4.5%；草原沙漠化程度明显减低，1993年重度沙化草原面积比例为12.1%，到2011年降至5.1%。从前文研究可知，1995年牧民们被问到“5年前的草原状况是否发生了变化”时，超过90%的受访者回答说，草原已经退化了。2011年同样的问题被提出时，认为草原退化的比例下降至18%左右，而大约56%的牧民认为草原得到改善。盐池县在1995~2011年草原沙化程度发生“明显逆转”，并且是全区草原沙化程度减轻效果最明显的县。86.7%的农牧民认为草原变化的原因是“禁牧”；认为是“围栏”“草原承包”因素的较少，分别占总数的0.6%和3.3%。事实证明变游牧为定居后牲畜对草原的作用力成倍放大（张倩、李文军，2008），草原放牧面积不断减小将引起定居点向周边扩散的土地退化（Peter，2000a），造成草地的生产力不断下降（达林太等，2008；达林太、娜仁高娃，2010）。草场利用出现不平衡，影响草原自然生态系统物质和能量流动。围栏也影响草原自然生态系统的物质流动和能量循环（刘艳、刘钟钦，2012），引起生态系统的严重退化（王录仓，2004）。从放牧制度来看，由于游牧变为定居，不合理的围栏、不合理的引种（改良）导致荒漠化，开垦草原也加速了草原的荒漠化（孙学力，2008）。宁夏回族自治区盐池县自2002年起实施禁牧政策，遥感监测（Li et al.，2013）和实地研究都证实了禁牧对盐池县生态效益（冯立峰，2013；陈勇等，2013）、社会效益（陈广宏，2007）和经济效益的贡献（刘国荣等，2006）。也有学者研究表明，过长时间的禁牧也会产生不利影响（李小云等，2006）。禁牧政策并不是本书的研究重点，因此本书没有对禁牧和草原生态变化的相关性做深入研究，凡是涉及禁牧政策的，只是启发读者思考，本书不做过多讨论。

第三，盐池县草原承包制实施中可信度低，但从农牧民的意愿看仍具有一定程度可信度。这说明农牧民对草原承包制还是有内在需求的，可能由于执行过程中的政策偏差导致问题出现，建议适当调整实施措施，对该区草原承包提供一定程度的支持。从草原承包的实际情况看，62.8%的农牧民认为拥有草原承包证，其中能正确出示草原承包证的极少；认为以户承包的占37.8%，以集体承包的占36.8%。青山乡草原承包到户，但仍以集体形式管理；承包年限为50年，回答正确的占18.6%。从承包证拥有、承包形式和承包年限可以看出草原承包的可信度较低。而从草原承包的目标，即草原承包证的重要性和评价两方面看，认为草原承包证“重要”（包括“非常重要”）的占绝大多数，比例为74.6%；仅8.3%的农牧民认为草原承包制不成功。综合上述两个方面，得出农牧民视角下的草原承包制在盐池县一定程度上具有可信度。尽管如此，在对宁夏草原政策的长期追踪研究中，我们会更容易看到一些有趣的现象。1995年时拥有草原承包证的牧民占少数（4.3%），2011年时，同样的问题比例增加到55%左右。比例的增加有可能是当时正在实行第二轮承包，更换新的草原承包证。之所以涉及是否拥有草原承包证，是由于承包证上涉及草原边界、面积等与中国草原管理政策相关。正如前文所说，中国的草原管理政策借鉴于西方，与草原载畜量相关，每户家庭根据载畜量和明确划定“四至”的草场面积决定家庭能饲养牲畜的数量。

第四，盐池县草原确权可信度低，草原确权受到农民和基层政府两方面的阻力。结合当前社会和经济条件，暂不建议对该区草原进行确权。草原确权试图实现的抵押权、进入草原流转市场对盐池县农牧民而言并不是必需的。感知从三个层面考虑，草原确权有自上而下制订的工作方案。在实际施行过程中，尽管 90% 的农牧民听说过草原确权，但并不了解草原确权的内容。调研时认为已确权的占 61.4%，正在确权的占 22.7%。实际确权从 2015 年 7 月始至 2017 年 2 月结束，超过方案中 2015 年 12 月结束的期限。对于确权的目标而言，尽管高达 87% 的农牧民愿意确权，但 59.1% 的农牧民在确权后并不会抵押，20% 的农牧民并不知道确权后可以抵押。

从上述结论中，我们可以得到以下启示。

第一，农地确权经验应用于草原效果有限，盐池县缺乏草原流转的市场。

现阶段，对中国农户家庭而言，土地正在由农业生产功能、社会保障功能向财产功能转变。农村土地成为农民获取农业收入的保障，但同时也成为农民获取工资性收入的阻碍，土地对农民家庭总收入的影响会随着经济环境变化而转换于“阻碍”和“保障”之间（骆永民、樊丽明，2015）。产权经济学指出，在组成产权的各项权利当中，转让权起着更为关键的作用。在新的经济环境下，产权主体对土地的可交易性提出了迫切需求，希望通过顺畅的流转交易来实现土地的财产价值。然而，现有制度安排对土地产权施加了较多限制，阻碍了农村土地流转（Jin and Deininger，2009）。农业部数据显示，截至 2014 年 6 月，全国农村土地流转面积 3.8 亿亩，仅占全国耕地面积的 28.8%（徐美银，2017）。

农牧户作为草原经营权流转权利主体，其流转意愿与行为对草原流转进程的推进有着根本性的影响（张美艳等，2017）。土地确权的核心价值体现在降低生产成本、提高农业效益、促进农业机械化发展（张引弟等，2010），而土地流转的核心价值在草原地区并不能满足。对于市场而言，流转有助于协调草场供求之间的矛盾，促进牧区畜牧业生产的规模化、产业化，促进草原资源的合理配置，缓解草原承载的压力；

对于牧民来说，流转改善草原破碎化问题，可以提供扩大经营规模的机会，有助于提高牧民生计（南佳奇，2016）。然而，盐池县属于半农半牧区，农户家庭草原面积小，多数家庭经济收入并不依赖畜牧业，即使饲养牲畜的家庭也是圈养方式。并且，牧区草原流转效益也不高。社会保障机制不完善，地方产业发展滞后，劳动力不能及时转移，牧民存在隐性失业（王杰和句芳，2015）。

第二，定期开展草原政策宣传讲解活动，加强各村委会对政策的宣传讲解力度。

目前政策宣传模式为由中央到地方，即中央下发文件到各省（区），由各省（区）政府主管部门传达至县级政府部门，再由县级政府部门传达至乡镇政府，乡镇政府再向各管辖村委会宣传讲解，村委会再宣传给本村村民。在这种宣传模式下，乡镇政府起着将政策传递给农民的重要角色，在政策宣传是否及时、政策内容讲解是否正确清楚等方面具有重要作用。农民准确理解政策可以减少政策执行中的纠纷和阻力，便于草原确权顺利开展。而村委会作为政府和农牧民之间联系的关键一环，不仅要向农牧民宣传讲解政策，而且要将农牧民对草原政策的想法及时反馈给乡镇政府。村委会这关键的一环如果断掉，即使各级政府再怎样加大宣传力度，农牧民都无法正确了解政策内容。为避免宣传不到位的情况，乡镇政府可以定期开展政策宣传讲解活动，一方面普及草原政策，另一方面也可以监督村委会工作情况；村委会要特别注意宣传方式，“空巢村”中多老、幼群体，交流与讲解比张贴通知、告示、标语及发放宣传材料更有效。可以选择村委会和村小组中有威望、明事理、有思想的人担任宣传员角色，他们既能得到村民的信任，又能较好地理解和表达草原确权的意义与目的。

第三，积极建立解决纠纷的机制，提高农民法律意识。

尽管有确权纠纷的调解机制，但这些调解机制在面对纷繁复杂的问题时，相互间没有形成良性的互动关系，并不能很有效地处理纠纷。首先，要赋予农民知情权，让农民知道草原确权纠纷调处标准，理解其要求是否正当，并保障农民的申诉权和申辩权。其次，培养具有独立地位、非官方的土地纠纷调处中介组织，鼓励开展法律援助，帮助农民提高博弈能力。最后，加强对基层干部、草原纠纷调处机构人员的业务培训，开展地区间相关草原纠纷调处经验交流，提高各方应对和处理草原纠纷的能力。

第四，提高工作人员职业道德观念，增强执法责任感。

草原确权工作人员在深入理解相关法律内涵的基础上，还应具有良好的职业道德观念及牢固的责任心。在宣传普及草原确权时，能从实际出发，不打官腔，耐心向农民宣传讲解政策内容。在处理草原权属纠纷时，能从维护国家利益、当事人合法权益、有利于安定团结的目标出发，不畏权势、不徇私情、公正执法。

第五章　半农半牧区阿拉善左旗草原管理的实践

本章以内蒙古自治区阿拉善左旗为案例。阿拉善左旗与盐池县同属半农半牧区，两个地区的差异在生产方式上。盐池县以农业为主且没有纯牧业户，而在阿拉善左旗地区，越往北部纯牧业户越多。本章内容为阿拉善左旗区域概况、草原管理政策变迁历史、草原承包制感知分析及草原确权的功能分析等内容。

第一节　研究区概况

一　自然条件

阿拉善左旗位于内蒙古自治区西部，属阿拉善盟东部地区。位于北纬37°24′~41°52′，东经103°21′~106°51′。东与内蒙古自治区伊克昭盟鄂托克旗、乌海市相邻，南与宁夏回族自治区、甘肃省接壤，西与甘肃省、阿拉善右旗比邻，北与蒙古国交界，边境线长188.28公里，总面积80412平方公里，占阿拉善盟总面积的29.95%（罗巴特尔，2000）。境内腾格里沙漠、乌兰布和沙漠、巴丹吉林沙漠、雅玛雷克沙漠、本巴台沙漠等广布，总面积约3.47万平方公里，占全旗土地总面积的43.16%。全旗地处内陆腹地，远离海洋，属中温带干旱区，印度洋暖湿气流因青藏高原阻挡，难以进入境内；该区远离东南海洋，暖湿气流降水作用不大；受天山和阿尔泰山阻挡，大西洋和北冰洋西北气流降水也对其无明显影响，具有典型的四季分明的特征。全年日照时数2900～3500小时，北部地区年日照时数超过3400小时，南部地区年日照时数不足2900小时。太阳辐射度强，辐射量高，有利于农作物及牧草的生长。最冷月为1月，平均最低气温－11.6℃，最热月为7月，平均最高气温24℃。气温年较差南部32.6℃，北部36.3℃；日较差南部12.0℃，北部16.0℃（罗巴特尔，2000）。全旗水资源以地下水为主，地表水较少，沙漠地区有时令湖，降水稀少，水资源贫乏。

阿拉善左旗植被地带性分布规律由东南向西北依次为荒漠草原、草原化荒漠、典型荒漠（李景斌等，2007）。其中，典型荒漠植被分布于腾格里沙漠以北，乌兰布和沙漠以西的高平原和全旗低山丘陵地带，是全旗植被面积最大的一类，以超旱生灌木、半灌木为建群种和优势种，并伴生旱生灌木、半灌木，主要有锦刺、膜果麻黄、梭梭等。草原化荒漠植被是草原向典型荒漠过渡的植被亚型，主要有锦鸡儿、沙冬青、刺叶柄棘豆等。全旗矿种繁多，资源较为丰富。已探明的各类矿产有50多种，如铁、铜、镍、烟煤、芒硝、石膏、石墨等。其中被称为“两白一黑”的湖盐、芒硝、煤炭是旗内最具优势和地方特色的矿种。

全旗共有草场面积52499平方公里，占土地总面积的65.3%，可利用草场面积44996平方公里，占草场总面积的85.7%。全旗草场基本特征是荒漠化程度高、植被覆盖度低、产草量低且差异大，平均亩产鲜草从数公斤至200公斤不等，详细的草原类型、特征及牲畜类型见表5－1。2019年全旗统筹加强自然资源管理，持续加大生态保护力度，认真落实公益林生态效益补偿、草原补奖等政策。实施人工造林39.3

万亩，飞播造林 22 万亩，重点区域绿化 2.5 万亩、义务植树 50 万株，人工种草 21 万亩。[①]

表 5－1　阿拉善左旗草原类型、特征及牲畜种类

草原类型	特征	牲畜种类
山地草甸类	占全旗总草原面积的 0.03%，处贺兰山自然保护区内	只为野生动物利用
温性草原类	占全旗总草原面积的 0.75%，盖度 40%，处贺兰山自然保护区内	只为野生动物利用
温性荒漠草原类	占全旗总草原面积的 2.11%，地表岩石裸露，草层高 7～12 厘米，盖度 13%～25%	山羊、绵羊牧场
温性草原化荒漠	占全旗总草原面积的 28.56%，草层高 6～12 厘米，盖度 10%～20%	山羊、绵羊为主，兼骆驼牧场
温性荒漠类	占全旗总草原面积的 68.14%，各亚类草层高度不等	骆驼牧场
低地草甸类	占全旗总草原面积的 0.41%	封育打草场，冬春牧场

二　社会条件

阿拉善自古为北方少数民族游牧射猎之地。根据 1947 年人口调查，全旗总人口 3.2 万人左右，其中蒙古族人口约 2.1 万人，占全旗总人口的 65.6%；汉族人口约 1.1 万人，占全旗总人口的 34.4%。1949 年时全旗农牧业人口为 15851 人，非农业人口 9841 人，非农业人口占全旗总人口的 38.3%，全旗人口密度为 0.09 人/平方公里，1999 年时非农业人口 79500 人，占全旗总人口的 59.23%，全旗人口密度为 1.66 人/平方公里。全旗人口集中分布在贺兰山西麓，约占总人口的 65% 以上。2019 年阿拉善左旗全旗户籍总人口 146041 人。其中，男性人口 72794 人，占总人口的 49.8%，女性 73247 人，占总人口的 50.2%；城镇

① 资料来源：《2020 年阿拉善左旗人民政府工作报告》。

人口90730人，占总人口的62.1%，乡村人口55311人，占总人口的37.9%；少数民族人口49933人，蒙古族人口39913人，蒙古族人口占总人口的27.3%。[①] 1949～1979年的30年间，阿拉善左旗由于历史原因政区不停地发生变化，行政区划由内蒙古管辖变为宁夏管辖，后划归甘肃，再划回内蒙，政区的不停变动给该区社会也带来了较大变动（见表5－2）。

表5－2 阿拉善左旗政区变迁历史

时间	政区变迁历史
中华民国时期	归甘肃省管辖，保留了封建王公世袭统治权；政治上按蒙古盟旗组织法规定直属中央政府蒙藏委员会管辖
1949年9月23日	阿拉善和平解放，成立阿拉善和硕特旗人民政府
1950年	划归宁夏省，成立宁夏省阿拉善自治区人民政府
1953～1954年	《五三协议》《六五协议》给甘肃、宁夏各县16180平方公里
1954年	宁夏省撤销，自治区归甘肃省管辖
1955年	阿拉善旗、额济纳旗、磴口县合并成立巴音浩特蒙族自治州
1956年	国务院设巴彦淖尔盟，辖阿拉善左旗，归内蒙古自治区
1961年4月	阿拉善旗划分为阿拉善左旗和阿拉善右旗
1969年	阿拉善左旗划归宁夏回族自治区管辖，全旗总面积10.8万平方公里
1979年7月1日	阿拉善左旗划归内蒙古自治区
1980年4月1日	阿拉善盟成立，辖阿拉善左旗、阿拉善右旗和额济纳旗，左旗复归内蒙古自治区，全旗面积80412平方公里

三 经济条件

1949年初期，阿拉善左旗农作物播种面积仅5.71平方公里，粮食总产量62万公斤。二轮土地承包落实后，1999年阿拉善左旗农作物播种面积为1360平方公里，粮食总产量5507万公斤，比1949年增长70%。阿拉善左旗草场面积占土地总面积的65.3%，可利用草场面积

① 资料来源：《阿拉善左旗2019年国民经济和社会发展统计公报》。

44996 平方公里，占草场总面积的 85.7%。全旗草场基本特征是荒漠化程度高、植被覆盖度小、产草量低且差异大，平均亩产草量不等。畜牧业是阿拉善左旗的基础产业。新中国成立后至今的阿拉善左旗畜牧业发展经历了四个阶段：第一，恢复阶段（1950～1957），1957 年底全旗牲畜总头数达 65 万头，比 1949 年增长 1.98 倍。第二，1958 年人民公社时期，在"一大二公""一平二调"政策下，畜牧业发展出现停滞。随后在"三级所有、队为基础"的生产关系调整下，畜牧业得到回升，1965 年牲畜数量达 124.4 万头。第三，"文革"期间，在"以农"为主的方针指导下，本区大面积开垦草原，加之极端干旱，1976 年全旗总牲畜数量下降至 109.2 万头。第四，十一届三中全会后家庭联产承包制和草畜双承包制度开始实行，截至 1999 年，全旗牲畜数量在 150 万头。2018 年农牧业结构不断优化，推广阿拉善白绒山羊、双峰驼养殖加工标准 12 项，白绒山羊存栏 32.4 万只、双峰驼存栏 4.1 万峰、蒙古黄牛存栏 1.2 万头。2019 年全旗城乡居民人均可支配收入分别达到 42669 元和 20865 元，增长 6.4% 和 9.6%。[①]

第二节　草原政策的感知分析

一　样本量特征

（一）调研地点及样本量

笔者分别于 2015 年 7～8 月、2016 年 7～8 月对阿拉善左旗草原资源管理情况进行调研。调研地点涉及阿拉善 3 个乡镇、10 个嘎查，对调研村庄进行入户调查，发放 164 份问卷，回收问卷 164，回收率 100%，其中有效问卷 161 份，有效问卷率 98.2%。其中，巴润别立镇沙日霍德 48

① 资料来源：《2020 年阿拉善左旗人民政府工作报告》。

份，图日根28份，科泊那木格20份，巴彦朝格图、铁木日乌得、白石头各10份，乌力吉苏木沙日扎嘎查8份，温图勒尔图镇温格其太15份，乌兰陶勒盖3份。根据样本量计算[①]有效样本为344份，实际调研样本量无统计学代表性，故用混合法研究（John W. Creswell，2008）。

（二）被访者基本信息

调研结果表明（见表5-3），阿拉善左旗被访者以男性为主，占总调研人数的75.2%，女性占24.8%。年龄41~50岁、51~60岁和61岁及以上三个年龄段比例近似，分别为29.2%、29.2%、29.8%；31~40岁者占8.1%；30岁以下者极少。从年龄分布可以看出，中年人和老年人分布较为一致。牧民占总调研人数的25.5%，农民占72.0%。教育水平以小学居多，占总数的46.0%；其次为初中，占总数的35.4%；无文化水平的群体占总数的9.9%；高中者占5.6%；本科及以上学历较少，占0.6%。

表5-3　阿拉善左旗被访者基本信息

单位：份、%

性别	数量	占比	职业	数量	占比
男	121	75.2	农民	116	72.0
女	40	24.8	牧民	41	25.5
合计	161	100.0	其他	4	2.5
			合计	161	100.0
年龄	数量	占比	教育水平	数量	占比
小于20岁	1	0.6	无	16	9.9
21~30岁	1	0.6	小学	74	46.0
31~40岁	13	8.1	初中	57	35.4
41~50岁	47	29.2	高中	9	5.6
51~60岁	47	29.2	本科及以上	1	0.6
61岁及以上	48	29.8	缺失	4	2.5
缺失	4	2.5	合计	161	100.0
合计	161	100.0			

① 问卷样本量计算见 http：www. checkmarket. com/sample - size - calculator/。

二　生态环境感知

（一）草原植被变化

“过去的5年里草原植被发生的变化是?”阿拉善左旗的调研结果表明（见图5－1），认为“变好了”的农牧民居多，占总调研人数的60.9%；认为“变得更好了”的比例为7.5%；认为“变差了”的人数占总数的8.1%；认为“变得更差了”的人数占总数的1.9%；认为草原植被“没变化”的占16.1%；“不知道”的占4.3%，缺失的占1.2%。可见，农牧民视角下的近5年阿拉善左旗的草原植被状况恢复良好。

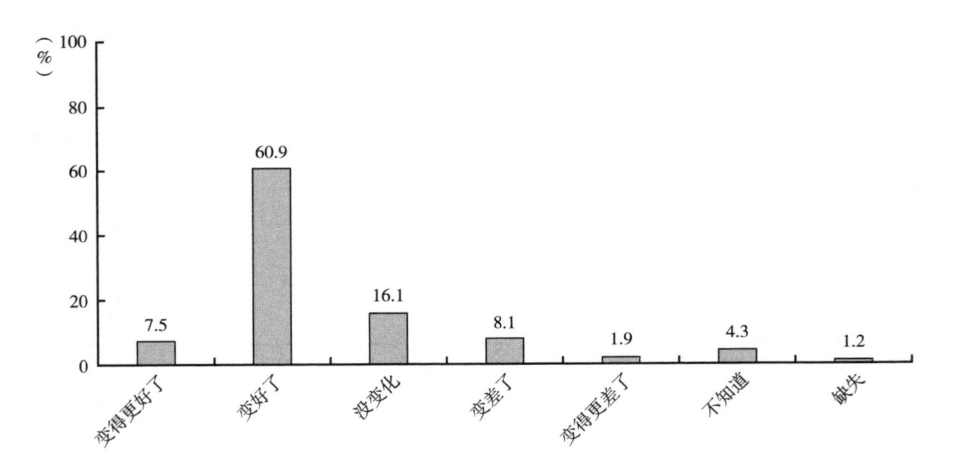

图5－1　阿拉善左旗过去5年植被变化

（二）草原植被变化原因

根据图5－2所示，认为“禁牧”政策改善草原植被的占71.9%；有3.7%的农牧民认为草原植被变好的另一个原因是“浇水”；认为“围栏”“草原承包”因素的较少，分别占总数的1.5%和3.0%。而有13.3%和3.7%的农牧民认为草原环境变差的原因是“降雨量”和“载畜量”。从结果可知，在农牧民感知中“禁牧”政策对草原生态变化起了积极的作用，而且草原植被变化的另一个重要因素是气候因素。

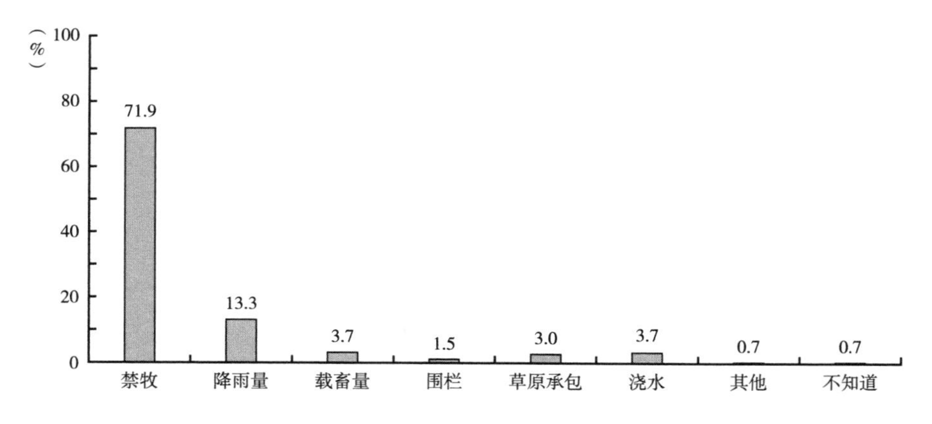

图 5-2 阿拉善左旗植被变化原因

三 草原承包制感知分析

（一）法律法规（Formal）

此部分见第三章第三节。

（二）实际执行（Actual）

1. 草原承包证的拥有情况

向阿拉善左旗农牧民询问“您是否有草原承包经营权证”？调研结果表明（见图5-3），回答“有”的农牧民占总调研人数的49.1%，回答“无”的占总调研人数的39.8%，回答“不知道”的占9.9%，缺失的占1.2%。

2. 承包形式

调研结果表明（见图5-4），调研地区39.1%的农牧民以“户”为单位承包草原，32.3%的农牧民为“集体”形式承包，9.3%的为联户，18.6%的农牧民“不知道”什么形式，缺失的占0.6%。

3. 草原承包年限

调研结果表明（见图5-5），68.9%的农牧民回答承包年限为“30

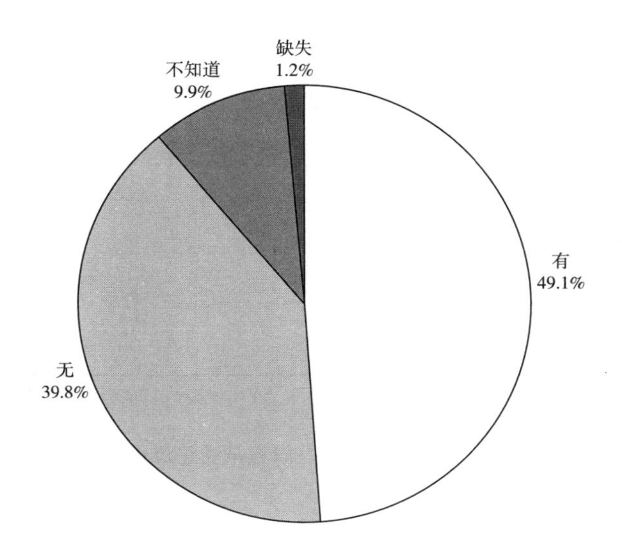

图 5-3 阿拉善左旗草原承包证拥有情况

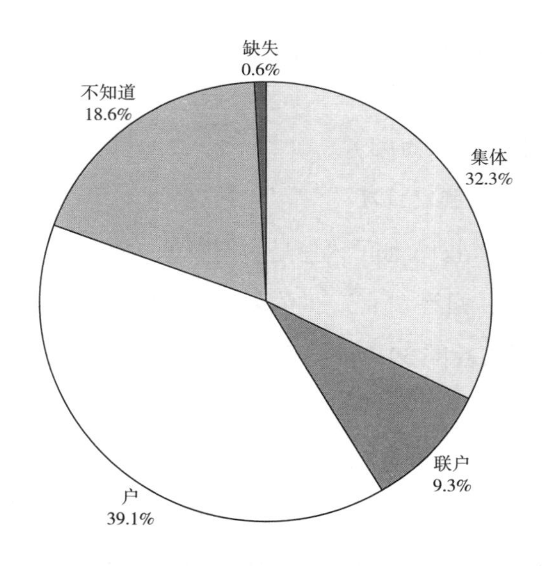

图 5-4 阿拉善左旗草原承包形式

年”，22.4%的农牧民“不知道”承包年限，1.9%的认为是“50 年”，5.6%认为是其他年限，1.2%的缺失。实际上左旗草原承包年限为 30 年。

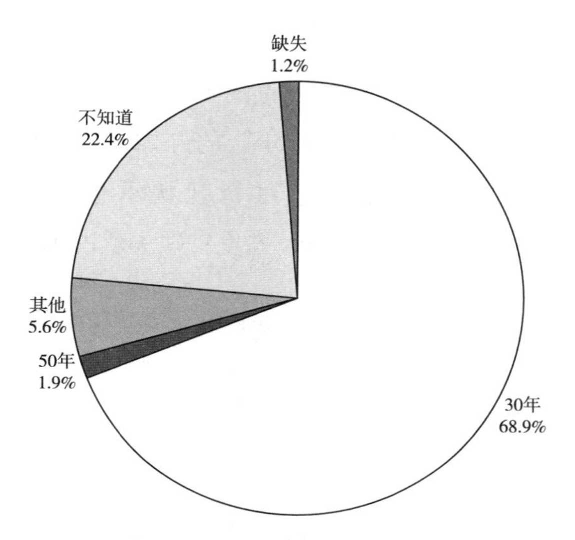

图 5-5　阿拉善左旗承包年限

（三）目标（Targeted）

1. 草原承包证的重要性

调研结果表明（见图 5-6），仅有 0.6% 的农牧民认为草原承包证“非常不重要”；认为“重要”的农牧民占 56.5%，认为“非常重要”的占 33.5%，9.4% 的农牧民持“中立”态度。可见，在左旗地区绝大多数（90%）农牧民认为草原承包证很重要。

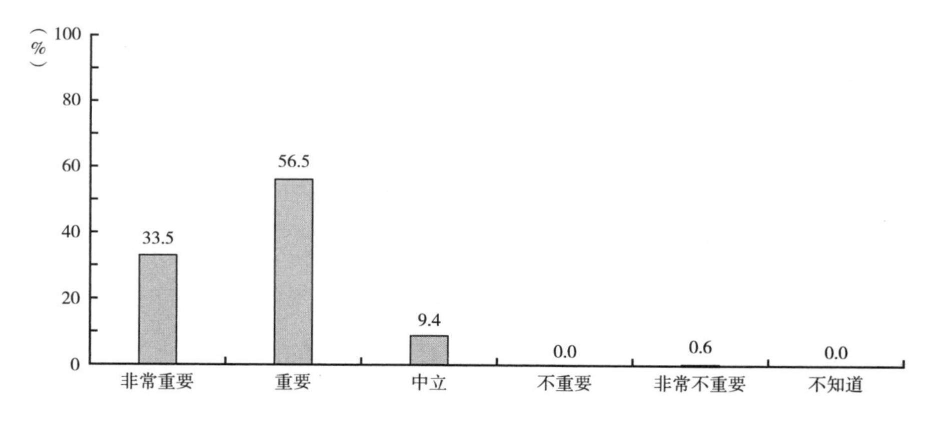

图 5-6　阿拉善左旗草原承包证的重要性

2. 承包意愿

“愿意承包的草原年限”问题（见图5－7），回答“不知道”的最多，占58.3%；愿意承包“多于50年”的占21.7%；愿意将承包期调为“50年”的占10.6%；而愿意维持现状承包“30年”的仅占5.6%；1.9%的农牧民持“无所谓”态度；缺失值占1.9%。

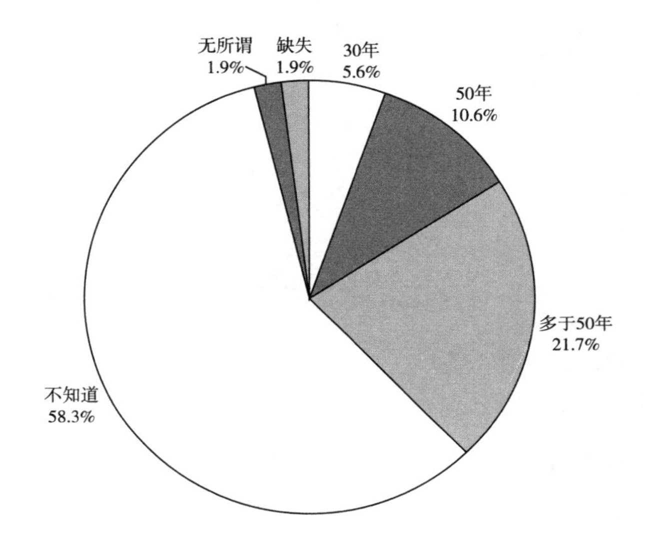

图5－7 阿拉善左旗农牧民承包意愿

3. 对承包制的评价

调研结果表明（见图5－8），认为成功的占55.9%，非常成功的占15.5%；认为不成功的仅占1.9%，没有人回答“非常不成功”；持“中立”态度的占14.3%；11.2%的农牧民“不知道”如何评价。

4. 对权利的感知

对“您认为草原承包中拥有以下哪些权利?”的调研结果表明（见图5－9），左旗农牧民认为自己拥有的权利最高的前三项为“使用权”、“继承权”及“经营权”，较低的为“村外使用权流转”、“村内所有权流转”、“村外所有权流转”。其中认为有“使用权”的最多，占总数的

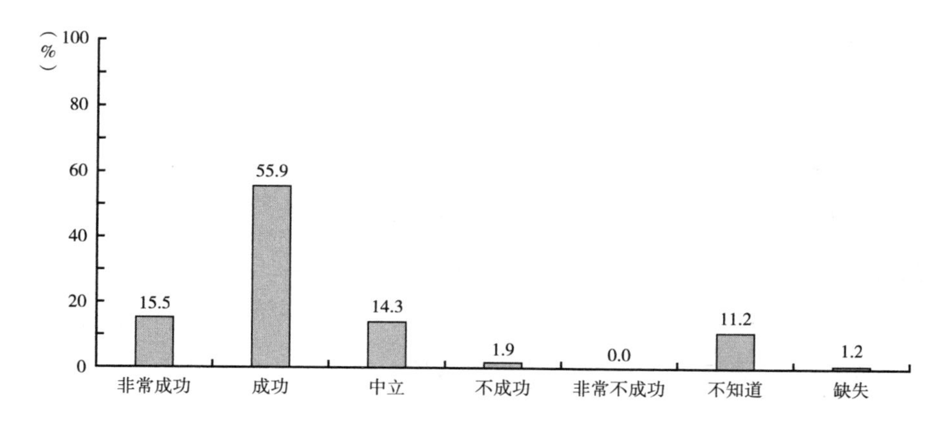

图 5-8 阿拉善左旗草原承包制的评价

84.5%；其次为“经营权”占总数的58.4%；“继承权”占总调研人数的52.8%。“村内使用权流转”和“村外使用权流转”分别占21.7%和16.1%。“村内所有权流转”和“村外所有权流转”比例近似，分别占总调研人数的14.9%和17.4%。认为拥有“用益权”的占30.4%，认为拥有“抵押权”的占28.0%。

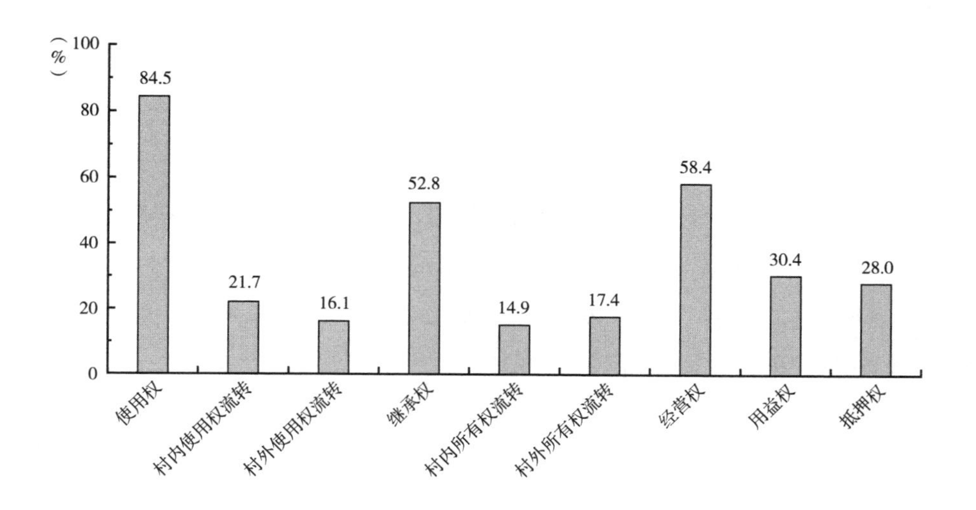

图 5-9 阿拉善左旗农牧民对权属的感知

四　草原确权感知分析

（一）集体感知

1. 法律法规（Formal）

阿拉善左旗是内蒙古自治区草原确权试点旗县之一。草原确权工作于2014年展开，以“难易结合、逐步推进”为指导方针，选择确权工作基础相对较好的北部苏木和矛盾较大的南部苏木为先期试点，其他苏木后期跟进。截至2017年3月调研结束时，北部苏木镇乌力吉已经进入发证阶段，而南部温都勒尔图、巴润别立镇等因人口密集、工作量较大、矛盾较多处于外业入户信息采集和内业录入阶段。根据《阿拉善左旗完善牧区草原确权承包试点工作实施方案》，阿拉善左旗草原确权分为以下几个步骤。

（1）前期准备。此阶段收集整理所有权和使用权单位情况、证书发放情况以及承包农牧户信息等基础资料，由旗农牧局负责组织苏木镇、嘎查村工作人员进行政策和业务培训。

（2）入户调查。核实前期整理的材料信息，包括证件、数据、地图和承包合同等。

（3）建立登记表。各苏木负责汇总材料，旗经管站建立纸质和电子版的草原确权承包登记表。

（4）完善所有权和承包经营权证书。旗政府根据具体情况换发自治区统一印制的所有权和使用权证书，旧证书回收，并声明作废。

（5）建立草原确权承包管理信息系统。

（6）建立完善草原确权承包三级档案。由旗、苏木镇、嘎查村分别整理登记相关材料，进行归档保存。

（7）申报验收。草原确权承包工作经费由自治区、盟、旗三级财政共同承担，不向农牧民收取任何费用。

2. 施行执行（Actual）

（1）农牧民对草原确权的了解程度。调研地区93.2%的农牧民

"听说过"草原确权（见表5－4），"没听说"和"不知道"的比例近似，分别占3.1%和3.7%。

（2）农牧民的信息获取途径。从"乡镇政府"宣传知道的占57.5%，"村"里宣传的占37.3%，10.5%的农牧民是从"新闻"了解的，3.3%从"亲朋"得知草原确权，从"县政府"得知的占1.3%，其他来源占1.3%。

（3）草原确权进展。研究区60.9%的农牧民表示已经确权，22.4%的农牧民回答还没确权，5.6%的农牧民回答"正在进行"，9.9%的农牧民回答"不知道"，1.2%缺失，见表5－4。

3. 确权目标（Targeted）

（1）草原确权的意愿调查。"您是否愿意草原确权？"调研结果显示（见表5－4），66.5%的农牧民表示"愿意"，23.6%的农牧民表示"非常愿意"，持"中立"态度的占1.9%，"不愿意"的仅占2.5%，没有人回答"非常不愿意"，5.5%的农牧民回答"不知道"。

（2）草原流转的意愿调查。调研结果表明，"不愿意"草原流转的农牧民居多，占总数的48.4%，"非常不愿意"流转的占总数的3.7%，"愿意"草原流转的占总人数的18.0%，"非常愿意"的占3.1%，持"中立"态度的人数占总数的13.0%，剩下13.8%的农牧民表示"不知道"。

（3）草原抵押的意愿调查。"草原确权后，会不会抵押草原？"调研结果表明（见表5－4），54.2%的农牧民"不会"抵押，17.8%的农牧民表示"不一定"，16.8%的农牧民"会"抵押草原，而11.2%的农牧民"不知道"。

表5－4 阿拉善左旗草原确权感知调查结果

问题及选项	数量（份）	占比（%）	问题类型
了解草原确权吗？			A
听说过	150	93.2	

续表

问题及选项	数量(份)	占比(%)	问题类型
没听说	5	3.1	
不知道	6	3.7	
合计	161	100.0	
从哪个渠道了解的?			A
县政府	2	1.3	
乡镇政府	88	57.5	
村	57	37.3	
新闻	16	10.5	
亲朋	5	3.3	
其他	2	1.3	
草原确权了吗?			A
是	98	60.9	
否	36	22.4	
正在进行	9	5.6	
不知道	16	9.9	
缺失	2	1.2	
合计	161	100.0	
愿意草原确权吗?			T
非常愿意	38	23.6	
愿意	107	66.5	
中立	3	1.9	
不愿意	4	2.5	
非常不愿意	0	0.0	
不知道	9	5.5	
合计	161	100.0	
愿意草原流转吗?			T
非常愿意	5	3.1	
愿意	29	18.0	
中立	21	13.0	
不愿意	78	48.4	
非常不愿意	6	3.7	
不知道	22	13.8	
合计	161	100.0	

续表

问题及选项	数量(份)	占比(%)	问题类型
会抵押草原吗?			T
会	18	16.8	
不会	58	54.2	
不一定	19	17.8	
不知道	12	11.2	
合计	107	100.0	

(二)冲突分析

1. 纠纷频率

“草原确权时是否发生纠纷?”调研结果表明(见表5-5),“没有”纠纷的占44.7%,“有”纠纷的占34.2%,“不知道”的占21.1%。

2. 纠纷性质

“纠纷发生的原因是?”调研结果表明(见表5-5),因“边界不清”而发生纠纷的占43.9%;“面积变小”而发生纠纷的占26.3%;“户籍”产生纠纷的占5.3%;上述原因都有的占8.8%;其他原因占15.8%。

3. 解决途径

“发生纠纷后,怎么解决?”调研结果表明(见图5-10),60.3%的农牧民通过村解决纠纷,56.2%找苏木或镇政府解决;27.4%的农牧民通过自己协调解决,13.7%的农牧民通过县政府解决;选择“司法途径”和“没法解决”的各占1.4%。

4. 纠纷结果

对回答“草原确权时有纠纷”的农牧民,继续询问“纠纷是否有效解决”,得到的结果为:31.8%的农牧民表示没有得到解决,6.8%的农牧民表示“不知道”,61.4%的农牧民表示纠纷得到有效解决(见表5-5)。

表 5－5　阿拉善左旗草原确权冲突调研结果

问题及选项	数量（份）	占比（%）	类型
草原确权时有纠纷吗？			频率
有	55	34.2	
无	72	44.7	
不知道	34	21.1	
合计	161	100.0	
纠纷产生的原因是？			原因
边界不清	25	43.9	
面积变小	15	26.3	
户籍	3	5.3	
其他	9	15.8	
上述都有	5	8.8	
合计	57	100.1	
有效解决了吗？			结果
是	27	61.4	
否	14	31.8	
不知道	3	6.8	
合计	44	100.0	

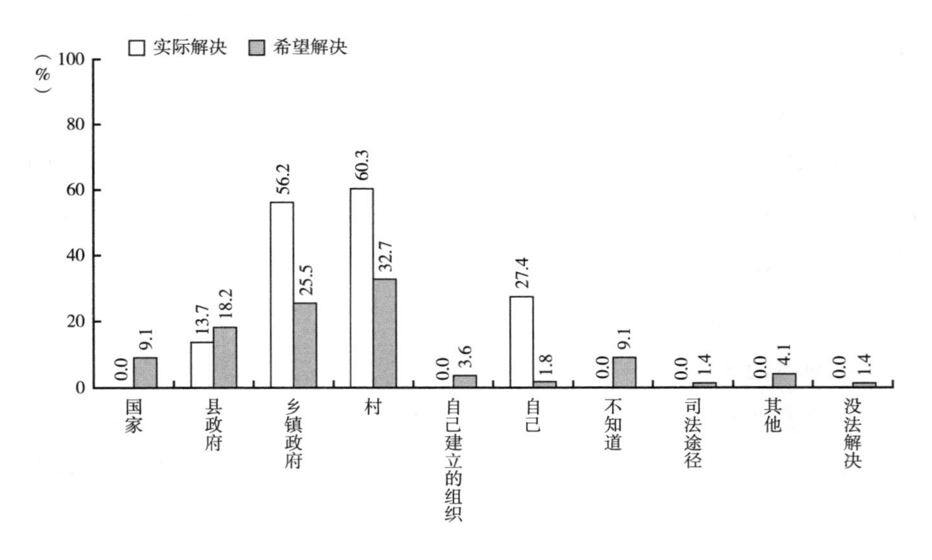

图 5－10　实际解决途径和期望的途径对比

5. 解决途径的意愿

调研结果表明（见图 5－10），希望“村”解决纠纷的比例最高，占总调研人数的 32.7%；其次为“乡镇政府”，占 25.5%；再次为“县政府”，占总调研人数的 18.2%；希望“国家”解决纠纷和“不知道”纠纷如何解决的比例一样，各站 9.1%；3.6% 的农牧民认为可以通过“自己建立的组织”解决纠纷；另外 1.8% 的人表示希望“自己”解决纠纷。

6. 巴润别立镇案例

铁木日乌德嘎查和白石头村，两个村子居民以汉族为主。因草原确权，两村和邻村沙里口袋嘎查发生纠纷，截至调研时铁木日乌德嘎查仍未确权。早在 20 世纪 80 年代，铁木日乌德嘎查、白石头村及沙里口袋嘎查签订《八零协议》，将两村草原划到沙里口袋嘎查。协议为三个村支书和村主任所签，村民们并不知为何签订该协议，也并不知协议的具体内容。因为近期的草原确权工作，村民们才知道自己生活一辈子的草原不是自己的。故此，两村村民对确权呈现抵触情绪，草原确权也并未进行。已经确权的地区矛盾相对较少，产生矛盾后多数也是通过私下自己协商解决，少数矛盾通过村委会协调解决，极少农牧民会寻求乡镇政府的帮助，除非是特别大的矛盾。调研时明显发现农牧民对政府人员不信任，认为乡镇政府并不能帮自己解决问题。

第三节 草原政策的可信度评价

一 阿拉善左旗草原生态

20 世纪后期，内蒙古草原生态环境全面恶化。根据 1999 年内蒙古草原牧区的 TM 卫星遥感调查，从草原地带类型看，荒漠草原地带如巴彦淖尔盟北部、锡林郭勒盟西部等恶化最为突出，草原退化面积达

76%以上，而森林草原地带的退化面积较小，自然环境相对较好。《内蒙古自治区"十三五"时期草原保护建设规划》[①] 中，阿拉善左旗属于草原保护恢复区，本区功能定位为"着力恢复草原植被，发挥区域生态功能的保障作用"。

草原退化原因复杂，有自然原因如气候变化、干旱少雨等；人为原因，如不合理的经济活动，滥垦乱种、放牧制度变革等；也有自然－人为互作的原因。有学者认为草原退化多为农牧民过度放牧、草原超载所致。中国工程院院士李文华（2002）先生指出，内蒙古自治区草原开垦有其特定的历史原因，"以粮为纲"等政策加剧了草原生态的恶化。恩和（2003）指出，"在内蒙过牧问题确实存在，但草原荒漠化实质是垦殖性荒漠。长时段内考察草原的变迁沿革就会发现过牧问题是由开垦、樵柴、滥搂乱挖等农耕行为所造成的，而开垦是最主要的原因"。

二　草原承包制的可信度分级及政策干预

相较于盐池地区，阿拉善左旗的农牧民对草原承包制的感知情况稍好（见表5－6）。从实施情况看，49.1%的被访者有草原承包证；以户承包占总数的39.1%，集体承包占总数的32.5%，比例与实际情况近似；68.9%的被访者能回答出承包的正确年限。虽然理解较为清晰的仍是使用权（84.5%）、经营权（58.4%）、继承权（52.8%），但对抵押权、用益权的认识已高于盐池地区。从承包的目标看，90%的被访者认为草原承包证"非常重要"，71.4%的被访者认为草原承包制在该区是"成功"的。结合上述两个方面分析，可以得出阿拉善左旗农牧民视角下的草原承包制具有高的可信度，处于此水平的可信度不需要进行制度干预。

① 内蒙古自治区农牧业厅：http：//www.nmagri.gov.cn/zwq/ghjh/645579.shtml。

表 5－6　阿拉善左旗草原承包制的 CSI 检查

类型	内容	可信度分级	制度干预
A	承包证 形式 年限 权属	中	扶持应当行为
T	重要性 评价	高	维持现状

三　草原确权的可信度分级及政策干预

尽管阿拉善左旗地区有相对好的工作基础，但草原确权仍受到来自农牧民的阻力（见表 5－7）。从感知方面看，“自上而下”从宏观层面的内蒙古自治区到阿拉善盟再到微观层面的巴润别立镇，各级地方政府制订了相应的确权方案；确权施行过程中，93.2% 的农牧民了解草原确权政策；信息获取的途径主要来自乡政府（57.5%）和村集体（37.3%），并且 60.9% 的被访者表示确权工作已完成。然而，从草原确权的目标看，尽管 90.1% 的受访者愿意草原确权，但“愿意”草原流转的仅占总人数的 21.1%，并且“会”抵押草原的农牧民占总人数

表 5－7　阿拉善左旗草原确权 CSI 检查

分类	类型	内容	可信度分级	制度干预
感知	F	确权方案	中	扶持应当的行为
	A	了解程度 信息获取 工作进展	高	维持现状
	T	确权意愿 流转意愿 抵押意愿	低	命令应当的行为
冲突		频率 结果	中等偏低	禁止不应当的行为

的16.8%。农牧民较低的流转意愿和抵押意愿体现出现阶段左旗并不需要草原进入市场。另外，研究区南北半农半牧区和纯牧区自然条件差异大，草原边界的历史遗留问题都加剧了草原确权的冲突，这些冲突也给草原确权的增加了阻力。

第四节 阿拉善左旗草原管理的启示

一 半农半牧区人员基本情况类似

阿拉善左旗被访者年龄在41~50岁、51~60岁及61岁及以上三个年龄段，比例近似，30岁以下者极少。牧民占总调研人数的25.5%，农民占72.5%，体现出半农半牧区的特征，文化水平和盐池县近似。

二 禁牧政策是左旗草原生态恢复的主要因素

认为过去5年中草原植被变好的占总人数的68.4%，71.9%的被访者认为草原改善的原因是禁牧政策。近5年中，认为左旗草原生态环境变好的占68.1%，草原植被恢复状况良好。内蒙古草原生态环境全局恶化发生在20世纪后期。根据1999年内蒙古草原牧区的TM卫星遥感调查结果，从草原地带类型看，荒漠草原地带如巴彦淖尔盟北部、锡林郭勒盟西部等最为突出，退化面积达76%以上，而森林草原地带的退化面积较小，自然环境相对较好。《内蒙古自治区“十三五”时期草原保护建设规划》[①] 中，阿拉善左旗属于草原保护恢复区，本区功能定位为“着力恢复草原植被，发挥区域生态功能的保障作用”。本书研究表明，左旗草原恢复主要原因为禁牧政策（71.9%）、降雨量（13.3%）、浇水（3.7%）。相较于盐池县，本区草原变化中气候因素比例有所上

① 内蒙古自治区农牧业厅：http：//www.nmagri.gov.cn/zwq/ghjh/645579.shtml。

升，体现出了生态非平衡性。众所周知，草原退化原因复杂，有自然原因如气候变化、干旱少雨等，有人为原因如不合理的经济活动、滥垦乱种、放牧制度的变革等，也有自然－人为互作的原因。有学者认为草原退化多为农牧民过度放牧、草原超载所致。

三　草原承包制在左旗具有较高的可信度

阿拉善左旗农牧民视角下的草原承包制具有高的可信度，不需要进行制度干预。从承包的目标看，90%的被访者认为草原承包证很重要，71.4%的被访者认为草原承包制在该区是成功的。

四　草原确权在左旗可信度低，阻力主要来自农牧民

阿拉善左旗的草原确权可信度低，草原确权阻力主要来自农牧民。其中，“乡镇政府”和“村集体”为政策宣传、普及主体。从草原确权的目标而言，90.1%的受访者愿意（包括非常愿意）草原确权，52.1%的受访者不愿意（包括非常不愿意）流转草原，54.2%的农牧民不愿意（包括非常不愿意）抵押草原。草原确权中的社会冲突因区域差别导致差异较大，纠纷产生的原因与草原的自然属性密切相关。

五　左旗农牧民草原流转意愿较低，草原较难承担经济功能

左旗农牧民愿意草原流转的户数占总调研数的21.3%，可信度处于较低水平，也就是说，该区现阶段进行的草原确权较难承担经济功能。而内蒙草原流转活跃地区，农牧民流转意愿相对而言也高于研究区。如，锡林郭勒草原流转意愿为61.7%（张美艳，2017）。呼伦贝尔市新巴尔虎右旗M嘎查16户受访者，其中13户（81.2%）有流转行为，仅3户（18.8%）表示没有流转（赖玉珮、李文军，2012）。相关研究也表明草原流转意愿受草原面积、经济性收入、固定资产等因素影响，其中，户主基本信息（户主学历、户主是否为嘎查领导）、草原信

息（如流转合同形式、距离、牧草高度等）以及劳动力数量对草原流转行为有显著影响（刘志娟、杜富林，2016）。牧业生产和非牧业生产收入差异，牧业收入每增加1%，流转意愿降低0.08%；外部政策激励，草原生态补偿奖金每提高1%，流转意愿增加0.32%（张美艳，2017）。

第六章　牧区额济纳旗草原管理的实践

本章以内蒙古自治区阿拉善盟额济纳旗为案例。额济纳旗是三个研究地区中唯一的纯牧业区。通过草原管理政策变迁历史、草原承包制感知分析及草原确权的制度功能等内容，总结纯牧区草原管理。

第一节　研究区概况

一　自然条件

额济纳旗位于内蒙古自治区阿拉善盟西部，东经 97°10′23″～103°7′15″，北纬 39°52′20″～42°47′20″。东与阿拉善右旗相邻，西、南与甘肃省交界，北与蒙古国接壤，总面积为 114606 平方公里（李生昌，1998）。额济纳旗总地势西南高、东北低，呈中间地平状，海拔高度 1200～1400 米，相对高度在 50～150 米。该区气候为大陆性气候。春季，冷暖空气频繁交流，形成冷热交替、阴晴不定的多变天气，全年中大风、沙暴、浮尘日数较夏季多。夏季酷热少雨，最热为 7 月，平均气温 25. 5 ～26. 4℃，年均极端最高气温 40℃，最冷为 1 月，平均气温 -11. 7 ～13. 5℃，极端低温 37. 6℃。额济纳旗是内蒙古自治区蒸发量最大、降水量最小的地区。境内蒸发量最小区域是额济纳河两侧，约

3600 毫米，蒸发量最大区为西戈壁，达 4200 毫米以上。境内遍布戈壁沙漠，降水稀少，极其干燥，有季节性河流黑河注入。黑河进入额济纳境内后称为额济纳河，流程 250 公里，平均宽度 150 米。

额济纳旗总土地面积为 114606 平方公里，2018 年耕地面积 46.31 平方公里，草原面积 80360.4 平方公里，占总面积的 70.1%，草原确权面积 67197.2 平方公里。[①] 草原面积中 99.97% 为天然草地，剩下的为改良草地，详细的草原类型、特征及牧场类型见表 6－1。额济纳河流域及近河区的戈壁、湖沼上生长着 3862.64 平方公里的天然乔灌木，它不仅是内蒙古自治区西部荒漠区的珍贵乔灌林木资源，也是防风固沙的天然屏障，称为“弱水三角绿洲”。全旗主要矿物有金、锌、铜、铁、锰、铝、钨、钼、芒硝、石灰石；其次有水晶、重晶、冰洲石、朱砂、石膏、白云岩等。

表 6－1　额济纳旗草原特征及牧场类型

草原类型	特征	牧场类型
低山草原化荒漠	占全旗总草原面积的 1.51%，碎石山地、坡度大、风蚀严重、地表岩石裸露	骆驼、山羊的冬春牧场
高平原荒漠	占全旗总草原面积的 91.77%，砾石戈壁高原	四季牧场
河泛、低地草甸类	占全旗总草原面积的 6.8%，水分条件最好，植被盖度在 30% ~60%	山羊、骆驼的良好牧场

二　社会条件

1949 年前，额济纳旗并无大批汉族迁入。新中国成立后，为加快额济纳旗发展，加之区划变动，从邻近省区调入了干部和大批知识青年，全旗汉族聚居生活。1964 年第二次人口普查时，全旗共有蒙古族人口 3128 人；1982 年第三次人口普查时，蒙古族人口发展到 4219 人，汉族人口 9492 人，占总人口的 67.7%；1990 年第四次人口普查时，蒙古族人口

① 资料来源：额济纳旗草原站。

增加到 4988 人，汉族人口增加至 10141 人，占总人口的 65.83%。另外，全旗也分布着一些回族和藏族。2019 年末全旗常住人口 27140 人，其中城镇人口 12492 人，占总人口的 46%，乡村人口 14641，占总人口的 53.9%，其他户口 7 人。户籍人口 19118 人，其中男性 9358 人，占总户籍人口的 48.9%，女性 9760 人，占总户籍人口的 51.1%。[①] 由表6－2可看出，额济纳旗同左旗一样政区经过反复变化，先后归属宁夏、甘肃、内蒙（自治区）三省。行政区划的变动会影响社会、经济发展。

表 6－2　额济纳旗政区变迁史

时间	政区变化历史
1928 年 11 月	直属宁夏省政府管辖
1949 年 9 月	归甘肃酒泉专员公署代管
1951 年 2 月	复归宁夏省管辖
1954 年 11 月	宁夏合并甘肃省，由张掖专署代管，11 月 30 日转归甘肃省酒泉专署管辖
1956 年 6 月	归内蒙古自治区巴彦淖尔盟辖属
1969 年 9 月	归甘肃省酒泉地区管辖
1979 年 7 月	复归内蒙古自治区管辖
1980 年 5 月	阿拉善盟设立，归阿拉善盟管辖

三　经济条件

2019 年全旗地区生产总值 37.05 亿元，同比增长 1.1%，经济活跃度指标持续向好。其中，第一产业增加值 1.99 亿元，同比增长 2.7%；第二产业增加值 9.81 亿元，同比下降 8.4%；第三产业增加值 25.25 亿元，同比增长 5.2%。三次产业结构比调整为 5.4∶26.5∶68.1。城乡居民收入稳步增长，城镇常住居民可支配收入 43920 元，同比增长 6.5%，农村常住居民可支配收入 25276 元，同比增长 9.2%。[②]

① 资料来源：《2019 年额济纳旗统计公报》。

② 资料来源：《2019 年额济纳旗统计公报》。

第二节　草原政策的感知分析

一　样本量特征

（一）调研地点及样本量

笔者于2016年1~2月、2016年8~9月对研究区草原资源管理情况进行调研。调研地点涉及额济纳旗7个乡镇13个嘎查。在进行入户调查时，共发放问卷92份，回收问卷92份，回收率100%。剔除无效问卷5份，有效问卷87份，问卷有效率94.6%。其中，赛汉陶来苏木赛汉陶来嘎查20份，孟格图嘎查3份；哈日布日格德音乌拉镇乌兰乌拉嘎查4份；苏泊淖尔苏木策克嘎查13份，乌兰图格嘎查3份，伊布图嘎查1份；温图高勒苏木格日勒图嘎查4份，巴音高勒嘎查1份；东风镇额很查干嘎查18份，古日乃嘎查4份，宝日乌拉嘎查5份；巴彦陶来苏木吉日格朗图嘎查8份；马鬃山苏木苏海布拉格嘎查3份。额济纳旗全旗总户数为2192户，根据样本量计算[①]代表性样本量为327份，由于牧民居住分散且以游牧为主，调研样本量无统计学中的代表性。因此，用定性和定量相结合的混合方法（Brannen，2005）研究。

（二）被访者基本情况

调研结果表明（见表6-3），额济纳旗被访者主要以男性为主，占总调研人数的79.8%，女性占20.2%。年龄上51~60岁为多数，占总数的40.4%；其次是41~50岁的，占总调研人数的33.8%；21~30岁的数量最少，占总数的2.2%；60岁及以上的比例占总数的7.9%；31~40岁的年轻人占15.7%。从年龄比例中可以看出，额济纳旗被访者年龄比盐池县稍低些。牧民占总调研人数的84.3%，农民占15.7%。

① 问卷样本量计算见 http：www.checkmarket.com/sample-size-calculator/。

受教育水平以高中居多，占总数的 40.4%；其次为初中，占总数的 34.8%；小学水平的群体占总数的 14.6%；本科及以上学历较少，占 3.4%；没文化的占 4.5%。调研区文化水平相比盐池县较高。

表 6-3　额济纳旗被访者基本信息

单位：份、%

性别	数量	占比	职业	数量	占比
男	71	79.8	农民	14	15.7
女	18	20.2	牧民	75	84.3
合计	89	100.0	合计	89	100.0
年龄	数量	占比	年龄	数量	占比
21~30 岁	2	2.2	无	4	4.5
31~40 岁	14	15.7	小学	13	14.6
41~50 岁	30	33.8	初中	31	34.8
51~60 岁	36	40.4	高中	36	40.5
60 岁以上	7	7.9	本科及以上	3	3.4
			缺失	2	2.2
合计	89	100.0	合计	89	100.0

二　生态环境感知

（一）草原植被变化情况

对额济纳旗的农牧民询问："过去的 5 年里，您认为草原植被发生的变化是?"调研结果表明（见图 6-1），认为"变好了"的农牧民居多，占总调研人数的 62.2%；认为"变得更好了"的比例为 5.4%；认为"变差了"的人数占总数的 6.8%；认为草原植被"没变化"的占 12.1%；"不知道"有什么变化的占 12.1%，缺失值为 1.4%。农牧民视角下的近 5 年额济纳旗的草原植被变化状况良好。

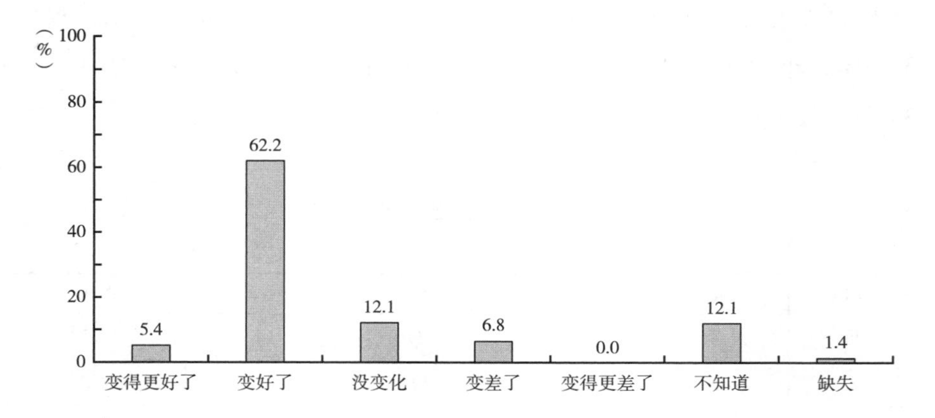

图 6－1　额济纳旗草原植被变化

（二）植被变化原因

进一步询问“植被变化的原因是什么”，调研结果表明（见图6－2），48.4%的农牧民认为草原植被变好的原因是“浇水”，占总数的48.4%；认为“降水量”使植被变好的占总数的29.0%；认为“禁牧”使草原植被发生变化的占9.7%；其他原因者占3.2%。可见，在额济纳旗地区影响草原植被变化中最关键的是自然因素（降水量或浇水），政策因素在研究区的贡献有限。

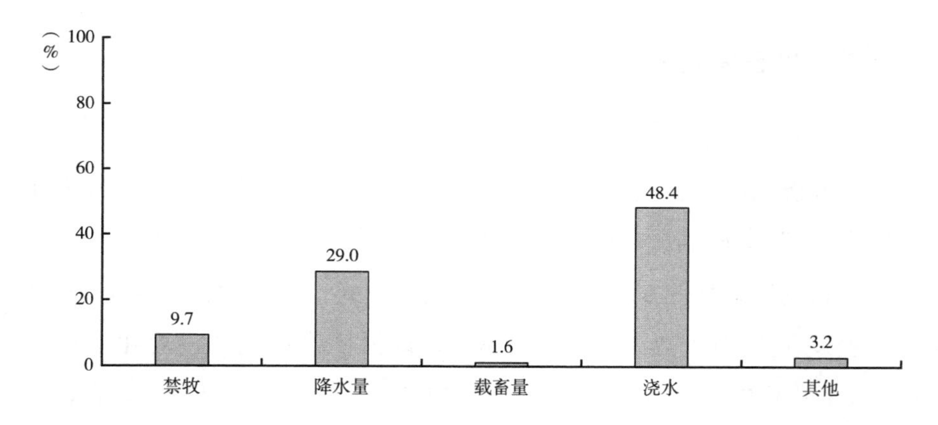

图 6－2　额济纳旗植被变化原因

三　草原承包政策的感知分析

（一）法律法规（Formal）

见第三章第三节内容。

（二）执行情况（Actual）

1. 草原承包证拥有情况

“是否有草原证”的调研结果表明（见图6－3），额济纳旗“有”草原经营权证的人数占总调研人数的90.8%，“没有”证的农牧民占总人数的2.3%，“不知道”的占总调研人数的3.4%，缺失值为3.4%。拥有草原经营权证的人占绝大多数。

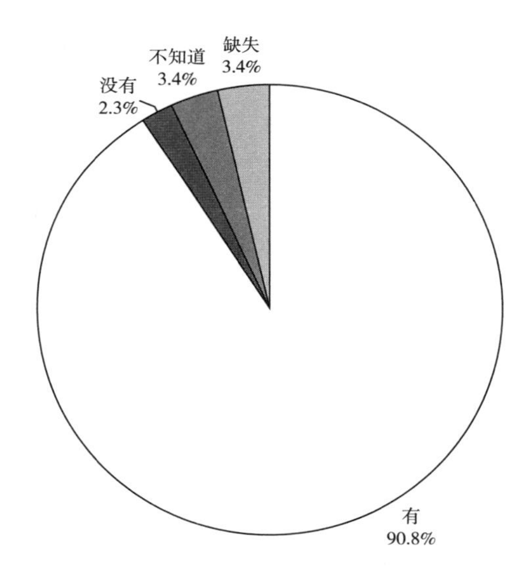

图6－3　额济纳旗草原承包证拥有情况

2. 承包形式

调研地区农牧民家中草原承包形式以“户”承包的占93.3%，“联户”承包的占3.4%，以“集体”形式承包的人数占总调研人数的1.1%，仅有1.1%的农牧民不知道承包形式，缺失值为1.1%（见图6－4）。

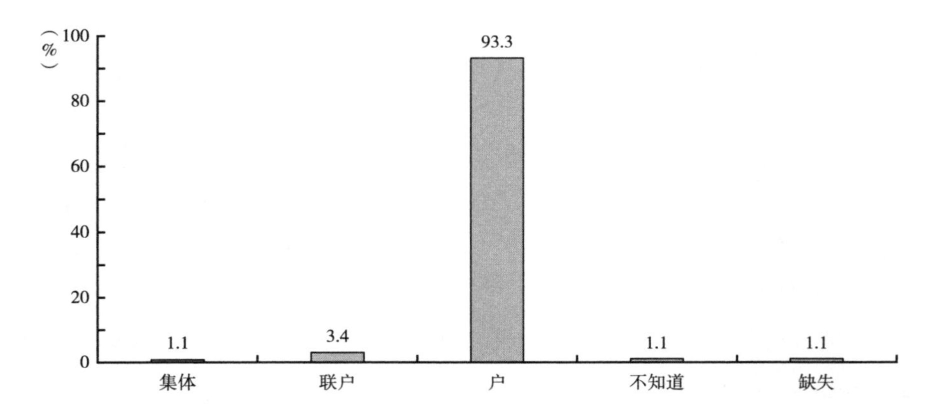

图 6－4　额济纳旗草原承包形式

3. 承包年限

额济纳旗的农牧民认为草原承包年限为 50 年的比例最高（见图6－5），占 72. 4%；认为 30 年的占 18. 4%；6. 9% 的农牧民“不知道”草原承包年限是多久；2. 3% 的牧民认为是“其他”年限。

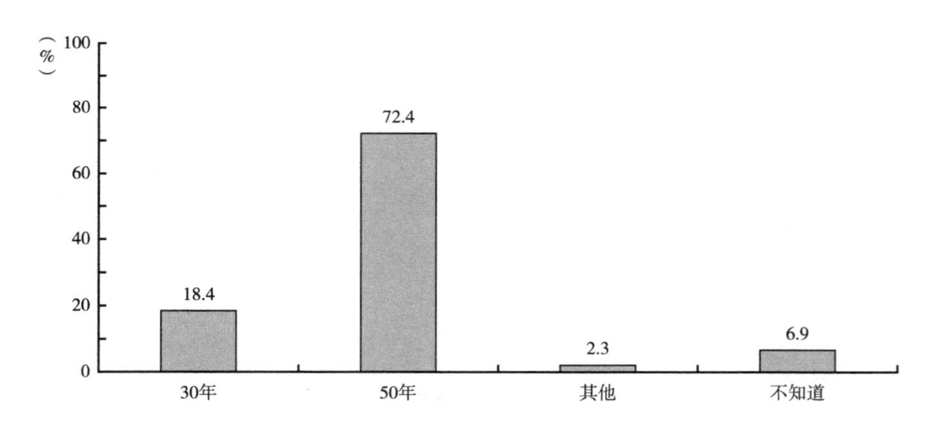

图 6－5　额济纳旗草原承包年限

（三）目标（Targeted）

1. 草原承包证的重要性

对额济纳旗的调研结果（见图 6－6）显示，认为“重要”的农牧

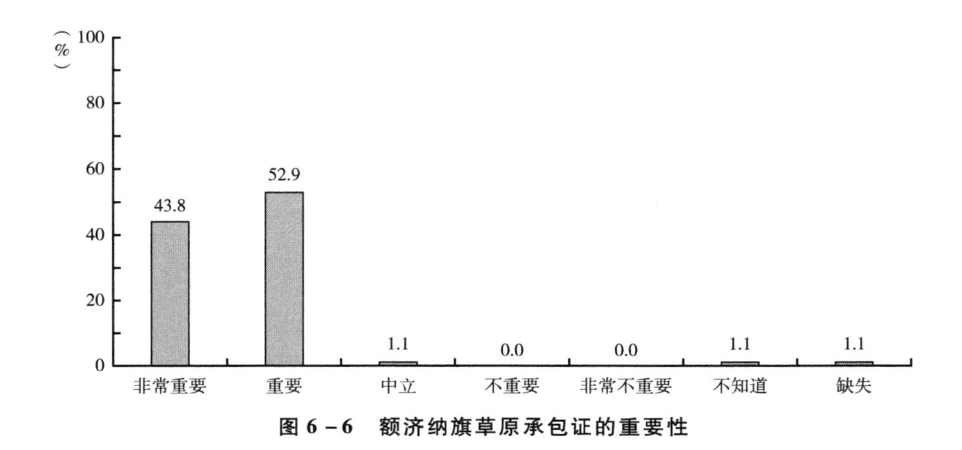

图 6－6　额济纳旗草原承包证的重要性

民占 52.9%，认为“非常重要”的占 43.8%；1.1% 的农牧民持“中立”态度；没有农牧民认为草原承包经营权证“不重要”或“非常不重要”。可见，额济纳旗地区的农牧民认为草原承包经营权证很重要，这可能和草原作为主要的经济收入来源有关。

2. 承包意愿

“愿意承包的草原年限”问题（见图 6－7），回答维持现状“50 年”的最多，占 47.2%；“不知道”的占 40.2%；愿意将承包期限调整“多于 50 年”的占 6.9%；“30 年”的占 2.3%；“无所谓”的占 1.1%；缺失值为 2.3%。

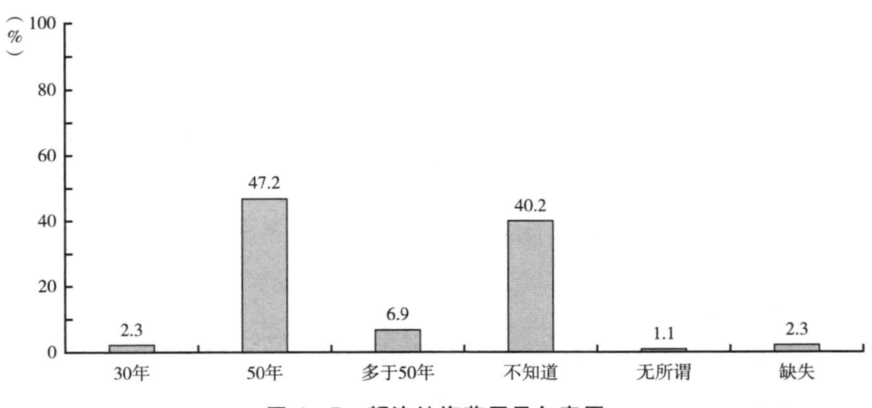

图 6－7　额济纳旗草原承包意愿

3. 承包制的评价

“您对草原承包制的评价是?”调研结果表明（见图6－8），认为“成功”的占60.9%，“非常成功”的占5.7%，持“中立”态度的占14.9%，10.3%的农牧民“不知道”如何评价，认为失败的仅占4.6%，缺失值为3.4%。

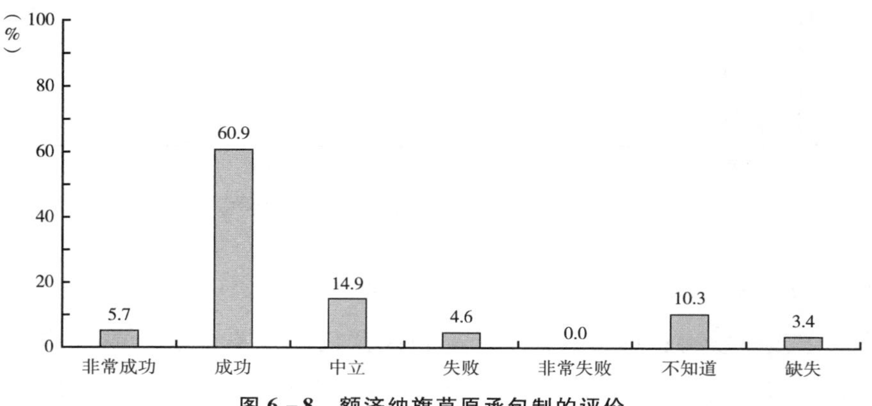

图6－8　额济纳旗草原承包制的评价

4. 权属感知

“您认为草原承包中拥有以下哪些权利?”调研结果表明（见图6－9），额济纳旗农牧民认为自己拥有的权利为“使用权”、“继承权”、“经营权”及“用益权”最多，较少的为“村内所有权流转”“村外所有权流转”。其中，认为有“使用权”的最多，占总数的90.8%；其次为“继承权”，占总调研人数的89.7%；“经营权”和“用益权”分别占总数的88.5%和83.9%。“村内使用权流转”和“村外使用权流转”分别占37.9%和35.6%。“村内所有权流转”和“村外所有权流转”比例近似，分别占总调研人数的20.7%和21.8%。认为“没有权力”的占1.1%。

四　草原确权政策的感知分析

（一）集体感知

1. 法律法规（Fromal）

额济纳旗政府于2015年已基本完成草原“双权一制”落实工作。

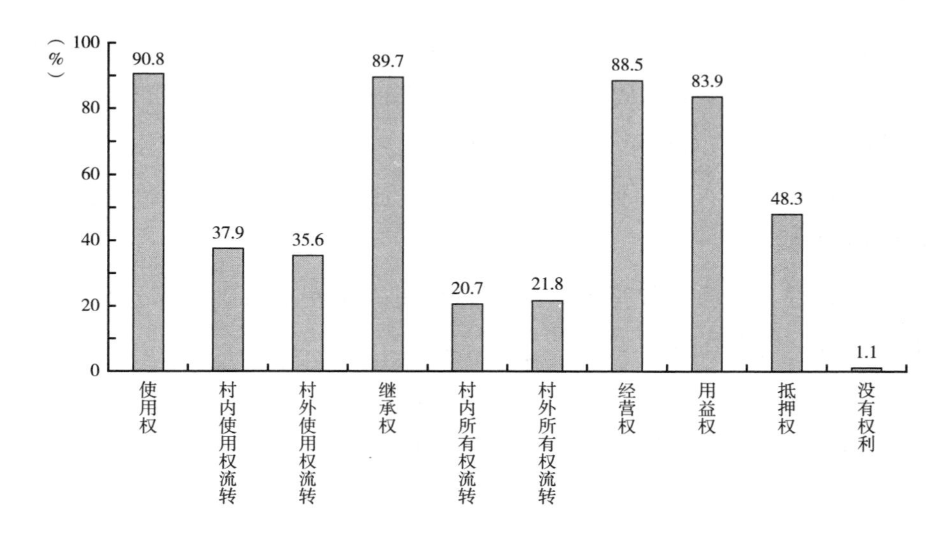

图 6-9　额济纳旗权属感知

草原确权工作方案中说明确权工作于 2015 年 7 月启动，至 2015 年底完成。整个草原确权工作的流程分前期准备阶段和具体实施阶段。

前期准备阶段（2015 年 6 月 1 日 ~7 月 20 日）：此阶段成立工作小组，对相关部门及人员进行宣传和培训。旗农牧业和科学技术局领导小组办公室负责日常工作事务；国土、林业、民政等部门进行技术指导；各苏木镇政府组织、嘎查协调委员会进行具体的草原确权工作。制订方案后，对参与确权相关工作的人员进行技术培训，在苏木镇、嘎查进行宣传动员。

具体实施阶段（2015 年 7 月 21 日 ~12 月 10 日）工作如下。

（1）资料准备和入户调查。收集“双权一制”所有权单位和证书方法等情况、核实承包经营权证书、承包合同等农牧户信息资料，确认已发放经营权证的情况。

（2）建立登记表。采集农牧户信息，填写登记表，录入采集数据，建立嘎查、苏木镇、旗三级草原权属信息库。外业工作由苏木镇组织嘎查完成，内业由旗草原站、经管站负责数据审核、面积计算、制图等。

核实后的信息及时反馈各苏木镇及嘎查，以嘎查为单位公示，时间不少于15天，若无异议，农牧户签字确认后报送旗草原站。统一审核后，苏木镇组织嘎查签订草原承包合同，收回原有的草原承包证或合同。

（3）完善所有权和承包经营权证书。旗政府换发统一印制的所有权和使用权证书。

（4）建立草原确权承包管理信息系统。建立草原确权承包信息数据库和数字信息管理系统。

（5）建立完善草原确权承包三级档案。

（6）申报验收。盟、旗两级初验，申请自治区统一验收。

2. 执行情况（Actual）

（1）草原确权了解程度。调研地区94.3%的农牧民“听说过”草原确权，“没听说”的占5.7%（见表6-4）。

（2）信息获取途径。调研结果表明（见表6-4），由“村”里宣传知道的占73.2%；由“乡镇政府”宣传而知道的占31.7%；从“县政府”得知的占6.1%；从“新闻”和“亲朋”渠道得知草原确权的各占1.2%（本题为多项选择，见附录二，为方便对比，统计只考虑回答“是”的）。

（3）确权进展。研究区确权进程，93.3%的农牧民表示已经确权，1.1%的农牧民回答“还没确权”，1.1%的农牧民回答“不知道”，缺失值占4.5%（见表6-4）。

表6-4　额济纳旗确权感知问卷调研结果

单位：份、%

问题及选项	数量	占比	类型
是否听说过确权			A
是	82	94.3	
否	5	5.7	
合计	87	100.0	

续表

问题及选项	数量	占比	类型
渠道			A
县政府	5	6.1	
乡镇政府	26	31.7	
村	60	73.2	
新闻	1	1.2	
亲朋	1	1.2	
是否确权			A
是	81	93.3	
否	1	1.1	
不知道	1	1.1	
缺失	4	4.5	
合计	87	100.0	
是否愿意确权			T
非常愿意	40	46.0	
愿意	37	42.5	
中立	1	1.1	
不愿意	2	2.3	
非常不愿意	0	0.0	
不知道	1	1.1	
缺失	6	6.9	
合计	87	99.9	
草原流转			T
非常愿意	1	1.1	
愿意	13	14.9	
中立	0	0.0	
不愿意	43	49.4	
非常不愿意	24	27.6	
缺失	6	6.9	
合计	87	99.9	
是否愿意抵押			T
是	22	25.3	
否	54	62.2	
不一定	4	4.6	
不知道	1	1.1	
缺失	6	6.8	
合计	87	100.0	

需要说明的是，截至 2019 年 12 月，额济纳旗已完成 8 个苏木镇 19 个嘎查草原确权承包工作。草原确权承包牧户共 2216 户 3538 人，占确权总户数的 97.7%。全旗已落实草原所有权面积 11449.76 万亩，占应落实草原所有权面积的 95%。全旗已发放草原所有权证 19 本，发放率 100%。全旗已确权承包到户面积 8411.6 万亩，占应确权面积的 98.2%，占落实草原所有权面积的 72.5%。已发放自治区统一印制的草原承包经营权证书 1549 本（其中联户承包 145 户 812 人，联户承包户只给代表户发证），占应发总数的 97.8%。[①]

3. 目标（Targeted）

（1）草原确权的意愿。“您是否愿意草原确权”调研结果表明，46.0% 的农牧民表示“非常愿意”，42.5% 的农牧民表示“愿意”；持“中立”态度的占 1.1%；“不愿意”的仅占 2.3%，没有人回答“非常不愿意”；1.1% 的农牧民回答为“不知道”；缺失值为 6.9%。

（2）草原流转的意愿。调研结果表明，“不愿意”和“非常不愿意”流转的占多数，分别为 49.4% 和 27.6%；而“非常愿意”和“愿意”流转的分别占 1.1% 和 14.9%；缺失值为 6.9%。

（3）草原抵押的意愿。“草原确权后，会不会抵押草原?”调研结果表明，62.2% 的农牧民“不会”抵押，25.3% 的农牧民“会”抵押草原，4.6% 的农牧民表示“不一定”，1.1% 的农牧民“不知道”，缺失值为 6.8%。

（二）冲突分析

1. 农牧民视角

（1）频率。“草原确权时是否发生纠纷?”调研结果表明（见表6 - 5），“有”纠纷的占 47.1%，“没有”纠纷的占 50.6%，缺失值为 2.3%。

---

① 资料来源于阿拉善盟行政公署官网，http://www.als.gov.cn/art/2019/12/24/art_5_256382.html。

村民反映“有纠纷是正常的，没有确权前也有纠纷”。

（2）性质。“纠纷发生的原因是?”调研结果表明（见表6－5），因“边界不清”而发生纠纷的占95.2%；“面积变小”而发生纠纷的占2.4%；其他原因占2.4%。

表6－5　额济纳旗草原确权纠纷调查结果

单位：份、%

问题及选项	数量	占比	类型
草原确权时有纠纷吗?			频率
是	41	47.1	
否	44	50.6	
缺失	2	2.3	
合计	87	100.0	
纠纷产生的原因是?			性质
边界不清	40	95.2	
面积变小	1	2.4	
其他	1	2.4	
合计	42	100.0	
是否有效解决?			结果
是	21	50.0	
否	20	47.6	
缺失	1	2.4	
合计	42	100.0	

（3）途径。“发生纠纷后，怎么解决?”调研结果表明（见图6－10），54.3%的农牧民通过村解决纠纷，40.0%找乡镇政府解决；20.0%的农牧民通过自己协调解决；17.1%的农牧民通过其他途径协调；2.9%的农牧民表示“没法解决”。

赛汉陶来苏木某嘎查长[①]说：“草原确权矛盾多在边界，确权后就可以解决边界上的问题。纠纷最终还是靠嘎查解决。”

① 访谈对象：额济纳旗赛汉陶来苏木，×嘎查长；访谈时间：2016年1月31日。

（4）结果。对回答“草原确权时有纠纷”的农牧民，继续询问“纠纷是否有效解决”，调研结果表明（见表6－5），47.6%的农牧民表示“没有”得到解决，50.0%的农牧民表示纠纷得到“有效解决”，2.4%的农牧民表示“不知道”。

（5）解决意愿。调研结果表明（见图6－10），希望“县政府”和“乡镇政府”解决的最多，分别占39.4%和34.8%；希望“村”解决问题的比例较少，占7.6%；希望“国家”和“自己”解决纠纷的比例一样，各占3.0%；“不知道”的占1.5%。

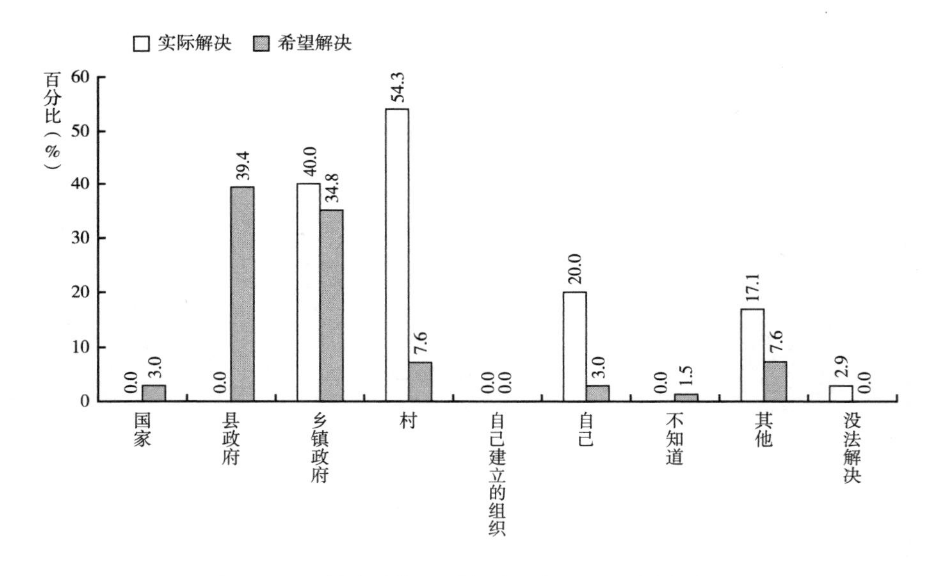

图6－10　额济纳旗冲突解决途径和期望解决途径

2. 执行人员视角

（1）纠纷频率及来源。“额济纳旗地方大，而且草场质量不太好，所以没什么太多的纠纷。如果有边界上的问题，大家都会让一让，在额济纳旗让几十公里都不是什么事。草场质量不好，可能200亩养不了一只羊，让几十亩出来，牧民也不会觉得亏了什么。这种情况放内蒙中东部，想都不能想嘛。草场好的地方，别说这么大面积，就是一亩肯定也不愿意让。”①

“总体来说，草场纠纷的信访量不大，近3年也就20起案子，2016年五六个案子。草原确权纠纷主要为两个方面：一是，现在以二轮承包为基础确权，但有些想按一轮承包确权。二是，边界、面积上的纠纷，以前没有这么精确的测量，现在一测纠纷就出来了。”②

（2）纠纷解决途径。《额济纳旗完善牧区草原确权承包工作实施方案》中指出，“确权工作中遇到的问题按照保持稳定、尊重历史、照顾现实、分类处置的原则依法妥善解决。各苏木认真做好矛盾化解工作……确因草原纠纷无法确权的，经苏木镇和草原监督管理部门确认并上报旗确权领导小组办公室审定处理”。

额济纳旗草原工作站草原确权主要负责人员对该区草原确权纠纷的看法是：“纠纷少并且集中在苏木边界问题上。草原界限问题由民政局处理，民政局里保存有界限图。”③

信访局则表示纠纷处理流程为，嘎、查两委处理，然后上报苏木政府，再上报旗政府，交由信访局接受督导处理。信访处理3个月内必须办结，30天内审核，60天内主管部门给出解决办法。④

第三节 草原政策的可信度评价

一 额济纳旗草原生态

阿拉善地区的社会经济主要是畜牧业，但粗放的牧业经济往往无法抵御自然灾害的冲击，隐含着巨大的动荡因素（乌日力嘎，2013），这

① 访谈对象：额济纳旗农牧局李×；访谈时间：2016年2月1日。

② 访谈对象：额济纳旗信访局×；访谈时间：2016年9月2日。

③ 访谈对象：额济纳旗草原站草原确权工作人员崔×；访谈时间：2016年1月26日。

④ 访谈对象：额济纳旗信访局×；访谈时间：2016年9月2日。

就需要发展一定规模的农业经济以弥补畜牧业经济的不足（丁鹏，2010）。农业早在阿拉善的局部地区出现，且有所发展。农业经济的形成和发展在一定程度上影响了该区牧民的生活，同时也促进了该区半农半牧化的进程。农业的发展，改善了该区的饮食结构，影响了该区牧民的生活习俗，邻近甘肃、山西、陕西等省的汉民相继过去开荒种地。

二　草原承包的可信度分级及制度干预

总体而言，额济纳旗草原承包可信度高于阿拉善左旗和盐池县。承包的实际情况中（见表6-6），有草原证的被访者占到91.0%，93.3%的被访者能正确回答承包形式，71.9%的被访者能正确回答承包年限。从牧民想要的权利看，96.6%的农牧民认为草原证重要，66.3%的被访者对承包制给予了积极的评价。可见，草原承包制在额济纳旗的确具有较高的可信度，该区草原承包制不需要制度干预。

表6-6　额济纳旗草原承包制的CSI检查

类型	内容	可信度	制度干预
A	有承包证	高	维持现状
	承包形式		
	承包年限		
T	承包证的重要性	中偏高	现状正式化
	承包年限的意愿		
	承包评价		

三　草原确权的可信度分级及制度干预

额济纳旗牧区有较好的草原政策感知基础，但对牧民来说，草原流转和草原抵押并不是现阶段需要的。从可信度评价表中看，农牧民确权目标可信度低，不愿意草原流转的占总数的79.8%，确权后不会抵押的占总数的60.7%，比例是三个研究区中最高的。可能原因是本区为纯牧区，草原和牧民生活生产密切相关，所以流转的意愿并不如半农半牧区的阿拉善左旗和盐池县活跃。尽管额济纳旗地广人稀、相比其他地区冲突少，但对确权后无法承担流转功能的草原而言，并不建议超前施行确权（见表6－7）。

表6－7　额济纳旗草原确权的CSI检查表

类型		内容	可信度分级	制度干预
感知	A	了解程度 信息获取途径 确权进展	高	维持现状
	T	确权意愿 流转意愿 抵押意愿	低	维持现状
纠纷		频率 结果	中偏低	禁止不应当的行为

第四节　额济纳旗草原管理的启示

一　谁是草原牧民

额济纳旗被访者年龄较盐池县和阿拉善左旗稍低些，以51～60岁为多数，占总数的40.5%。受教育水平以高中居多，占总数的40.5%，较前两个研究区文化水平稍高。牧民占总调研人数的84.3%，农民占15.7%。草原系统中的一些概念很普遍，如国家公共资源、家庭劳动力，但对谁是草原牧民却有诸多混淆（国际草原大会，2008）。联合国人权事务高级专员认为草原牧民不仅仅是一个畜牧生产系统的生产者，还是一种民族，如非洲的草原牧民。目前，应用最广的草原牧户定义是：至少50%的收入来自畜牧业或与畜牧业相关活动的家庭（Ellis and Swift，1988）。然而，这个定义并没体现草原系统的重要特点，可能把许多有其他重要收入来源的草原牧民家庭排除在外。阿拉善地区的社会经济主要是畜牧业，但粗放的牧业经济往往无法抵御自然灾害的冲击，隐含着巨大的动荡因素（乌日力嘎，2013），这就需要发展一定规模的农业经济以弥补畜牧业经济的不足（丁鹏，2010）。农业早在阿拉善的局部地区出现，且有所发展。农业经济的形成和发展在一定程度上影响了该区牧民的生活，同时也促进了该区半农半牧化的进程。农业的发展，改善了该区的饮食结构，影响了该区牧民的生活习俗，邻近甘肃、山西、陕西等省的汉民相继过去开荒种地。

二 额济纳旗草原生态恢复模式更符合生态非平衡性

额济纳旗过去 5 年草原生态变化情况良好，认为变好的牧民占总调研人数的 67.6%，6.8% 认为变差了，12.1% 的受访者“不知道”。草原植被发生变化的原因，回答“浇水”的占 48.4%，“降水量”占 29.0%，“禁牧”仅占 9.7%。对比盐池县和阿拉善左旗的数据，额济纳旗气候因素表现得更明显，并且额济纳旗有黑河，流域范围内的草原都可以浇水，对水资源的高度依赖表明了干旱半干旱草原的生态非平衡性。

三 牧区草原承包制可信度高于半农半牧区

草原承包制在额济纳旗的确具有较高的可信度，且高于阿拉善左旗和盐池县，本区不需要对承包制进行制度干预。

四 额济纳旗的草原流转和抵押意愿较低，草原确权不具备经济功能

额济纳旗牧区有较好的草原政策感知基础，但不愿意草原流转（包括非常不愿意）的人数高达 79.3%，愿意草原流转的仅占 16%，“不知道”的占 4.7%。本区草原流转意愿极低的原因可能有两个方面。

一方面，草原流转程度受草原类型的影响。内蒙古草原由东向西呈带状分布，依次为典型草原、荒漠化草原及沙地草原。对草原类型和草原流转程度的相关研究证实，典型草原区流转较为活跃（张引弟等，2010）。另一方面，牧区草原流转不同于农区土地流转。在农区，土地流转中一个很重要的原因是农民外出务工导致土地撂荒，并且土地流转现象活跃的地区土地流转制度已经较为规范，规模经营已经初见成效。而在牧区，草原流转的动因趋于多元化。如，草原生态奖补、草畜平衡等新的政策，牧户分散经营不利于规模化，城镇化等，这都会对草原流转造成影响。

确权后不会抵押的人群占总数的60.7%。从草原流转和草原抵押意愿来看，对牧民来说草原流转和抵押并不是现阶段需要的，草原确权并不具备其市场功能。

第七章　农牧民对草原管理政策的感知差异分析

通过本书第四至第六章对农牧民政策感知的描述性统计分析，我们了解了三个地区的农牧民对政策感知的特征。本章主要利用调研所获取的数据，通过方差分析探讨三个地区农牧民对草原政策的感知差异，在此基础上通过相关分析并结合访谈、文献等，深入发掘感知差异的成因及其影响因素。

第一节　半农半牧区内部的感知差异分析

本节主要分析同为半农半牧区的盐池县和阿拉善左旗地区，农牧民对禁牧政策的感知评价，另外前文中为了方便对比盐池县和阿拉善左旗，没有详细分析阿拉善左旗草原确权过程中工作人员的组成、提供的材料、发证机构等问题。下文将呈现出调研中更详细的内容。

一　研究方法

向调研村庄随机发放问卷，其中阿拉善左旗 3 个苏木乡镇 51 份，盐池县两个乡镇（花马池镇 38 份，该镇未进行草原确权，只分析其他问题）100 份问卷，共计 151 份问卷。

被访者基本信息见表7－1。①性别比例。阿左旗被访者中男性占58.8%，女性占41.2%；盐池被访者男性占80.0%，女性占20.0%。②年龄分布。其中，阿左旗41～50岁占21.6%，51～60岁占17.6%，60岁以上为主体，占45.1%，40岁以下的占15.7%；盐池41～50岁、51～60岁和60岁以上这三个年龄阶段比例分布近似，分别占24.0%、32.0%、27.0%，40岁以下的占17.0%。两个地区都缺乏年轻劳动力，多以中老年人群为主。③教育水平。两个地区都以小学教育水平为主体。其中，阿左旗教育水平为小学的占74.5%，初中占15.7%，高中占7.8%；盐池教育水平小学的占95.0%，初中占4.0%，高中占1.0%。

表7－1　被访者基本信息

单位：%

项目		阿左旗 $n=51$	盐池 $n=100$
性别	男	58.8	80.0
	女	41.2	20.0
总计		100.0	100.0
年龄	21～30岁	2.0	2.0
	31～40岁	13.7	15.0
	41～50岁	21.6	24.0
	51～60岁	17.6	32.0
	>60岁	45.1	27.0
总计		100.0	100.0
教育水平	小学	74.5	95.0
	初中	15.7	4.0
	高中	7.8	1.0
	高等教育	2.0	—
总计		100.0	100.0

二　结果与分析

（一）农牧民对禁牧政策的认识及评价

1. 禁牧的了解程度

内蒙古、宁夏两个自治区自2002年施行禁牧政策，该政策已在两个地区施行了十多年。从调研情况看（见图7-1），阿左旗地区对禁牧“非常了解”和“了解”的分别占2.0%和54.9%，“了解一点”的占33.3%；“中立”的占7.8%，“不知道”的仅占2.0%。盐池地区，对禁牧政策“非常了解”和“了解”的分别占10.0%和37.0%；“了解一点”的占40.0%；“中立”的占4.0%；“不知道”的占9.0%。盐池“不知道”禁牧的高于阿左旗地区，并且在盐池不知道禁牧的群体主要为女性，约占“不知道”人群的77.8%。由此可见，禁牧政策在两个地区普及程度较高，并且性别是影响政策了解程度的一个重要因素，在盐池，女性对政策的敏感性较男性低。

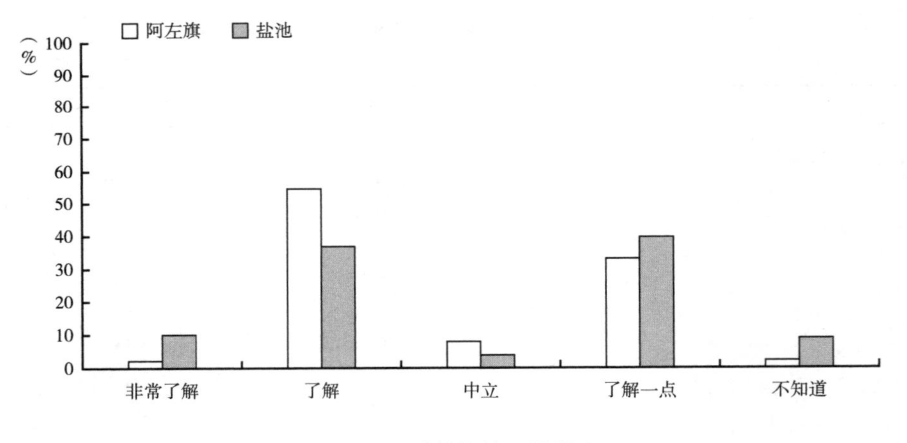

图7-1　对禁牧的了解程度

2. 禁牧政策的遵守程度

农牧民对禁牧的遵守程度直接反映出其可信度。而在调研中对“是否遵守禁牧政策”这个问题，农牧民的回答各不相同。有些农牧民认为只要是放牧，就不算遵守政策；而另一些农牧民认为尽管自己晚上放牧，但白天不放牧，仍算是遵守政策。从图7-2可得，禁牧遵守程度阿左旗较盐池高。其中，阿左旗全天遵守的占66.7%，因不饲养牲畜遵守的占29.4%，不遵守的仅占3.9%。而在盐池，全天遵守的占

43%，因不饲养牲畜遵守的占 33.0%，白天遵守夜间偷牧者占 23.0%。从对禁牧政策了解程度来看，禁牧政策普及程度很高，可以排除因不知道政策而进行偷牧。但盐池县仍出现偷牧，有研究表明这是农牧民需求导致的理性行为。禁牧增加了农牧民的养羊成本（张建娥，2008），而违规放牧可以使农牧民在很大程度上减少经济损失。虽然政府有监督罚款等措施，但违规放牧这种冒险行为可获得的经济利益完全可以吸引农牧民接受风险（齐顾波、胡新萍，2006）。从遵守程度来看，阿左旗较盐池禁牧有较高的可信度。可能的原因是两区禁牧政策有区别。阿左旗实施的禁牧政策允许饲养一定数量的牲畜，并针对饲养牲畜数量及家庭人口数给予一定的禁牧补偿款。而在盐池实行全面禁牧，并没有补偿款，违者罚款。两个地区禁牧遵守程度不同很可能是因为禁牧政策内容不同所导致，生态补偿等一些补助政策在一定程度上会提高禁牧的可信度。

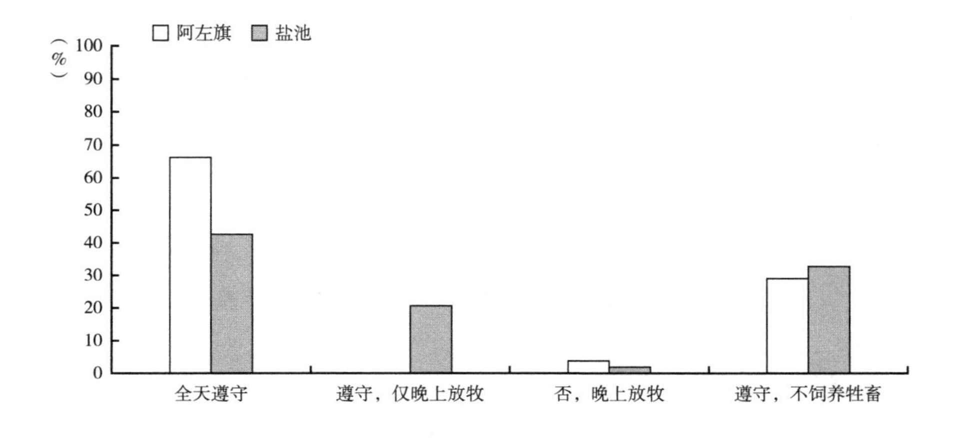

图 7－2　禁牧的遵守程度

3. 禁牧对农牧民收入的影响

由图 7－3 可知，禁牧对两区农牧民影响趋势一致，“没有影响”的超过一半，收入“降低”的占 40% 左右。其中，阿左旗“没有影响”

的占 54.0%，“增加”的占 4.0%，“降低”的占 42.0%。而盐池地区，“没有影响”的占 61.0%，“降低”的占 36.0%，收入“增加”的占 1.0%。调研中发现，在阿左旗地区，对上年龄或缺乏劳动力的家庭而言，禁牧补偿款增加了家庭收入。“国家草原生态保护补助奖励机制政策的实施，使阿左旗沿山一带禁牧户补贴由 400～3000 元增加到 3500～12000 元。同时施行的农牧民养老保险制度，解除了农牧民的后顾之忧。”① 这些研究结果与本书调研结果一致。禁牧后短期内农户经济效益呈现出一定程度的下降，但通过配合舍饲养殖、规模化养殖及一系列的补贴措施，禁牧后经济效益与社会效益较禁牧前均有所增加，农民收入也得到了相应提高（陈勇等，2013）。

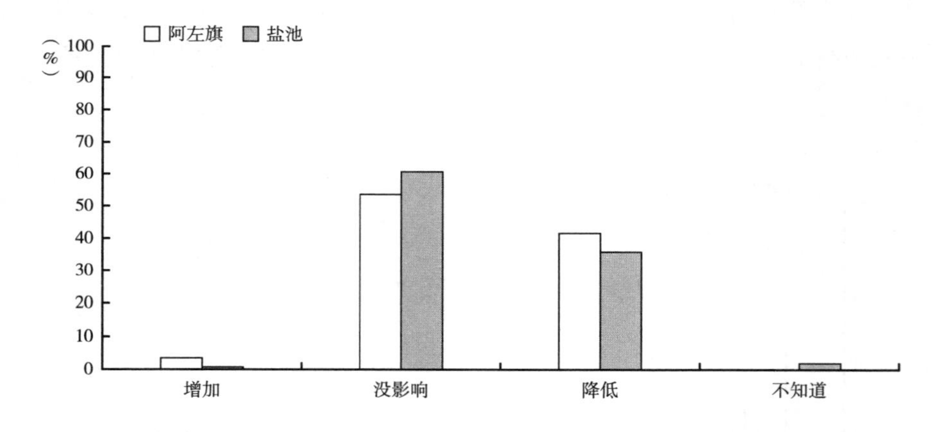

图 7－3　过去 5 年中禁牧对两区农牧民收入的影响

4. 对禁牧政策的评价

从调研结果看（见图 7－4），两区农牧民认为禁牧“成功”的占多数，且盐池地区略高于阿左旗。其中，阿左旗认为禁牧“非常成功”和“成功”的分别占 2% 和 49.0%；持“中立”态度的占 29.4%；认为“不

① 中华人民共和国农业部：《内蒙古禁牧政策在线访谈》，2012 年 3 月 9 日，http://www.moa.gov.cn/zwllm/zcfg/xgjd/201203/t20120309_2504241.htm。

是很成功”和“失败”的分别占7.8%和5.9%；“不知道”的占5.9%。而盐池地区，认为“非常成功”和“成功”的分别占4.0%和61.0%，持“中立”态度的占16.0%；认为“不是很成功”和“失败”的分别占7.0%和4.0%；“不知道”的占8.0%。可见，两区农牧民对禁牧有较高的可信度。李克昌等（2009）对宁夏农牧民对封育禁牧政策的认知度研究表明，80%的农牧民拥护禁牧政策。与本书调研结果一致。

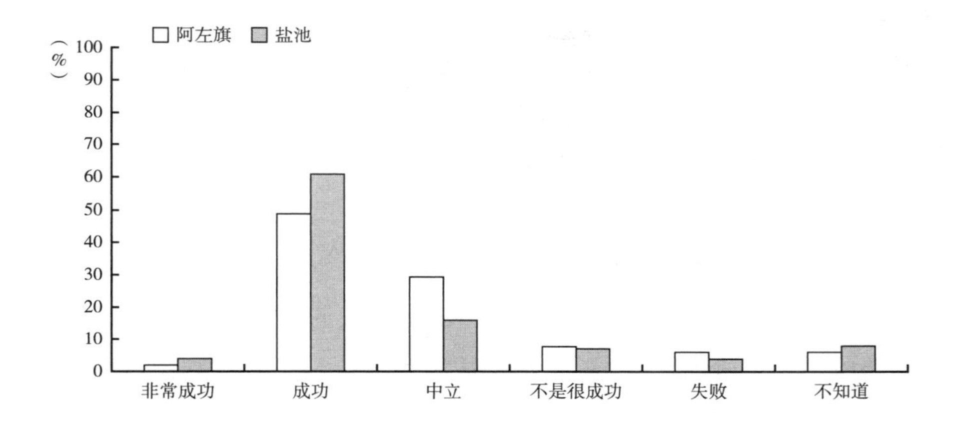

图7－4　对禁牧政策的评价

王晓君等（2014）对禁牧政策与牧户经济收入的研究表明，禁牧政策下，盐池县沙漠化出现了明显的逆转趋势，但因生态效益的价值难以直接反映到农户经济收入当中，而现行的草原生态补偿又不足以弥补农户经济损失，农户牧场资源减少，经济利益受损。为维持收入不变，农户违规放牧现象严重，退牧还草生态成果存在很大隐患。在这种情况下，不应将草原承包制、禁牧等一系列工程措施视为政府规定，将其视为“自我矛盾的制度集合”似乎更为合适（Lin and Ho，2005）。

综上分析，禁牧是在草原承包基础上为解决因牲畜超载而引起的草原退化背景下产生的。本书不讨论载畜量的理论来源和计算，也不讨论过牧是否可信，只以农牧民的视角探讨政策的可信度。从上述分析可以得出：第一，阿左旗和盐池两个地区对禁牧政策的普及程度较高，不知道禁牧政策的仅占 2.0% 和 9.0%。第二，阿左旗（96.1%）禁牧遵守程度高于盐池（76%）。尽管违规放牧罚款，盐池不少村民（23.0%）仍选择白天遵守政策，晚上偷偷放牧。第三，禁牧对农牧民收入的影响两个研究区趋势一致，“没有影响”的分别占 54.0%、61.0%，收入“降低”的分别占 42.0%、36.0%。在阿左旗地区，对上年龄或缺乏劳动力的家庭而言，禁牧补偿款增加了家庭收入。第四，两区农牧民认为禁牧成功的占多数，且盐池（65.0%）地区略高于阿左旗（51.0%）。可见，两区农牧民对禁牧有较高的可信度。

（二）农牧民对草原确权的感知及评价

1. 对草原确权的了解程度

“是否了解草原确权?”这个问题是农牧民对草原确权最直接的感知。调研时，盐池仅开过草原确权启动会，因此对盐池地区的问题为“是否听说过草原确权”，选项为“是”“否”“不知道”。左旗问卷选项为“了解”“不了解”“不知道”。从调研情况看（见图 7－5），阿左旗“了解”草原确权的农牧民居多，占 81.4%；“不了解”的占 5.9%，“不知道”的占 11.8%。盐池县虽然仅开过启动会，其他工作

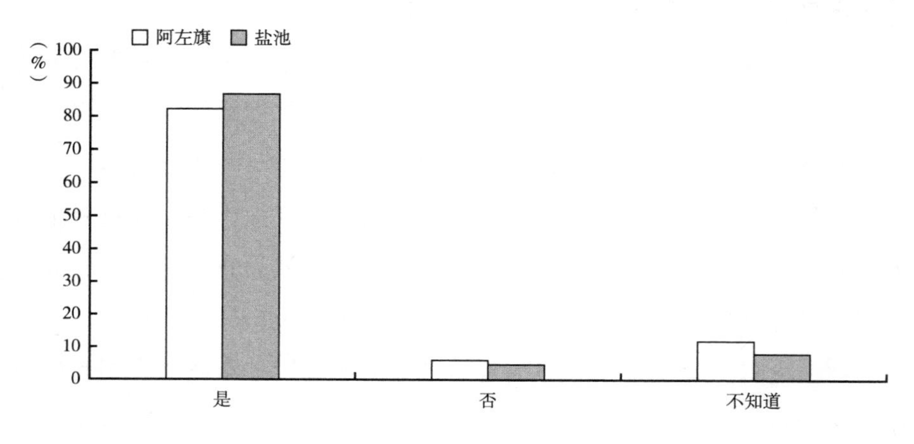

图 7－5 是否了解（听说）草原确权

还没开展，但趋势和阿左旗类似，“听说过”草原确权的农牧民居多，占 87.1%。从对草原确权普及方面来讲，两个调研地区“了解”或“听说”的农牧民占大多数。但是，从对确权的了解程度方面讲，阿左旗农牧民为“了解”草原确权，而盐池由于确权仅处于启动阶段，当地农牧民仅“听说过”草原确权。可能的原因是政策执行时间在一定程度上会影响农牧民对政策内容的了解程度。

确权参与人员组成。针对“请问是哪些部门的人员进行草原确权的?”问题，农牧民以“不知道”确权工作人员者居多，占 32.3%；29% 的农牧民认为是“村委会”进行确权工作的；16.1% 的农牧民认为是“乡镇政府”人员；9.7% 的农牧民认为是“旗农牧局”人员；少数农牧民认为是“草原站”“农经站”等工作人员（见图 7－6）。阿左旗草原确权主要由旗农牧局负责组织苏木镇、嘎查村等工作人员。调研中农牧民的回答各不相同，“不知道”和“村委会”者，比例近似，占多数，一方面说明农牧民不是特别关心谁来做草原确权工作，另一方面也说明村委会是做草原确权工作的重要一环。

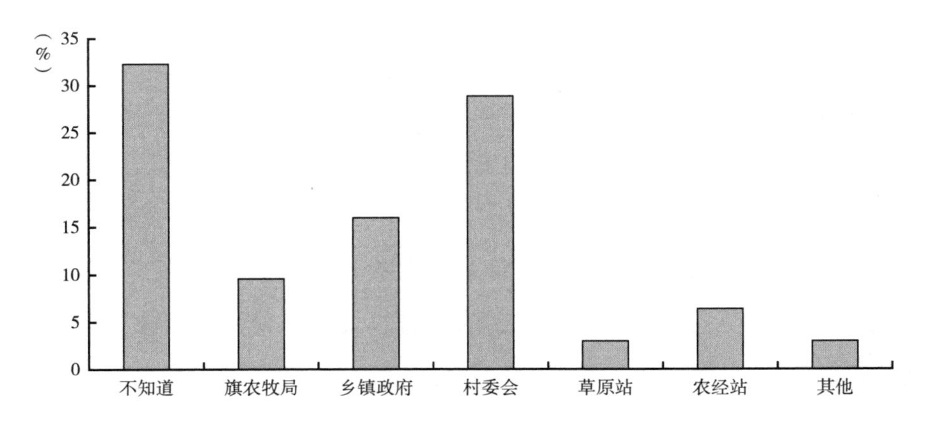

图 7－6　确权工作人员构成

提供的材料。“请问草原确权时您提供了哪些信息?”结果见图 7－7，“不知道”提供哪些材料的农牧民约占一半（54.8%），提供草原证的占 1/3 强（35.5%），少部分农牧民提供了承包合同（6.5%）。按照草原确权工作方案，入户调查阶段需要核实基础证件、数据、底图及承包合同等基本信息，确认承包经营权证书等情况。而调研情况中约一半的农牧民在不知道提拱哪些材料的情况下草原被确权了。

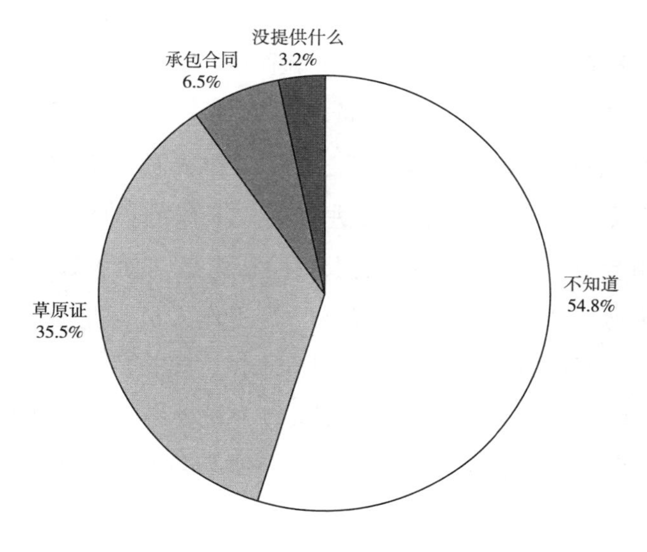

图 7－7　提供的材料

确权证颁发机构。当问及“请问您的草原确权证是哪个机构签发的?”时，77.4%的农牧民“不知道”，16.1%的农牧民认为是“旗农牧局”签发，6.5%的农牧民认为是“草原站”签发（见图 7－8）。根据阿左旗草原确权承包方案，由旗经管站建立草原确权承包登记表，旗政府根据具体情况换发自治区统一印制的所有权证书和使用权证书，根据旗政府制定的统一格式印发草原经营权证。而实际情况是，多数农牧民不知道发证机构，可能的原因是尚处于发证阶段，农牧民没有见到确权证，所以不知道。另一个可能的原因是农牧民并不是特别关心发证部门。

是否愿意确权。农牧民是否愿意草原确权是评价草原确权可信度最直接的问题之一。草原确权可信度较低，那么农牧民对是否愿意草原确

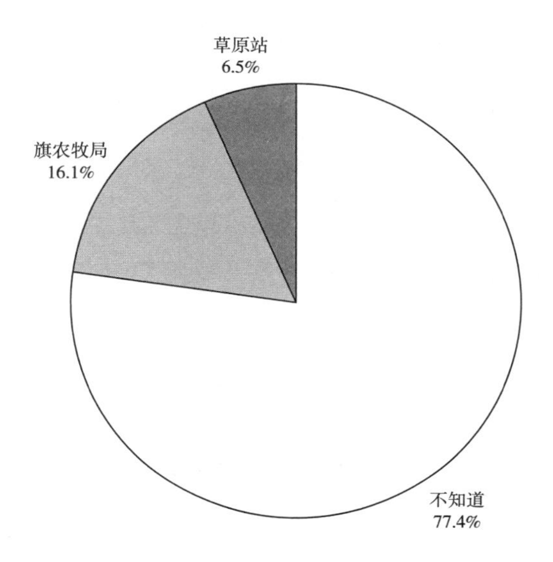

图 7－8　确权证颁发机构

权的态度应该是“不愿意”或“无所谓”者居多。然而，调研结果并非如此，实际情况为大多数农牧民愿意草原确权（见图 7－9）。具体情况为：阿左旗地区愿意确权者占 78.4%，不愿意者占 7.8%，无所谓者占 3.9%，不知道者占 9.8%。盐池地区趋势相似。愿意确权者占 82.3%，不愿意和无所谓者各占 3.2%，不知道者占 11.3%。虽然调研结果很意外，愿意草原确权者占绝大多数，但是农牧民愿意草原确权的原因有两点：一是确权后能发证，尽管不知道证有什么用，有证总归是好的事情；二是草原确权是国家政策，农民没有权利说不。

确权后对今后生活的影响。“草原确权后会给您今后生活带来影响吗?”如图 7－10 所示，52.9% 的农牧民表示确权对今后生活并没什么影响，25.5% 的农牧民不知道，9.8% 的农牧民对这个问题表示无所谓，11.8% 的农牧民认为会对今后生活有影响。

通过对农牧民对草原确权的感知分析发现，农牧民的感知结构与草原确权工作并不符合。也就是说，农牧民视角下的草原确权在一定程度上可信度较低。尽管大多数农牧民（81.4%）认为“了解”草原确权，

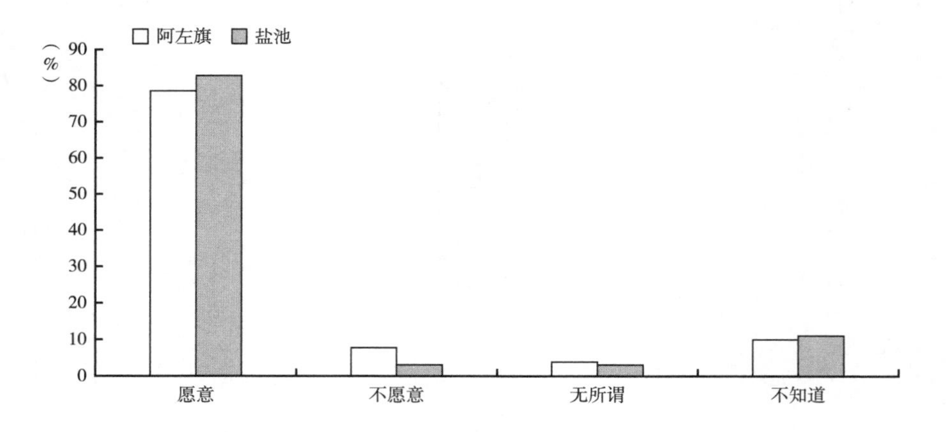

图 7-9　是否愿意草原确权

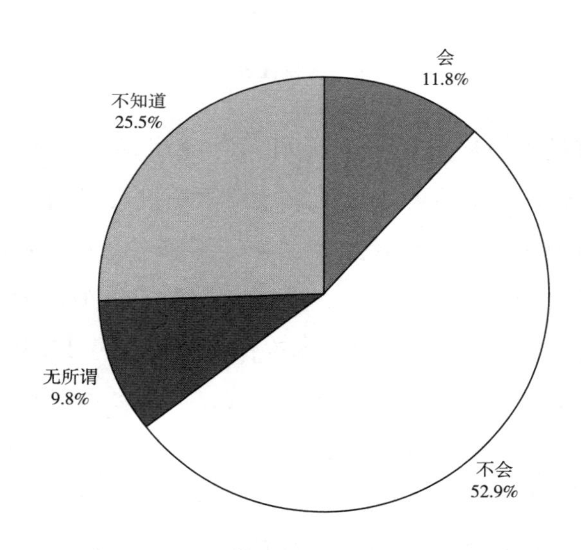

图 7-10　确权后对今后生活是否有影响

但从对确权工作人员构成、提交材料、发证部门等问题综合考虑，农牧民并不清楚草原确权究竟是什么。结合确权后对生活产生的影响分析，52.9%的农牧民认为确权不会对生活产生影响，25.5%的农牧民不知道，9.8%的农牧民无所谓，对确权具体内容的不了解，很可能是认为不会对生活产生太大变化的原因，而这又进一步形成大多数农牧民愿意确权的现象。换句话，与其说多数农牧民“愿意”确权，倒不如说是多数农牧民在不了解草原确权的具体内容下“被确权”。

2. 草原确权引起的冲突

社会冲突是制度可信度的另一个衡量指标。可信度高的制度并不意味着完全没有冲突，实际上可信的制度接受一定程度内的社会冲突。也就是说，社会冲突越频繁、矛盾越多，制度可信度越低；相反，社会冲突越低，矛盾越小，制度可信度越高。文章将从执行人员和农牧民的角度具体探讨草原确权中存在的社会冲突，进而分析草原确权的可信度。

（1）执行者视角下的矛盾。当向政府人员询问“您认为草原确权存在矛盾吗?”“您认为草原确权中的矛盾在哪?”时，得到的回答如下。

> 矛盾多得很。主要集中在：GPS 打点造成的矛盾，以前的草原边界都是口头约定，这个水井，那个山头，边界不清楚；草原类型多样，划分时存在公平性问题，有的草原好有水井，荒漠草原就没人愿意要；饲养骆驼的不愿意确权，骆驼是放养的，不像羊可以圈养。①
>
> 哪能没有矛盾。现在用 GPS 测量，过去都没测量过。只不过这里地方大、人少，矛盾相对于其他地方较少。②
>
> 草原边界，GPS 打点测量。另一个人口变动，嫁娶、出生等人口数量变化。③

从对工作人员的访谈中可以看出草原确权纠纷很多。其中，边界确定是草原确权最为头痛的问题之一。模糊的边界是草原和土地最具明显的区别。过去受限于技术，草原边界都是口头约定，以水井、山头、村庄为界限，俗称“手指地”。现在用 GPS 确定草原界线，引起的原有面

① 访谈对象：阿拉善左旗某镇镇长，男；访谈日期为 2015 年 8 月 28 日。

② 访谈对象：阿左旗某苏木农牧局某站长，男；访谈日期为 2015 年 8 月 17 日。

③ 访谈对象：盐池县草原站某站长，男；访谈日期为 2015 年 7 月 13 日。

积发生变化很容易引起矛盾纠纷。另外一个是草原资源分配时的公平性问题。农牧民更喜欢得到有水井的草原，而不愿意分到距离远、长势差的草原；以什么时候的人口数据作为划分的基准也是需要考虑的问题。农牧民饲养的牲畜类型也会影响草原确权工作的开展。如，饲养骆驼的农牧民更不愿意草原确权。民间有俗语“骆驼吃的走马草，圈的紧了吃不饱”。骆驼喜食带刺、盐碱的食物，特别是白刺和沙蒿，采食时，骆驼边吃边选，不会把同株植物吃光，而是浅尝辄止。

（2）农牧民视角下的矛盾。向已确权或正在确权的农牧民询问“草原确权时是否存在矛盾”，共计26户，其中73.1%的农牧民表示确权过程中没有矛盾，19.2%的农牧民表示不知道，而7.7%的农牧民认为确权过程中存在矛盾。需要注意的一点是，本数据仅统计已确权或正在确权的地区。一些农牧民反映矛盾为草原边界不清，GPS打点时造成的面积变小；另一些为国家政策规定草原30年不变，有些农牧民希望将自己的草原和父母或家里人分开，但受政策原因无法分开。虽然73.1%的农牧民认为没有矛盾，但这并不意味着农牧民视角下的草原确权可信度较高。相反，是对矛盾冲突较少的地区先进行草原确权、有争议的地区先不确权所致。阿左旗巴润别立镇的案例就是一个例子。

> 没有确权，80年代将一部分草原分给别的村子，现在正在解决问题。[①]
>
> 80协议把3000多亩草原分给沙队。[②]

对社会冲突的探讨有多个方面，前文只是对不同行动者视角下的矛盾发生原因、频次进行了探讨，下文将从如何解决矛盾方面进一步探讨

---

① 访谈对象：阿拉善左旗某嘎查徐某；访谈日期为2015年8月12日。

② 访谈对象：阿拉善左旗某嘎查张某；访谈日期为2015年8月12日。

草原确权的可信度情况。

（3）矛盾发生后怎样解决。尽管阿左旗草原确权方案中的原则是“积极稳妥地解决问题，不得强行推动，避免引发社会矛盾”，但对草原确权工作中发生的矛盾怎样处理并没说明。而且工作方案中虽指明了涉及的各个部门，成立了草原确权承包试点工作领导小组，但对负责处理矛盾的部门并没明确说明。调研时发现，已经确权的地区矛盾相对较少（7.7%），产生矛盾后多数也是通过自己私下协商解决，乡镇政府并不能有效地帮助农牧民解决问题。巴润别立镇白石头村张某的案例就能表现出此点。

调研时该村土地确权快要结束，村子已经开始草原确权的宣传工作。张某一家四口人，丈夫是外村村民，家中有两个儿子。大儿子学习很好，但因经济原因高中读完就外出工作了，小儿子还没上学。村中分地，历来不给外来人口分，而且女儿出嫁后就会收回土地。张某虽然出嫁，但仍生活在白石头村。经过十多年努力，张某渐渐要到了一些农地，这些分散的农地加起来共24.8亩。眼看最艰难的日子已经过去，生活开始变得稍微好些，但土地确权却只给张某3.8亩地。张某坚决不签字，村支书天天找张某谈话，希望张某支持他的工作先签字，缺的土地以后慢慢给张某补齐。张某说“不是自己不支持村支书工作，如果给确权20亩土地，自己也就支持工作把字签了，可现在还不够零头。一家4口人，这点地根本没法生活……”张某找乡镇政府领导希望能妥善解决此事，据张某说相关人员躲起来不见她。张某迫于无奈只好在办公室门口蹲守，希望能碰见解决问题的工作人员。“运气”好的时候见到了工作人员，反映完问题后，他们也仅是好言劝张某先回家，他们会认真考虑张某反映的问题，尽快解决。但实际情况往往是不了了之，根本不会给张某处理结果。[1]

① 访谈对象：阿拉善左旗某村张某；访谈时间为2015年8月20日。

通过对社会冲突的分析可以得知，确权参与者，政府人员认为矛盾纠纷很多，多集中在边界确定、人口数量、资源分配公平性方面；确权的直接受益者，少数农牧民在发生矛盾时并没有得到有效的解决保障。尽管有成立专门的领导小组，但对如何解决确权中存在的纠纷问题，并没有明确指出该由哪个部门负责，发生矛盾后也并没有积极去处理。所以，从社会冲突的角度而言，草原确权的可信度相对较低。

目前无法从社会冲突的角度评价宁夏草原确权可信度究竟如何。调研时宁夏地区仅开过确权启动会议，其他工作并没展开，仅通过试点地区农牧民对“是否听说过草原确权?”“是否愿意草原确权?”的感知进行了评价，其趋势和内蒙古地区近似，但也并没有充分的数据评价宁夏的草原确权可信度如何。正如本书一直强调的，可信度的评价是基于特定的时间和空间因素。尽管如此，内蒙古草原确权的实践经验仍对宁夏展开的草原确权具有重要的借鉴作用。

三　研究结论

（一）两区农牧民对禁牧有较高的可信度

虽然盐池的禁牧遵守程度低于阿左旗（76.0%，96.1%），但是盐池的禁牧可信度高于阿左旗（65.0%，51%）。这可能有两个方面原因：一方面，两个地区禁牧政策内容不同，阿左旗禁牧补偿力度高于盐池，违规放牧便成了盐池农牧民选择后的理性行为；另一方面，1993～2011年盐池县草原沙化状况处于逆转趋势，禁牧政策正好在该时间段，所以从环境保护角度上禁牧具有可信度。

（二）半农半牧区农牧民视角下的草原确权可信度不高

对确权具体内容的不了解，很可能是认为不会对生活产生太大变化的原因，而这又进一步形成了大多数农牧民愿意确权的现象。与其说多数农牧民“愿意”确权，倒不如说是多数农牧民在不了解草原确权的具体内容下“被确权”。调研时宁夏仅开过确权启动会，因此无法从社会冲突的角度进行评价。而且，可信度评价是基于特定的时间和空间因素，一个地区的经验并不一定能适用于其他地区。所以，内蒙古草原确权的实践经验，对宁夏草原确权有着极其重要的借鉴意义。

（三）草原确权矛盾多且没有建立积极、有效的纠纷解决机制

草原模糊的边界使得草原确权工作纠纷多。再加上家庭人口变动、饲养牲畜类型等问题，使得草原确权的矛盾变得更加复杂。矛盾发生后也并没有良性的解决机制。这些纠纷处理不妥，容易进一步激化矛盾。

第二节 半农半牧区与纯牧区整体感知差异分析

为了便于分析三个地区农牧民对草原政策的感知差异，对相关问题答案进行赋值（见表7-2），将每个区域农牧民各指标赋值加总平均后得到该研究区农牧民对政策的感知指数。用SPSS 19.0软件单因素方差分析和多重比较分析对盐池县、阿拉善左旗及额济纳旗三个地区农牧民对政策的感知指数进行差异研究，用相关分析对影响农牧民感知的因素进行分析。

表7-2 感知指标及赋值

指标	问题	赋值
生态变化	过去5年里植被发生了哪些变化？	不知道=0，变得更差=1，变差=2，没变=3，变好=4，变得更好=5
草原承包意愿	愿意承包的年限是？	不知道=0，无所谓=1，15年=2，30年=3，50年=4，多于50年=5
草原承包证的重要性	你觉得草原证重要吗？	不知道=0，根本不重要=1，不是很重要=2，中立=3，重要=4，非常重要=5
草原承包评价	对草原承包制的评价是？	不知道=0，非常失败=1，失败=2，中立=3，成功=4，非常成功=5
草原流转	同意草原流转吗？	不知道=0，完全不同意=1，不同意=2，中立=3，同意=4，完全同意=5
草原抵押	确权后会抵押草原吗？	不知道=0，不会=1，不一定=2，会=3
草原确权	愿意草原确权吗？	不知道=0，不愿意=1，无所谓=2，愿意=3

一 样本特征差异

感知主体和客体之间存在的差异必然会对生态环境的感知造成影响（Peng and Zhou，2001）。农牧民感知受其性别、年龄、教育水平等因素影响，为了解三个研究区感知主体之间的差异，对三个地区农牧民的性别、年龄、民族、职业、教育水平和过去5年中家庭收入变化情况做方差分析，结果如图7－11。

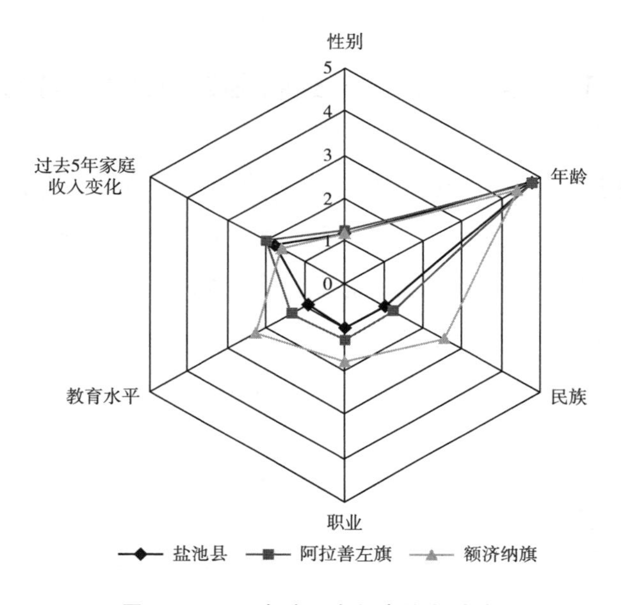

图7－11 三个地区农牧户信息雷达

盐池县、阿拉善左旗和额济纳旗三个地区农牧民年龄均值分别为4.86、4.80、4.38，方差分析表明额济纳旗与盐池、阿拉善左旗之间达到显著性差异（$p < 0.05$），而盐池县和阿拉善左旗之间差异不显著。三个地区民族均值分别为1.01、1.24、2.55，方差分析表明三个地区之间差异性显著（$p < 0.05$）。三个地区职业均值分别为1.01、1.30、1.84，且三个地区职业差异达到显著水平（$p < 0.05$）。教育水平均值分别为0.95、1.39、2.26，且三个地区之间差异达到显著水平（$p <$

0.05）。过去5年家庭收入变化均值分别为1.79、2.01、1.61，且三个地区之间差异达到显著水平（$p < 0.05$）。性别均值分别为1.18、1.25、1.21，且三个地区年龄之间无显著性差异。

二　生态环境变化感知度差异

将植被变化选项“变得更好”和“变好”合并为“变好”，“变得更差”和“变差”合并为“恶化”，三个研究区植被变化感知见表7－3。利用描述性统计对各选项进行分析，得分均值为3以上表示研究区农牧民对草原植被变化趋向于“变好”，均值越大表示植被变化状况越好；均值为3以下表示农牧民对植被变化趋向于“变差”。分析结果显示，盐池县农牧民的感知指数均值为3.78，阿拉善左旗农牧民的均值为3.73，额济纳旗的均值为2.87。方差分析结果显示（见表7－3），盐池县、阿拉善左旗的农牧民和额济纳旗的农牧民对植被变化的感知存在显著性差异（$p < 0.05$），而盐池县和阿拉善左旗农牧民的感知无显著性差异。这些分析说明，对草原依赖程度越高的牧户，对生态环境恶化的感知能力越强。

表7－3　过去5年植被变化感知度

植被变化感知度	盐池县	阿拉善左旗	额济纳旗
变好(%)	77.5	68.4	67.6
没变化(%)	18.2	16.1	12.2
恶化(%)	0.0	10.0	6.8
均值	3.78a	3.73a	2.87b
标准差	0.053	0.995	1.791

注：ab表示差异显著（$p < 0.05$）。

三　承包制目标感知差异

（一）承包证的重要性

将农牧民对草原证的重要性感知选项“非常重要”和“重要”合并为“重要”，“根本不重要”和“不重要”合并为“不重要”，其他选项不变，三个研究区感知见表7－4。利用描述性统计对各选项进行分析，得分均值为3以上表示研究区域农牧民对草原证的感知趋向于"重要"，均值越大表示农牧民越认可草原证；均值为3以下表示农牧民对草原证的感知趋向于"不重要"。分析结果显示，盐池县农牧民感知指数均值为2.30，阿拉善左旗农牧民的均值为4.22，额济纳旗的均值为4.39。方差分析结果显示（见表7－4），阿拉善左旗、额济纳旗的农牧民和盐池县的农牧民之间存在显著性差异（$p<0.05$），而额济纳旗和阿拉善左旗农牧民的感知无显著性差异。这些分析说明，对草原依赖程度越高的牧户，对草原证的认可度越高。

（二）愿意承包的年限

表7－4　农牧民对草原承包制的感知度差异分析

项目	区域		
	盐池县	阿拉善左旗	额济纳旗
承包意愿			
30年	3.5	5.6	2.2
≥50年	29	32.3	56.7
无所谓			2.2
不知道	53.2	58.4	0
均值	3.74a	3.43b	2.97c
标准差	1.165	0.96	1.094
草原证的重要性			
重要	73.6	90	96.7
中立	6.9	9.4	1.1
不重要	11.7	0.6	1.1
均值	2.30b	4.22a	4.39a
标准差	1.459	1.414	0.702
承包制的评价			
成功	55.4	71.4	66.3
中立	12.6	14.3	14.6
失败	8.3	1.9	4.5
不知道	0	11.2	0
均值	3.07b	4.22a	3.35a
标准差	1.687	0.661	1.361

注：ab表示差异显著（$p<0.05$）。

将农牧民的草原承包年限意愿感知选项“50 年”和“多于 50 年”合并为“≥50 年”，三个研究区感知统计描述见表 7 – 4。得分均值为 3 以上表示研究区农牧民的承包年限意愿趋向于较长的年限“≥50 年”；均值为 3 以下表示农牧民的草原承包年限意愿趋向于较短的年限“30 年”。分析结果显示（见表 7 – 4），盐池县农牧民承包年限意愿感知指数均值为 3.74，阿拉善左旗农牧民感知指数均值为 3.43，额济纳旗农牧民感知指数均值为 2.97。方差分析结果显示，三个研究区之间的感知指数均值存在显著性差异（$p<0.05$）。

（三）承包制的评价

将农牧民对草原承包制的评价感知选项“非常成功”和“成功”合并为“成功”，“非常失败”和“失败”合并为“失败”，其他选项不变，三个研究区感知见表 7 – 4。利用描述性统计对各选项进行分析，得分均值为 3 以上表示研究区域农牧民对草原承包制的评价感知趋向于“成功”，均值越大表示农牧民越认可草原承包制；均值为 3 以下表示农牧民对草原承包制的评价感知趋向于“失败”。分析结果显示，盐池县农牧民感知指数均值为 3.07，阿拉善左旗农牧民的均值为 4.22，额济纳旗的均值为 3.35。方差分析结果显示（见表 7 – 4），阿拉善左旗、额济纳旗的农牧民和盐池县的农牧民感知之间存在显著性差异（$p<0.05$），而额济纳旗和阿拉善左旗农牧民的感知无显著性差异。

四　确权感知度差异

（一）流转意愿

将农牧民对草原流转感知选项“完全同意”和“同意”合并为“同意”，“完全不同意”和“不同意”合并为“不同意”，其他选项不变，三个研究区感知见表 7 – 5。利用描述性统计对各选项进行分析，得分均值为 3 以上表示研究区域农牧民对草原承包制的评价感知趋向于“同意”，均值越大表示农牧民越想对草原进行流转；均值为 3 以下表示农牧民对草原流转感知趋向于“不同意”。分析结果显示，盐池县农牧民感知指数均值为3.74，阿拉善左旗农牧民的均值为2.27，额济纳旗的均值为1.94。方差分析结果显示，三个研究区农牧民之间的感知无显著性差异。这些分析说明，对草原依赖程度越高的牧户，越不愿意进行草原流转。

表7-5　农牧民对草原确权的感知度方差分析

项目	区域		
	盐池县	阿拉善左旗	额济纳旗
流转意愿			
同意	27.7	21.1	16.1
中立	11.7	13.0	0.0
不同意	31.1	52.1	79.3
不知道	23.8	13.8	4.6
均值	3.74a	2.27a	1.94a
标准差	1.546	1.284	1.093
抵押意愿			
会	13.4	16.8	25.8
不会	59.1	54.2	60.7
不一定	7.9	17.8	4.5
不知道	19.6	11.2	1.1
均值	1.29b	1.51ab	1.71a
标准差	1.36	1.266	0.684
确权意愿			
愿意	87	90.1	87.0
中立	3.5	1.9	1.1
不愿意	1.3	2.5	2.3
不知道	6.1	5.5	0.0
均值	1.98a	2.06a	1.52b
标准差	1.198	1.119	0.687

注：ab表示差异显著（$p<0.05$）。

（二）抵押意愿

在抵押意愿方面，得分均值为2以上表示研究区农牧民对草原抵押感知趋向于“会”，均值越大表示农牧民越想抵押草原；均值为2以下表示农牧民对草原抵押趋向于“不会”。分析结果显示，盐池县农牧民感知指数均值为1.29，阿拉善左旗农牧民的均值为1.51，额济纳旗的均值为1.71。方差分析结果显示（见表7-5），盐池县和额济纳旗的农牧民对草原抵押感知存在显著性差异（$p<0.05$），而盐池县和阿拉善

左旗、阿拉善左旗和额济纳旗农牧民对草原抵押的感知无显著性差异。

（三）确权意愿

在确权意愿方面，得分均值为2以上表示研究区域农牧民对草原确权感知趋向于“愿意”，均值越大表示农牧民越想草原确权；均值为2以下表示农牧民对草原确权意义趋向于“不愿意”。分析结果显示，盐池县农牧民感知指数均值为1.98，阿拉善左旗农牧民的均值为2.06，额济纳旗的均值为1.52。方差分析结果显示（见表7-5），盐池县、阿拉善左旗的农牧民和额济纳旗的农牧民对草原确权的感知存在显著性差异（$p<0.05$），而盐池县和阿拉善左旗农牧民，阿拉善左旗和额济纳旗农牧民之间的感知无显著性差异。

第三节　影响农牧民政策感知的相关分析

通过相关分析调查两个变量之间是否存在关联，系数正负号表明了关联的方向，其绝对值表明了关联的强度。正相关意味着只要其中一个变量的值升高，则另外一个变量的值也会升高。负相关意味着如果一个变量的值增大，则另一个变量的值减小。如果相关系数很低、趋近于0，则表明所调查的两个变量之间不存在线性关联；反之，如果相关系数趋近于1，则表明两个变量之间存在显著的线性关联。

一　影响植被变化感知的相关因素

本部分内容探讨影响农牧民生态变化感知的因素，包括地区、性别、年龄、职业、民族、教育水平、过去5年家庭收入变化7个变量，相关分析结果见表7-6。结果表明，植被变化认知与年龄呈显著性正相关，也就是说年龄越大对植被变化的感知越趋向于植被恢复变好。农牧民生态变化感知与地区、性别、职业、民族因素呈显著性负相关。此外，农牧民对生态变化感知与受教育水平、过去5年家庭收入因素没有相关性。

表 7-6 生态环境变化感知因素相关分析

项目	地区	性别	年龄	职业	教育水平	民族	过去5年家庭收入变化	过去5年植被变化
地区	1							
性别	0.037	1						
年龄	-0.156**	-0.238**	1					
职业	0.646**	0.051	-0.169**	1				
教育水平	0.529**	0.022	-0.319**	0.399**	1			
民族	0.674**	0.037	-0.247**	0.653**	0.479**	1		
过去5年家庭收入变化	-0.037	0.077	-0.078	-0.150**	-0.063	-0.126**	1	
过去5年植被变化	-0.263**	-0.182**	0.145**	-0.199**	-0.077	-0.207**	-0.071	1

注：** 表示在 0.01 水平（双侧）上显著相关。

二 影响草原承包制政策感知的相关因素

本部分主要探讨农牧民对草原承包制的评价感知，其影响因素包括内因和外因。其中，内因为地区、性别、年龄、职业、民族、教育水平、过去 5 年家庭收入变化 7 个变量，外因为草原承包制的年限、草原承包制的愿意年限、是否持有草原承包证、草原承包证的重要性、对草原承包制的评价 5 个因素，相关分析结果见表 7-7。

结果表明，内因中地区、职业、教育水平、民族与草原承包制的评价感知呈显著性正相关；性别、家庭收入与草原承包制的评价感知呈显著性负相关；年龄、教育水平与承包制的评价感知无相关性。

外因中承包年限与是否有承包证呈显著性正相关；草原承包年限、承包证的重要性与承包制的评价呈显著负相关。

三 影响草原确权政策感知的相关因素

农牧民对草原确权意愿的感知影响内因同上 7 个变量，外因包括草原承包年限、是否有草原承包证、对草原承包制的评价、草原流转意愿、草原抵押意愿、草原确权意愿 6 个变量，相关分析结果见表 7-8。

表 7-7　草原承包制感知因素的相关分析

项目	地区	性别	年龄	职业	教育水平	民族	过去5年家庭收入变化	草原承包制年限	草原承包的意愿年限	是否有草原承包证	草原承包证的重要性	对草原承包制的评价
地区	1											
性别	0.037	1										
年龄	-0.156**	-0.238**	1									
职业	0.646**	0.051	-0.169**	1								
教育水平	0.529**	0.022	-0.319**	0.399**	1							
民族	0.674**	0.037	-0.247**	0.653**	0.479**	1						
过去5年家庭收入变化	-0.037	0.077	-0.078	-0.150**	-0.063	-0.126**	1					
草原承包年限	-0.151**	-0.035	0.004	-0.187**	-0.098*	-0.040	-0.022	1				
草原承包愿意年限	-0.255**	0.040	-0.008	-0.069	-0.138**	-0.080	0.126**	0.206**	1			
是否有草原承包证	-0.176**	-0.023	0.042	-0.266**	-0.226**	-0.202**	0.152**	0.258**	-0.004	1		
草原承包证的重要性	0.246**	-0.039	-0.002	0.159**	0.140**	0.187**	0.055	-0.235**	-0.292**	-0.109*	1	
对草原承包制的评价	0.132**	-0.199**	0.062	0.120**	0.134**	0.094*	-0.096*	-0.255**	-0.198**	-0.134**	0.386**	1

注：** 表示在 0.01 水平（双侧）上显著相关；* 表示在 0.05 水平（双侧）上显著相关。

表 7－8　草原确权感知的相关因素分析

项目	地区	性别	年龄	职业	教育水平	民族	过去 5 年家庭收入变化	草原承包的年限	是否有草原承包证	对草原承包制的评价	草原流转意愿	草原抵押意愿	草原确权意愿
地区	1												
性别	0.037	1											
年龄	-0.156**	-0.238**	1										
职业	0.646**	0.051	-0.169**	1									
教育水平	0.529**	0.022	-0.319**	0.399**	1								
民族	0.674**	0.037	-0.247**	0.653**	0.479**	1							
过去 5 年家庭收入变化	-0.037	0.077	-0.078	-0.150**	-0.063	-0.126**	1						
草原承包制年限	-0.151**	-0.035	0.004	-0.187**	-0.098*	-0.040	-0.022	1					
是否有草原承包证	-0.176**	-0.023	0.042	-0.266**	-0.226**	-0.202**	0.152**	0.258**	1				
对草原承包制的评价	0.132**	-0.199**	0.062	0.120**	0.134**	0.094*	-0.096*	-0.255**	-0.134**	1			
草原流转意愿	-0.071	-0.155**	-0.037	-0.046	0.019	-0.070	0.048	-0.133**	-0.065	0.263**	1		
草原抵押意愿	0.129**	-0.024	0.066	-0.074	-0.048	0.081	0.027	0.331**	0.310**	-0.029	-0.116*	1	
草原确权意愿	-0.119**	0.162**	-0.065	-0.070	-0.087	-0.139**	0.171**	-0.101*	0.049	-0.112*	-0.072	-0.213**	1

注：** 表示在 0.01 水平（双侧）上显著相关，* 表示在 0.05 水平（双侧）上显著相关。

结果表明，内因中性别、家庭收入变化与农牧民草原确权意愿的感知呈显著性正相关；地区、民族与农牧民草原确权意愿的感知呈显著性负相关；年龄、职业、教育水平与草原确权的感知评价不相关。

外因中承包年限、抵押意愿与确权意愿呈显著性负相关，表明承包年限意愿越短对承包的评价越好。

第四节　农牧民感知差异对草原管理的启示

一　年轻人外出打工，村子变成“空巢村”

留守在村子里的多以41～50岁、51～60岁人群为主，此部分人群年龄普遍偏高，知识水平普遍偏低且受体能的限制，看管自家羊群已非易事，青年劳动力缺乏会成为限制草原长远发展的不利因素。根据已有研究结果，1995～2012年，草原区和黄土高原区21～30岁和31～40岁年龄段人口呈现下降趋势，41～50岁和51～60岁呈现上升趋势，且以41～50岁为主体；农民人数呈现下降趋势；农业收入的份额逐渐下降，非农收入份额上升，草原区已无挖干草的额外收入。20世纪90年代时，草原生态环境还相对较好，草原区的农民可以依靠挖干草作为家庭收入的主要来源。随着挖干草造成的草原生态环境破坏，迫于生计压力，村里大量21～30岁的年轻人开始外出务工。从调研数据可以看出，外出务工收入约占总收入的40%，由此可知村民们对草原的依赖性已经大大降低，推行一些草原相关政策时受到的阻力可能会减轻很多。

二　农牧户正确的草原政策感知对草原问题的解决至关重要

农牧户对政策的感知是其对政策理解及实施情况的主观感知过程，对政策的态度和评价反映出对政策的响应。研究农牧民对政策的感知特征及其规律，不仅有助于进一步深入理解复杂的草原政策实施过程，更有利于寻求政策失效的原因，是探索政策创新的最佳切入点。由于农牧户自身资源禀赋、草原资源、社会经济发展水平等方面的差异，农牧户对草原政策的主观感知势必存在差异，尤其是农牧户的收入水平、教育程度、从业习惯等自身特征差异也可能导致政策主观感知差异。社会保障降低了农户对土地的依恋程度，因而社会保障与农户土地流转之间存在显著的影响关系。提高有转出意愿牧户的非牧就业收入和有转入意愿牧户的牧业收入，是降低草原流转意愿与行为不一致的根本措施。当牧户有稳定且较高的非牧收入来源时，就不会过于关注草原流转价格的高低，有利于有转入意愿的牧户转入草原，当牧户转入的草原面积在一定规模以上时，牧户的收入会随着转入规模扩大而呈上升态势，因此规范和发展外出劳动力就业市场、保持非牧就业渠道畅通且稳定非常关键，这项根本性措施的实施需要推力和拉力共同作用。

三　草原生态环境得到明显改善

1995年时草原区和黄土高原区超过90%的人认为草原环境是退化的，而到2012年超过55%的人认为草原环境得到了明显改善，植被变得更好了。《全国草原监测报告2012》中也证实了全国草原植被生长状况良好，自国家实施西部大开发战略以来，国家在草原牧区实施退牧还草等重大生态保护建设工程，宁夏实行全区禁牧封育措施，草原生态保护建设工程和管理措施取得明显成效，宁夏草原沙化状况明显改善，草原生态环境加快恢复。

四　对草原依赖程度越高的牧民，对生态环境恶化感知越明显

分析结果显示，盐池县农牧民的感知指数均值为3.78，阿拉善左旗农牧民的均值为3.73，额济纳旗的均值为2.87。且盐池县、阿拉善左旗的农牧民和额济纳旗的农牧民对植被变化的感知存在显著性差异

（$p<0.05$），而盐池县和阿拉善左旗农牧民的感知无显著性差异。农牧民对草原证的认可度高。盐池县农牧民感知指数均值为 2.30，阿拉善左旗农牧民的均值为 4.22，额济纳旗的均值为 4.39。农牧民不愿意进行草原流转。盐池县农牧民感知指数均值为 3.74，阿拉善左旗农牧民的均值为 2.27，额济纳旗的均值为 1.94。方差分析结果显示，三个研究区农牧民之间的感知无显著性差异。

五　生产方式差异会增加农牧民对生态环境差异的感知

农牧民的行为是为了满足自身生存以及实现生存目标所采取的一系列物质资料生产活动的过程。不同的生产方式会造成农牧民对影响生产因子的关注度差异。农牧民对与其生产活动密切相关的问题感知度较高，反之感知度较低（赵雪雁，2012）。本书研究也证实了在纯牧区的额济纳旗，农牧民对生态环境的恶化感知度较盐池县和阿拉善左旗地区较高。

六　尽管生产方式不同，但半农半牧区和纯牧区都表现出较低的草原抵押意愿

盐池县农牧民感知指数均值为 1.29，阿拉善左旗农牧民的均值为 1.51，额济纳旗的均值为 1.71。方差分析结果显示，盐池县和额济纳旗的农牧民对草原抵押感知存在显著性差异（$p<0.05$），而盐池县和阿拉善左旗、阿拉善左旗和额济纳旗农牧民的感知无显著性差异。

第八章　干旱区草原管理的路径探索

第一节　本书主要结论回顾

本书基于制度功能可信度理论，运用定性和定量相结合的混合研究方法，以农牧民和政策执行者的视角，选取荒漠草原宁夏盐池县、内蒙古阿拉善左旗及额济纳旗三个地区12个乡镇（苏木）30个行政村（嘎查），梳理了三个地区的草原管理政策变迁历史，通过实地调研获取479份有效问卷，分析草原承包制的感知和草原确权政策的感知和社会冲突，得出如下结论。

一　首次将FAT制度分析框架应用于草原确权研究中，在一定程度上丰富了制度功能可信理论

无论是草原生态保护的载畜量，还是草原承包制或是草原确权政策，其理论核心都是产权私有化，试图通过产权私有化的形式达到草原资源的保护。当探讨制度形式和制度功能时，人们常常有这样的误解，制度形式的改变会引发某种改变，从而达到人们的预期目标。一些案例研究证明将私有产权作为可信的制度是失败的，而另一些研究则证明制度的可信度优先于私有化的形式。仔细分析这些研究，不难发现研究结果和观察的时间、地点、层级相关。制度形式（正式化、安全化和私

有化）对制度变革没有实质性的影响，决定制度变迁成败的关键因素是国家支持制度创新，而不是监控或者强制推行制度，而衡量制度变迁的基本理论就是制度功能可信度理论。基于制度功能可信度理论中的FAT分析框架，本研究测量农牧民对草原政策的集体感知，进而判断出制度可信度的级别，接着根据CSI决策表结合所研究的时间和地点，对处于特定时期的制度提出具有针对性的意见和建议，在一定程度上丰富了制度功能可信度理论。本研究在验证制度功能可信度理论的同时，也说明了产权私有化、新自由主义理论并不适用于荒漠草原资源管理和保护。即便如此，也不能简单地将“公共池塘资源”或者国有化制度安排认为是优于私有化的制度安排。我们从制度功能可信度理论中得到的经验是，当制度功能在产权改革中被忽视时，可能会导致两个结果。一个结果是新制度与行为者的实践分离开来，演变成“空制度”。另一个结果是制度发展成为一个“不可信”的制度，随着冲突的加剧制度可能会崩溃或改变（Peter，2016b）。“空制度”是一种制度妥协，制度演变成一个象征性的规则，脱离行为者的实践。从可信度连续性理论上讲，“空制度”位于可信的制度和完全不可信的制度之间的某个位置，代表被认同但没有执行的规则。然而，实际情况更加复杂，“空制度”也可能受到政治和公共的压力而被迫执行，进而导致它在连续性上向不可信的制度演化。

二　草原承包制可信度较低，但仍有社会保障作用

荒漠化草原区的草原承包制仍有社会保障作用，但因生产方式的不同三个研究区各有特点。

盐池县草原承包制施行中可信度低，但农牧民对草原承包制还是有内在需求的，可能由于执行过程中的政策偏差导致问题，建议适当调整实施措施，对该区草原承包提供一定程度的支持。从草原承包的实际执行情况看，从承包证持有率极少、承包形式（36.8%）及承包年限

(18.6%) 可以得出草原承包的可信度较低。而从草原承包的目标，认为草原承包证“重要”（包括“非常重要”）的占绝大多数（74.6%），71.4%的农牧民认为草原承包制在该区是“成功”（包括“非常成功”）的。

阿拉善左旗农牧民视角下的草原承包制具有较高的可信度，不需要进行制度干预。从承包的目标看，90%的被访者认为草原承包证非常重要，71.4%的被访者认为草原承包制在该区是成功的。

草原承包制在额济纳旗地区具有较高的可信度，且高于阿拉善左旗和盐池，本区不需要对承包制进行制度干预。承包的实际情况中，有草原证的受访者占 91.0%，93.3% 的受访者能正确回答承包形式，71.9%的被访者能正确回答承包年限。从牧民想要的权利看，96.6%的农牧民认为草原证重要，66.3%的被访者对承包制给予了积极的评价。草原是一个人、畜、草共存的复杂系统，草地资源仍然是牧民们的主要生计来源。对草原感情最深的人是牧民，他们不仅是最了解当地情况的人，而且也是草原使用中最直接的利益相关者。草原制度的建立与实施都不能脱离这个主体。没有任何一项政策或是管理模式可以作为“万金油”，不同的时间和区域可能会使同一项政策措施产生完全不同的效果。“一刀切”地大力推广草原承包制忽视了地域差异，并且随着时间推移，草原承包制的制度功能也会发生一些改变。我们应该理性看待草原承包制，因地制宜地分析问题。

三　荒漠草原区草原尚不具备经济功能

从草原确权想实现的经济功能上看，三个地区的研究结果表明，目前在荒漠化草原区不适合草原确权。尽管三个研究区的结果一致，但要警惕“一刀切”的政策执行方式，本研究结果中三个地区的农牧民感知存在差异，盐池地区的农牧民有较高的意愿支持“草原确权”，但其并不了解草原确权政策的内容，而在额济纳旗地区牧民对草原确权政策有良好的感知基础，以“不愿意”草原确权的居多，两种情况存在本质的区别。就荒漠化草原而言，草原产量低，畜牧业可能不足以支持家庭的所有收入，但在活跃的典型草原区情况可能就不一样。另外，从时间维度考虑，可能再过十年或者二十年，外出务工的农牧民返乡也许会出现如澳大利亚干旱区集中管理的大牧场，那个情况下草原可以流转，草原的功能会发生变化。

分地区而言，盐池县草原确权可信度低，确权受到农民和基层政府两方面的阻力。尽管盐池县有高达87%的农牧民愿意确权，但“不愿意和非常不愿意”草原流转的人群占总数的40.8%。就草原抵押而言，59.1%的农牧民在确权后并不会抵押，20%的农牧民并不知道确权后可以抵押。

阿拉善左旗的草原确权基础稍好于盐池县，但仍有农牧民的阻力。其中，“乡镇政府”和“村集体”为政策宣传、普及的主体。就草原确权的经济功能而言，52.1%的受访者“不愿意和非常不愿意”流转草原，54.2%不愿意抵押草原。

额济纳旗牧区有较好的草原政策感知基础，确权的主要阻力来自牧民。调研结果显示，不愿意草原流转（包括非常不愿意）的人数高达79.3%，确权后不会抵押的人群占总数的60.7%。说明对牧民来说，草原流转和抵押并不是现阶段需要的，草原确权并不具备其功能。

尽管推行草原抵押贷款对于充分开发草原融资功能、扩大农牧民获取信贷资金的机会意义重大，但仍存在以下几个问题：第一，目前流转市场基础尚不健全。草牧场供需信息渠道不畅通。第二，缺乏相关法律政策。流转行为不规范，极易产生法律纠纷，增加了金融机构的风险。第三，缺乏评估机构和风险补偿机制。目前尚未有具备资格的草原质量评价机构，在此情况下，抵押评估需要银行及其信贷人员调查的准确性和评估经验确定。另外，“三牧”属于高风险产业，而牧区农业保险发展滞后，政府信贷激励政策仅停留在“口头契约”阶段，一旦发生自然灾害或市场变化，风险难以规避。叶敬忠等（2004）发现，拥有较多社会资本的农户更容易成为农村正规金融机构的发贷对象。张建杰（2018）也在调查研究中发现，社会资本较高的农户正规信贷的实际发生率较高，且户均信贷规模明显较大。社会资本高的地区信贷发生的比例也高。侯彩霞等（2014）的研究结果显示，社会资本因素对农户获得正规信贷的作用很明显，但是很多农户都面临着信贷约束，主要原因在于手续麻烦、利率太高、缺少抵押品、还有未还贷款等方面。在农户收入暂时无法在短时间内提高的背景下，从社会资本入手、发挥农户社会资本的作用，是解决问题的有效途径。

第二节　干旱区草原管理的建议

一　将人类命运共同体理念作为思想武器和行动指南

党的十九大报告指出了当前发展不平衡不充分的突出问题，在经历如此深刻复杂的变化时，人类命运共同体理念深入人心。人类命运共同体理念内涵丰富、博大精深，为新时代草原管理提供了强大思想武器和指导方针。人类命运共同体为解决人与自然的关系提供了根本路径。人与自然是生命共同体，推进生态文明建设，必须坚持绿水青山就是金山银山理念，必须树立尊重自然、顺应自然、保护自然的生态文明理念。人类生存和社会发展依赖于健康有序的生态环境。环境就是民生，青山就是美丽，蓝天也是幸福。要盘活山水林田湖草沙这个生命共同体，关键是要有个大格局，让相关各方形成你中有我、我中有你的共生局面，才能真正实现山水相连、花鸟相依、人与自然和谐相处。草原是生命共同体中的一分子，在生态中的地位和作用极其重要。20 世纪 90 年代的国土资源统一调查结果表明，中国草原 3.97 亿公顷，占 41.1%；耕地 1.33 亿公顷，占 13.9%，林地 1.2 亿公顷，占 12.5%；沙漠、冰川、河流等占 30%（李毓堂，2003）。从各类土地占全国土地总面积的比重即可看出，草原是影响我国生态环境的主要因素。然而，国家生态治理主导方针“以林为主”，将退耕还林置于首位。根据《国务院关于机构设置的通知》（国发〔2008〕11号），林业局为国务院直属机构。其内设11个机构，[①] 从上到下建有专业队伍和专项资金（李毓堂，2003）。相对林业而言，国务院没有关于草原的相关文件，仅靠农业部文件指导，虽然执行力度大，但本质上对草原重视程度并不高。从上到下的管理模式，将草原视为战略后备资源，面对人口增加、粮食短缺的问题时，优先考虑粮食问题。而粮食问题的解决办法就是开荒，荒地指的就是草原。[②] 管理机构设置对草原生态主体地位的忽视，导致的另外一个结果就是部门不对等，根据实际情况反映的意见没人听。“林业上生态建设项目多，草原虽然现在也有，但并没有明文规定。项目开会时林业上去的部级，草原去的厅级，官不对等话都不好说。”让人欣慰的是，这种情况得到了改善。2018年9月发布的《宁夏回族自治区机构改革方案》，将区林业厅、农牧厅草原监督管理职责及其他部门整合，组建自治区林业和草原局。另外，荒漠草原经济效益低，在市场化进程下当地政府为了发展经济，在招商引资的同时自然缩减草原面积。一方面要保护资源，另一方面要发展经济，这两者之间的矛盾不可调和。招商引资下征占的草原几乎是无偿的。也有草原占地补偿成功的案例可以借鉴，但实际情况是项目工程周期长过领导在任期。

二　建立完善的草原管理制度体系

通过立法机构，完善草原资源管理的法律法规，并通过相关渠道监督执行。一些畜牧业发达国家非常注意草地资源的法规管理，对天然草地的所有权、载畜量、监测制度等均有明确规定。中国草原管理起步较

① 资料来源：中国林业网，http：//www. forestry. gov. cn/portal/main/s/20/content－69. html。

② 内容来源：宁夏回族自治区农牧厅某官员访谈。

晚，理论多借鉴西方国家。中国自1985年10月1日实施《中华人民共和国草原法》，开始依法管理草原。在认真总结17年实践经验的基础上，2003年3月1日公布了新的《中华人民共和国草原法》，并制定了配套的法规，从而为改善草原生态环境、发展现代化畜牧业提供了法律保证。然而，草原资源管理与利用是一项复杂、综合性很强的工程，草原生态是一个包含人、草、畜在内的综合有机体。近些年，中国草原管理工作中出现的困境，大多是受学科局限，借鉴单一理论，并没考虑到各学科在草原生态管理中的平衡，将自然和社会管理制度简单化所致。当产权理论、新自由主义理论及平衡生态学理论指导下设计出的草原制度已不能很好地解决草原实践中出现的问题时，需要我们及时将目光转向新的理论。

三　坚守生态底线，切实增强农牧民的获得感、兴奋感和满足感

一是充分尊重农牧民意愿，重视农牧民所提的意见和建议，对合理意见应该积极采纳，对不合理意见应该耐心解释，争取农牧民理解，建立农牧民意见反馈机制和奖励机制，提高农牧民参与的积极性和有效性。草原作为牧区重要的保障载体，无法解决老龄人口的养老保障问题，也无法解决缺乏劳动能力的人口生活保障问题。随着城市化、工业化的推进，越来越多的年轻牧民放弃草原外出务工，加之非牧用地的增加，越来越多的牧民会失去草原。如果以草原作为保障，失地或丧失劳动力的农牧民会逐渐被排除在保障制度之外，造成社会、经济问题。在经济欠发达的牧区，草原经济效益低，无法提供可靠的生存和生活保障。在此情况下，对于经济欠发达地区，草原确权和农牧民的现实需求并不吻合，就现阶段而言，荒漠草原并不具备经济功能。草原管理政策的推行要充分尊重农牧民的意愿。各级政府要正确引导和规范草原经营权流转，坚持稳定草原承包经营与实现合理流转的有机统一。保护牧民长远利益，妥善处理草原转包方和承包方的利益分配关系。各地区要结

合各自实际制定具体的管理措施，对草原流转程序、手续加以规范管理，并由草原监督管理部门予以登记、备案，使草原流转合法、规范、有序。同时，加大督查力度，阻止非法流转行为发生。

二是完善社会保障制度。草原作为生产要素，需要与劳动、资本结合，才能形成产出和收益，发挥其生存和保障作用。草原作为农牧民生存的保障载体，现阶段尚不能保障草原私有化、进入商品流转市场的产权制度安排。同时，研究地区也是民族区域，要充分考虑民族地区自治法和国家的相关民族政策，既能尊重少数民族的文化传统和经济利益，又能最大限度地降低制度变迁中的成本与风险。多数年轻劳动力外出务工，村中只剩下老龄人和儿童，草原劳动力缺失很难将草原的社会保障作用发挥出来，尤其是在草原生产力较低的荒漠草原地区。基于此，构建社会保障制度，保障农牧民基本生活，对促进荒漠化草原地区的可持续发展具有重要意义。

四　增强各管理部门的共同体意识，打破分散化管理模式

发改、农业农村、自然资源、生态环境、住房和城建、工信等部门，如同生长在一棵大树上的枝叶，只有树立共同体意识，才能搞好生态文明建设。按照中央和自治区的统一部署要求，尽快完成“垂改”工作，强化统一监管和执法权威，形成职能集中、分工合理的执法监管体系，推进人员、装备、技术、财力等向一线倾斜、向基层下沉，组建一支政治强、本领高、作风硬、敢担当的队伍。按照制度经济学理论，合理决策必须依据知识和信息，且是在多种可选方案下做出的有意选择。然而，在实际中获取信息所需要的资源和时间都极为稀缺和昂贵。调查研究是从实际出发的中心一环。没有调查就没有发言权，没有调查也没有决策权。政策全面推广前的试点工作所获取的信息极为宝贵。第一，通过多种方式培训，不断提高中央政府和地方政府草原管理人员的能力水平。有针对性地设置一些当地生态状况、草原政策、生态理论等

方面的课程，以提高草原工作者的工作素质。同时，可以从其他部门抽调精通畜牧、经管、兽医等综合知识的复合型人才，扩充草原管理队伍，一方面补充新鲜血液、起到带头作用，另一方面可以激发草原工作者的学习热情。第二，强化实地勘察、信息采集、正式登记、纠纷协调、档案记录等重点工作，随时沟通工作进展，记录工作中的共性问题，提出切实可行的解决办法，保证试点工作的顺利开展。第三，总结经验，真正实现“一方试点、多方借鉴”。在试点工作的各个阶段，各乡镇基层政府尽可能发现问题，沟通问题，解决问题，总结经验，有效提炼工作亮点，并探索一套操作性强、借鉴性高、实效性强的工作方法，为后续开展的经济普查工作打下坚实基础并积累宝贵经验。第四，实事求是地向上级汇报试点中获取的宝贵经验。客观如实地向上级汇报试点工作中的经验和教训，有助于全面掌握草原制度情况，有利于从根本上避免或防止错误决策的发生。

五　加强法制宣传，提升法律意识

农牧民是草原保护建设的主体，草原是农牧民赖以生存和发展的物质基础，提高农牧民爱护草原、建设草原的意识对维持草地可持续利用具有非常重要的意义。一方面能够增强自身的法律意识，避免因不了解法律规定而做违法的事情；另一方面当自己的合法权益受到侵犯时，能够正确运用法律武器来维护自己的权益。宣传教育包括多个层面、多种形式。首先，应加强对领导的宣传教育，旨在通过培训班、研讨班、讲座等形式让各级领导认识到实现草地资源可持续利用的重要性，促进各种管理措施的实施和各项法规的执行。其次，对广大农牧民进行培训、教育，通过研讨班、讲座等形式让土地使用者认识到草地退化的危害和实现草地资源可持续利用的重要性，增强草地保护意识。最后，对广大中小学生进行环境教育，通过教材、讲座等形式让孩子们从小掌握草地基本知识，培养草地保护观念。形成农牧民和政府之间的良好互动模式。

草原管理政策实施是否顺利，群众对其响应是否积极，不仅依靠政府的强制力，而且取决于群众在观念上是否认可。如果牧民们认识到相关措施的确能减缓草原退化、提高自身经济效益、改善自己的居住环境，那么牧民们会从心理上接受该政策或措施，这样施行政策或措施碰到的阻力会小很多，而且该政策也容易发挥其功能。加强法律宣传也是对农牧民合法权益的保护。在各级草原管理人员、技术人员和农牧民共同参与下，要综合政府、专家和农牧民三者的需求和目标，及时调整草原管理计划。

六　草原管理切勿“一刀切”

在面对不确定因素时，我们该用什么样的管理模式和草原生态相匹配？除了现代化技术外，草原在多大程度上能够适应当地的资源禀赋，结合当地的情况能够有多样性的发展？十几年来，政府花了很多资金和人力都没解决这一问题，一个很重要的原因就是“一刀切”政策管理一个多样性的地方。不同地区在经济发展水平、产业结构、社会文化等方面存在差异，地方政府应根据当地条件选择性地实施改革计划。在农村土地调整方面，渐进式实施和选择性实施特征表现得尤为明显。渐进式变迁逻辑是面对复杂的制度环境所做出的合理选择，能够保证正式规则、非正式约束和实施特征三者之间的良性互动，保证制度变迁顺利推进。草原可以以家庭为单位界定权责利，但不一定要以家庭为单位利用，倘若鼓励规模较小的家庭牧场，易造成草原破碎化，并不能实现草原的科学管理和利用。造成这些问题的一个很主要的原因就是“自上而下”的政策推行忽视了当地的生态、经济和社会条件。因地制宜的草原管理政策就显得格外重要。根据制度功能可信度理论，制度变迁是一个缓慢长期的过程，并且制度只有在条件允许的情况下才能顺利施行，忽视这条原则只会形成“空制度”。因此，国家在制定草原资源管理政策时应具体问题具体分析，充分考虑当地的经济条件、对生态的影响以及社会的可接受性，避免“一刀切”。提供足够的空间和手段让制度运行，而不是强制干预，这比命令式推行政策更为重要。当前对确权的研究多集中在农地和林地上，以正式化、私有化的产权改革形式极易对中国草原管理实践产生误导。越来越多的案例研究证明，制度形式并不是解决自然资源管理困境的有效方法，但当前缺少草原确权方面的相关研究。本研究通过荒漠化草原盐池县、阿拉善左旗及额济纳旗的政策感知测量和社会冲突测量，得出现阶段该研究区并未达到草原确权的经济功能，不论是半农半牧区还是纯牧区，农牧民的流转意愿和抵押意愿都较低。因此，从草原确权的制度功能的角度出发，当前在荒漠草原区确权并不是较为理智的选择，建议待草原市场完善后再实行确权政策。

第三节　本书存在的不足

正如制度功能可信度理论一直强调的，制度随着时间和地点维度的改变会发生变化，本研究受限于时间和地点可能存在以下不足。

本研究从不同生产方式上探讨了荒漠草原管理实践中的草原承包制和草原确权两项制度。研究地区仅限于荒漠草原，并不能全面评价草原政策，今后可对典型草原区确权进行研究。

制度功能随时间发生变化，草原确权自 2015 年在全国相继开展，本研究开始于确权政策的初启阶段，仅能代表当前的情况，而对十年、二十年甚至更长时期的情况不清楚。针对现阶段的不足，也可以参考借鉴土地、林地等有较久确权经验的案例完善本研究。今后关于草原确权的研究可以延长时间区间，对草原确权十年后农牧民的感知进行对比研究，可以更全面地了解制度功能的变化趋势。

实地调研地区中受当地社会、自然等条件的限制，增加了调研问卷的获取难度。纯牧区牧民居住分散，每户相距几公里至几十公里不等，且牧户多在冬场和夏场之间迁移。半农半牧区牧民居住相对集中，但是常住人口较少，青壮年劳动力多外出务工，“空巢”现象普遍。这种情况增加了调研难度，致使问卷样本数量少。为弥补样本数量少，本研究采用了定性和定量相结合的混合研究方法。通过多角度信息来源，如从政府文件、官方报道、合同、农牧民口头约定、半结构式访谈、地方县志等，以获取信息，丰富定性分析的内容。

参考文献

〔荷〕何·皮特（Peter Ho）:《谁是中国土地的拥有者：制度变迁、产权和社会冲突》，林韵然译，社会科学文献出版社，2014。

〔澳〕Colin G. Brown, Scott A. Waldron, John W. Longworth:《中国西部草原可持续发展研究：管理牧区人口、草场和牲畜系统》，赵玉田、黄向阳主译，中国农业出版社，2009。

〔美〕John W. Creswell:《研究设计：质化、量化及混合方法取向》，张宇梁等译，学富文化事业有限公司，2008。

〔美〕约瑟夫·E. 斯蒂格利茨:《社会主义向何处去——经济体制转型的理论与证据》，周立群等译，吉林人民出版社，1998。

阿不满、张卫国、常明:《甘南牧区草原承包到户后的现状调查》，《草业科学》2012 年第 12 期。

阿拉腾:《文化的变迁：一个嘎查的故事》，民族出版社，2006。

敖仁其:《草原产权制度变迁与创新》，《内蒙古社会科学（汉文版）》2003 年第 4 期。

敖仁其、达林太:《草原牧区可持续发展问题研究》，《内蒙古财经学院学报》2005 年第 2 期。

曾皓、张征华、宋丹:《对农村土地承包经营权确权登记颁证的思考——基于江西省的实践》，《农村经济与科技》2015 年第 1 期。

曾贤刚、唐宽昊、卢熠蕾:《“围栏效应”：产权分割与草原生态系统的完整性》，《中国人口·资源与环境》2014年第2期。

陈广宏：《宁夏封山禁牧生态修复的实践与思考》，《中国水土保持》2007年第5期。

陈海燕、肖海峰：《牧户对草原生态保护政策的评价与期望——基于可持续发展背景下的考察》，《现代经济探讨》2013年第8期。

陈华：《农村土地承包经营权登记试点工作的探索与思考》，《内蒙古农业科技》2014年第3期。

陈洁、苏永玲：《禁牧对农牧交错带农户生产和生计的影响——对宁夏盐池县2乡4村80个农户的调查》，《农业经济问题》2008年第6期。

陈涛、杨武年、徐瑶：《基于RS和GIS的藏北地区草地退化动态监测与驱动力分析——以申扎县为例》，《西南师范大学学报（自然科学版）》2011年第5期。

陈勇、周立华、张秀娟等：《禁牧政策的生态经济效益——以盐池县为例》，《草业科学》2013年第2期。

陈振明主编《社会研究方法》，中国人民大学出版社，2012。

陈佐忠：《21世纪世界看小草》，《森林与人类》2008年第5期。

程序：《农牧交错带研究中的现代生态学前沿问题》，《资源科学》1999年第5期。

崔永庆：《顾所来径——崔永庆参事文集》，黄河出版传媒集团、阳光出版社，2011。

达林太、阿拉腾巴格那：《草原荒漠化的反思》，《贵州财经学院学报》2005年第3期。

达林太、娜仁高娃、阿拉腾巴格那：《制度与政策的历史演变对内蒙古草原生态环境的影响》，《科技创新导报》2008年第10期。

达林太、郑易生：《牧区与市场：牧民经济学》，社会科学文献出版社，2010。

达林太、娜仁高娃：《对内蒙古草原畜牧业过牧理论和制度的反思》，《北方经济》2010年第11期。

达林太、郑易生：《真过牧与假过牧——内蒙古草地过牧问题分析》，《中国农村经济》2012年第5期。

戴睿、刘志红、娄梦筠等：《藏北那曲地区草地退化时空特征分析》，《草地学报》2013年第1期。

戴声佩、张勃、王海军等：《基于SPOT NDVI的祁连山草地植被覆盖时空变化趋势分析》，《地理科学进展》2010年第9期。

德全英：《长城的团结：草原社会与农业社会的历史法理——拉铁摩尔中国边疆理论评述》，《西域研究》2013年第1期。

丁恒杰：《关于草场制度改革的思考》，《草业科学》2002年第5期。

丁琳琳、孟庆国：《农村土地确权羁绊及对策：赣省调查》，《改革》2015年第3期。

丁明军、张镱锂、刘林山等：《1982～2009年青藏高原草地覆盖度时空变化特征》，《自然资源学报》2010年第12期。

丁鹏：《内蒙古阿拉善左旗巴彦浩特镇汉族移民文化变迁研究》，兰州大学博士学位论文，2010。

丁文强、杨正荣、马驰等：《草原生态保护补助奖励政策牧民满意度及影响因素研究》，《草业学报》2019年第4期。

董丽华、冯利盈、罗秀婷等：《草原生态保护补助奖励政策实施效果评价——基于宁夏牧区农户的实证调查》，《生态经济》2019年第3期。

杜自强、王建、李建龙等：《黑河中上游典型地区草地植被退化遥感动态监测》，《农业工程学报》2010年第4期。

恩和：《草原荒漠化的历史反思：发展的文化维度》，《内蒙古大学学报（哲学社会科学版）》2003年第2期。

范建忠、李登科、周辉：《陕西省退耕还林工程区植被覆盖度的变化分析》，《干旱地区农业研究》2013年第4期。

范英英：《中国草场资源使用与管理探讨》，《中国科技信息》2010年第7期。

方修琦、章文波、张兰生：《全新世暖期我国土地利用的格局及其意义》，《自然资源学报》1998年第1期。

风笑天：《社会学研究方法》，中国人民大学出版社，2009。

冯立峰：《宁夏西吉县实行禁牧封育的成效与做法》，《中国水土保持》2013年第7期。

冯猛：《政策实施成本与上下级政府讨价还价的发生机制——基于四东县休禁牧案例的分析》，《社会》2017年第3期。

冯威丁、肖鹏峰、冯学智等：《呼伦贝尔草原典型区1989～2010年草地覆盖变化遥感研究》，《遥感信息》2014年第1期。

冯秀、李元恒、李平等：《草原生态补奖政策下牧户草畜平衡调控行为研究》，《中国草地学报》2019年第6期。

冯学智、李晓棠：《我国草原法律体系的完善》，《草业科学》2013年第1期。

盖志毅：《草原产权与草原生态环境保护》，《草原与草坪》2005年第6期。

盖志毅、马军：《论我国牧区土地产权的三个不对称》，《农村经济》2009年第3期。

谷宇辰、李文军：《禁牧政策对草场质量的影响研究——基于牧户尺度的分析》，《北京大学学报（自然科学版）》2013年第2期。

国际草原大会：《草原牧区管理——核心概念注释》，2008年世界草地与草原大会翻译小组译，科学出版社，2008。

韩建国、贾慎修：《放牧绵羊采食植物成分的研究》，《中国草地》1990年第4期。

韩柱：《牧民合作社本质特征及发展趋势》，《草业科学》2014年第4期。

何虹、许玲：《农村土地承包经营权确权登记制度的法律完善——基于苏南农村视角》，《农村经济》2013年第6期。

何欣、牛建明、郭晓川等：《中国草原牧区制度管理研究进展》，《中国草地学报》2013年第1期。

洪军、贠旭疆、林峻等：《我国天然草原鼠害分析及其防控》，《中国草地学报》2014年第3期。

侯彩霞、赵雪雁、张亮等：《社会资本对农户信贷行为的影响——以甘肃省张掖市、甘南藏族自治州、临夏回族自治州为例》，《干旱区地理》2014年第4期。

侯向阳：《发展草原生态畜牧业是解决草原退化困境的有效途径》，《中国草地学报》2010年第4期。

胡凤巧：《盐池县半荒漠草原政府管理政策历史变迁》，《甘肃农业》2010年第8期。

黄砺、谭荣：《中国农地产权是有意的制度模糊吗?》，《中国农村观察》2014年第6期。

黄文广、刘晓东、于钊等：《禁牧对草地覆盖度的影响——以宁夏盐池县为例》，《草业科学》2011年第8期。

黄永诚、孙建国、颜长珍：《毛乌素沙地植被覆盖变化的遥感分析》，《测绘与空间地理信息》2014年第4期。

黄永新：《西部农村社区公共产品的农民自主治理》，中央民族大学博士学位论文，2011。

康悦、李振朝、田辉等：《黄河源区植被变化趋势及其对气候变化的响应过程研究》，《气候与环境研究》2011年第4期。

赖玉珮、李文军：《草场流转对干旱半干旱地区草原生态和牧民生计影响研究——以呼伦贝尔市新巴尔虎右旗M嘎查为例》，《资源科学》

2012 年第 6 期。

李博：《生态学与草地管理》，《中国草地》1999 年第 1 期。

季稻葵：《转型经济中的模糊产权理论》，《经济研究》1995 年第 4 期。

李金亚、薛建良、尚旭东等：《基于产权明晰与家庭承包制的草原退化治理机制分析》，《农村经济》2013 年第 10 期。

李金亚：《中国草原肉羊产业可持续发展政策研究》，中国农业大学博士学位论文，2014。

李景斌、谢俊仁、张宝林等：《阿拉善植被对我国北方生态安全的影响》，《内蒙古草业》2007 年第 2 期。

李菊梅、王朝辉、李生秀：《有机质、全氮和可矿化氮在反映土壤供氮能力方面的意义》，《土壤学报》2003 年第 2 期。

李克昌、王顺霞、栗贵生等：《宁夏农牧民对草原封育禁牧政策的认知与响应》，《草原与草坪》2009 年第 2 期。

李青丰、李福生、乌兰：《气候变化与内蒙古草地退化初探》，《干旱地区农业研究》2002 年第 4 期。

李青丰：《草地畜牧业以及草原生态保护的调研及建议（1）——禁牧舍饲、季节性休牧和划区轮牧》，《内蒙古草业》2005 年第 1 期。

李生昌：《额济纳旗志》，方志出版社，1998。

李文华：《生态、环保、人才、气候——中国工程院院士解答有关内蒙古发展的四大问题》，《北方新报》2002 年 8 月 1 日。

李文军、张倩：《解读草原困境：对于干旱半干旱草原利用和管理若干问题的认识》，经济科学出版社，2009。

李文龙、薛中正、郭述茂等：《基于 3S 技术的玛曲县草地植被覆盖度变化及其驱动力》，《兰州大学学报（自然科学版）》2010 年第 1 期。

李小建、周雄飞、乔家君等：《不同环境下农户自主发展能力对收入增长的影响》，《地理学报》2009 年第 6 期。

李小云、胡新萍、齐顾波等：《农牧交错带草场禁牧政策下草场制度创新分析》，《草业科学》2006年第12期。

李新：《内蒙古牧区草原土地产权制度变迁实证研究》，内蒙古农业大学硕士学位论文，2007。

李旭谦：《草地、草原和草场》，《青海草业》2011年第4期。

李毓堂：《试论国土生态治理与“以林为主”、“退耕还林”主导方针问题》，《草业科学》2003年第11期。

梁琳、胡小玲：《论完善草原产权制度》，《阴山学刊》2009年第2期。

刘国荣、松树奇、刘国良等：《禁牧与放牧管理下典型草地植被变化》，《内蒙古草业》2006年第1期。

刘红梅、卫智军、杨静等：《不同放牧制度对荒漠草原表层土壤氮素空间异质性的影响》，《中国草地学报》2011年第2期。

刘乐乐、李占婷：《加快明确草原权属》，《财经界（学术版）》2014年第12期。

刘艳、齐升、方天堃：《明晰草原产权关系　促进畜牧业可持续发展》，《农业经济》2005年第9期。

刘艳、刘钟钦：《草牧场产权制度变迁对草资源可持续利用的影响》，《农业经济》2012年第2期。

刘玉杰、邓福英、赵文娟：《草地退化遥感评价与监测研究进展》，《云南地理环境研究》2013年第1期。

刘源：《2014年全国草原监测报告》，《中国畜牧业》2015年第8期。

刘志娟、杜富林：《牧户草场流转行为及其影响因素实证分析》，《黑龙江畜牧兽医》2016年第16期。

刘志民、赵晓英、刘新民：《干扰与植被的关系》，《草业学报》2002年第4期。

陆益龙：《定性社会研究方法》，商务印书馆，2011。

路冠军、刘永功：《草原生态奖补政策实施效应——基于政治社会学视角的实证分析》，《干旱区资源与环境》2015 年第 7 期。

罗巴特尔：《阿拉善左旗志》，内蒙古教育出版社，2000。

罗必良：《农地产权模糊化：一个概念性框架及其解释》，《学术研究》2011 年第 12 期。

骆永民、樊丽明：《土地：农民增收的保障还是阻碍？》，《经济研究》2015 年第 8 期。

吕少宁、文军、康悦：《黄河源区玛曲草原草场退化原因调查分析》，《生态经济》2011 年第 2 期。

吕晓英、吕晓蓉：《青藏高原东北部牧区气候暖干化趋势及对环境和牧草生长的影响》，《四川草原》2002 年第 3 期。

马桂英：《内蒙古草原生态恶化的制度因素与制度创新》，《兰州学刊》2006 年第 9 期。

马琳雅、崔霞、冯琦胜等：《2001～2011 年甘南草地植被覆盖度动态变化分析》，《草业学报》2014 年第 4 期。

孟和乌力吉：《沙地环境与游牧生态知识——人文视域中的内蒙古沙地环境问题》，知识产权出版社，2013。

缪冬梅、刘源：《2012 年全国草原监测报告》，《中国畜牧业》2013 年第 8 期。

南佳奇：《资产专用性视角下草场流转问题研究》，内蒙古大学硕士学位论文，2016。

聂柱山、玉兰：《放牧生态研究的若干进展》，《中国草地》1993 年第 6 期。

农业部草原监理中心：《草原承包情况进村入户调查》，《中国畜牧业》2012 年第 20 期。

彭芙蓉：《论草原权属制度中的环境正义问题》，《草业科学》2015

年第4期。

彭建、周尚意：《公众环境感知与建立环境意识——以北京市南沙河环境感知调查为例》，《人文地理》2001年第3期。

戚登臣、李广宇、陈文业等：《黄河上游玛曲县天然草场退化现状、成因及治理对策》，《中国沙漠》2006年第2期。

齐顾波、胡新萍：《草场禁牧政策下的农民放牧行为研究——以宁夏盐池县的调查为例》，《中国农业大学学报（社会科学版）》2006年第2期。

任继周、朱兴运：《中国河西走廊草地农业的基本格局和它的系统相悖——草原退化的机理初探》，《草业学报》1995年第1期。

任继周：《几个专业词汇的界定、浅析及其相关说明》，《草业学报》2015年第6期。

任继周、牟新待：《试论划区轮牧》，《中国农业科学》1964年第1期。

沙依拉·沙尔合提、焦树英：《新疆阿勒泰地区草原生态保护和建设措施浅谈》，《草业科学》2008年第4期。

邵景安、芦清水、张小咏：《近30年青海三江源西部干旱区草地退化特征的遥感分析》，《自然资源学报》2008年第4期。

邵全琴、刘纪远、黄麟等：《2005～2009年三江源自然保护区生态保护和建设工程生态成效综合评估》，《地理研究》2013年第9期。

邵新庆、石永红、韩建国等：《典型草原自然演替过程中土壤理化性质动态变化》，《草地学报》2008年第6期。

沈艳、刘彩凤、马红彬等：《荒漠草原土壤种子库对草地管理方式的响应》，《生态学报》2015年第14期。

沈艳、马红彬、谢应忠等：《宁夏典型草原土壤理化性状对不同管理方式的响应》，《水土保持学报》2012年第5期。

沈艳、马红彬、赵菲等：《荒漠草原土壤养分和植物群落稳定性对不同管理方式的响应》，《草地学报》2015 年第 2 期。

宋丽弘、郭立光、杨青龙：《我国草原资源所有权制度探析》，《中国草地学报》2014 年第 1 期。

宋丽弘：《我国草原资源使用权制度探析》，《中国草地学报》2015 年第 3 期。

宋丽弘：《物权法视阈下的草原生态保护问题》，《中国草地学报》2013 年第 2 期。

苏军虎、刘荣堂、纪维红等：《我国草地鼠害防治与研究的发展阶段及特征》，《草业科学》2013 年第 7 期。

苏清荷、吾其尔：《浅议 MapInfo 在草原确权承包和基本草原划定中的功能应用》，《草食家畜》2014 年第 6 期。

苏珊、周丁扬、李晓等：《基于 PRA 方法的农户对干旱区草原生态保护政策的认知分析》，《干旱区地理》2018 年第 1 期。

孙学力：《围栏、草原荒漠化与放牧制度的关系》，《西南林学院学报》2008 年第 4 期。

涂军、熊燕、石德军：《青海高寒草甸草地退化的遥感技术调查分析》，《应用与环境生物学报》1999 年第 2 期。

万里强、侯向阳、李向林：《层次分析法在西部草业发展中的应用》，《草业学报》2003 年第 5 期。

万政钰、刘晓莉：《我国草原立法评价及其建议——以 2002 年底修订后的〈草原法〉为视角》，《求索》2010 年第 8 期。

万政钰：《我国草原立法存在的主要问题及对策研究》，东北师范大学博士学位论文，2013。

王丹、郭泺、赵松婷等：《退耕还林工程对黔东南山区植被覆盖变化的影响》，《山地学报》2015 年第 2 期。

王丹、王征兵、娄季春等：《牧户对草原生态补奖政策认知与评价》，《西北农林科技大学学报（社会科学版）》2019 年第 5 期。

王皓田：《内蒙古草原生态环境退化现状及应对措施》，《经济研究参考》2011年第47期。

王积超主编《人类学研究方法》，中国人民大学出版社，2014。

王杰、句芳：《内蒙古农村牧区农牧户土地流转影响因素研究——基于11个地区1332个农牧户的调查》，《干旱区资源与环境》2015年第6期。

王金红：《告别“有意的制度模糊”——中国农地产权制度的核心问题与改革目标》，《华南师范大学学报（社会科学版）》2011年第2期。

王丽、郭晔、林进：《美国国家草原管理及其对我国的启示》，《林业经济》2019年第6期。

王丽焕、郑群英、肖冰雪等：《我国草地鼠害防治研究进展》，《四川草原》2005年第5期。

王录仓：《江河源区草场退化的生态环境后果及成因》，《草业科学》2004年第1期。

王霄龙、田文平、苏雅拉等：《禁牧、休牧制度的实施与发展策略》，《内蒙古草业》2008年第1期。

王晓君、周立华、石敏俊：《农牧交错带沙漠化逆转区禁牧政策下农村经济可持续发展研究——以宁夏盐池县为例》，《资源科学》2014年第10期。

王晓毅、刘哲：《草原环境与牧区社会——王晓毅研究员讲座纪要》，载中央民族大学中国少数民族研究中心主编《共识（2013秋刊10）——两个百年三个自信　共和宪政法治中国》，2014。

王晓毅：《从承包到“再集中”——中国北方草原环境保护政策分析》，《中国农村观察》2009年第3期。

王晓毅：《家庭经营的牧民——锡林浩特希塔嘎查调查》，《中国农业大学学报（社会科学版）》2007年第4期。

王新宇：《草原生态保护相关政策研究——以辽西北为例》，《地方财政研究》2012年第4期。

王彦星、郑群英、晏兆莉等：《气候变化背景下草原产权制度变迁对畜牧业的影响——以青藏高原东缘牧区为例》，《草业科学》2015年第10期。

卫智军、常秉文、孙启忠等：《荒漠草原群落及主要植物种群特征对放牧制度的响应》，《干旱区资源与环境》2006年第3期。

卫智军、杨静、苏吉安等：《荒漠草原不同放牧制度群落现存量与营养物质动态研究》，《干旱地区农业研究》2003年第4期。

卫智军、杨静、杨尚明：《荒漠草原不同放牧制度群落稳定性研究》，《水土保持学报》2003年第6期。

乌日力嘎：《科尔沁蒙古族村落生计方式变迁研究》，兰州大学硕士学位论文，2013。

乌日陶克套胡：《蒙古族游牧经济及其变迁研究》，中央民族大学博士学位论文，2006。

吴贵蜀：《农牧交错带的研究现状及进展》，《四川师范大学学报(自然科学版)》2003年第1期。

武称意、郭百平、李庆和等：《基于RS和GIS的盐池县土地荒漠化演化规律研究》，《中国水土保持》2008年第11期。

武树伟：《盐池县志》，宁夏人民出版社，1986。

夏照华、张克斌、李瑞等：《基于NDVI的农牧交错区植被覆盖度变化研究——以宁夏盐池县为例》，《水土保持研究》2006年第6期。

肖巍：《科尔沁沙地南缘退化耕地风沙危害状况》，《江西农业》2019年第12期。

徐海量、宋郁东、陈亚宁：《从土地覆盖变化看塔里木河中下游天然草地的退化》，《中国草地》2003年第4期。

徐美银：《制度模糊性下农村土地产权的变革》，《华南农业大学学报（社会科学版)》2017年第1期。

许志信：《草地建设与畜牧业可持续发展》，《中国农村经济》2000年第3期。

许中旗、李文华、许晴等：《禁牧对锡林郭勒典型草原物种多样性的影响》，《生态学杂志》2008年第8期。

闫瑞瑞、卫智军、韩国栋等：《荒漠草原不同放牧制度群落多样性研究》，《干旱区资源与环境》2007年第7期。

闫瑞瑞、卫智军、辛晓平等：《放牧制度对荒漠草原可萌发土壤种子库的影响》，《中国沙漠》2011年第3期。

颜长珍、吴炳方、王一谋：《陕甘宁青草地变化的遥感动态分析》，《干旱区资源与环境》2005年第4期。

艳燕、阿拉腾图雅、胡云锋等：《1975～2009年锡林郭勒盟东部地区草地退化态势及其空间格局分析》，《地球信息科学学报》2011年第4期。

杨理：《草地资源管理的公平性与管理者行为》，《改革》2008年第4期。

杨理：《草原治理：如何进一步完善草原家庭承包制》，《中国农村经济》2007年第12期。

杨理：《基于市场经济的草权制度改革研究》，《农业经济问题》2011年第10期。

杨理：《完善草地资源管理制度探析》，《内蒙古大学学报（哲学社会科学版）》2008年第6期。

杨理：《中国草原治理的困境：从“公地的悲剧”到“围栏的陷阱”》，《中国软科学》2010年第1期。

杨理、侯向阳：《对草畜平衡管理模式的反思》，《中国农村经济》2005年第9期。

杨理、侯向阳：《以草定畜的若干理论问题研究》，《中国农学通报》2005年第3期。

杨明杏、董慧丽、夏志强：《对农村土地承包经营权确权颁证的思考》，《政策》2013年第10期。

杨瑞玲、齐顾波、左停：《后禁牧时期农牧交错带草场利用和管理的探索——基于对宁夏盐池县开牧试验的实地调研》，《中国人口·资源与环境》2014年第1期。

杨思远：《蝗虫成灾：草场承包的困境与出路》，乌有之乡，http：//www.wyzxwk.com/Article/sannong/2015/08/348979.html，最后检索时间：2017年9月1日。

杨小凯：《中国改革面临的深层问题——关于土地制度改革——杨小凯、江濡山谈话录》，《战略与管理》2002年第5期。

杨振海、李明、张英俊等：《美国草原保护与草原畜牧业发展的经验研究》，《世界农业》2015年第1期。

姚如青、朱明芬：《产权的模糊和制度的效率——基于1010份样本农户宅基地产权认知的问卷调查》，《浙江学刊》2013年第4期。

姚正毅、李晓英、董治宝：《鼠害在若尔盖草原沙漠化进程中的作用与机理》，《中国沙漠》2017年第6期。

叶剑平、郎昱、梁迪：《农村土地确权、流转及征收补偿的相关问题——基于对十七省农村的调研》，《中国土地》2017年第1期。

叶敬忠、朱炎洁、杨洪萍：《社会学视角的农户金融需求与农村金融供给》，《中国农村经济》2004年第8期。

于建嵘、石凤友：《关于当前我国农村土地确权的几个重要问题》，《东南学术》2012年第4期。

于文静：《我国力争2015年基本完成草原确权承包》，新华社，http：//news.xinhuanet.com/2013－05/28/c_115942979.htm，最后检索时间：2017年9月1日。

余露、宜娟：《产权视角下的草地治理研究——以宁夏盐池为例》，《草业科学》2012年第12期。

袁宏霞、乌兰图雅、郝强：《北方农牧交错带界定的研究进展》，《内蒙古林业科技》2014 年第 2 期。

张翀、任志远：《黄土高原地区植被覆盖变化的时空差异及未来趋势》，《资源科学》2011 年第 11 期。

张国胜、李希来、李林等：《青南高寒草甸秃斑地形成的气象条件分析》，《中国草地》1998 年第 6 期。

张建娥、龙治普、李风阳：《农牧交错地带草场资源利用及管理制度分析——社区机制在草场资源管理中的应用》，载农业部草原监理中心、中国草学会主编《2006 中国草业发展论坛论文集》，2006。

张建娥：《盐池草地禁牧期间农牧民违规放牧现象分析》，《草业科学》2008 年第 8 期。

张建杰：《农户社会资本及对其信贷行为的影响——基于河南省 397 户农户调查的实证分析》，《农业经济问题》2008 年第 9 期。

张军、亢志杰、海山等：《锡林郭勒盟农业综合开发划区轮牧现状与前景分析》，《内蒙古草业》2011 年第 4 期。

张利华主编《草原可持续发展知识读本》，科学出版社，2016。

张美艳、张立中：《农牧交错带草原确权承包问题探析——以河北省丰宁县为例》，《农村经济》2016 年第 1 期。

张美艳、张立中、韦敬楠等：《锡林郭勒盟草原流转驱动因素的实证研究》，《干旱区资源与环境》2017 年第 3 期。

张起鹏、王倩、张春花等：《草地植被覆盖度变化及其驱动力——以甘南藏族自治州玛曲县为例》，《中国农业资源与区划》2014 年第 4 期。

张倩：《社区草原管理的困境：社会生态系统管理的尺度匹配》，《东南大学学报（哲学社会科学版）》2015 年第 6 期。

张倩、李文军：《分布型过牧：一个被忽视的内蒙古草原退化的原因》，《干旱区资源与环境》2008 年第 12 期。

张卫国、范旭东、杨国荣：《甘南牧区传统游牧制度的科学性初考》，《草业科学》2014 年第 8 期。

张惜伟、汪季、高永等：《呼伦贝尔沙质草原风蚀坑表层土壤粒度特征》，《干旱区研究》2017 年第 2 期。

张惜伟、汪季、海春兴等：《呼伦贝尔沙质草原风蚀坑地表风沙流结构特征》，《干旱区研究》2018 年第 6 期。

张引弟、孟慧君、塔娜：《牧区草地承包经营权流转及其对牧民生计的影响——以内蒙古草原牧区为例》，《草业科学》2010 年第 5 期。

张云华：《完善草原生态治理政策促进牧区可持续发展——内蒙古、甘肃调查报告》，《重庆工学院学报（社会科学版)》2008 年第 12 期。

张知彬：《我国草原鼠害的严重性及防治对策》，《中国科学院院刊》2003 年第 5 期。

章力建：《加强草原生态保护是当前我国环境保护的战略要求》，载农业部草原监理中心、中国草学会主编《2009 中国草原发展论坛论文集》，2009。

赵哈林、赵学勇、张铜会等：《北方农牧交错带的地理界定及其生态问题》，《地球科学进展》2002 年第 5 期。

赵涛：《盐池年鉴 2012》，黄河出版传媒集团宁夏人民出版社，2012，第 82 页。

赵松乔等：《川滇农牧交错地区农牧业地理调查资料》，科学出版社，1959。

赵涛：《盐池年鉴 2012》，黄河出版传媒集团宁夏人民出版社，2012，第 82 页。

赵雪雁：《不同生计方式农户的环境感知——以甘南高原为例》，《生态学报》2012 年第 21 期。

郑宝华：《云南省农地确权工作存在的问题及对策》，《中国乡村发现》2014 年第 3 期。

钟文勤、樊乃昌：《我国草地鼠害的发生原因及其生态治理对策》，

《生物学通报》2002 年第 7 期。

周立华、朱艳玲、黄玉邦：《禁牧政策对北方农牧交错区草地沙漠化逆转过程影响的定量评价》，《中国沙漠》2012 年第 2 期。

周升强、赵凯：《草原生态补奖政策对农牧户减畜行为的影响——基于非农牧就业调解效应的分析》，《农业经济问题》2019 年第 11 期。

周雪光：《“关系产权”：产权制度的一个社会学解释》，《社会学研究》2005 年第 3 期。

卓嘎、李欣、罗布等：《西藏地区近期植被变化的遥感分析》，《高原气象》2010 年第 3 期。

(England) Deininger Klaus W., “Land Policies for Growth and Poverty Reduction,” *Land Policies for Growth and Poverty Reduction* (New York: A copublication of the World Bank and Oxford University Press, 2003), pp. 1 – 456.

Alchian, Armen A., “Some Economices of Porpperty Rights.” *Il Politico* 30. 4 (1965): 816 – 829.

Andre C., Platteau J. P., “Land Relations under Unbearable Stress: Rwanda Caught in the Malthusian Trap,” *Journal of Economic Behavior and Organization*, 34 (1998): 1 – 47.

Aubert, Vilhelm, “Some Social Functions of Legislation,” *Acta Sociologica* 10. 1 – 2 (1966): 98 – 120.

Azadi, Hossein, et al., “Sustainable Rangeland Management Using Fuzzy Logic: A Case Study in Southwest Lran,” *Agriculture Ecosystems & Environment* 131 (2009): 193 – 200.

Banks, Tony, J., “Grassland Tenure in China: An Economic Analysis,” *Department of Applied & International Economics Massey University* (2001): 1 – 23.

Banks, Tony, Richard C., Zhao, Li., “Community – Based

Grassland Management in Western China: Rationale, Pilot Project Experience, and Policy Implications," *Mountain Research and Development* 23 (2003): 132 - 140.

Banks, Tony, "Property Rights and the Environment in Pastoral China: Evidence from the Field," *Development & Change* 32 (2010): 717 - 740.

Banks, Tony, "Property Rights Reform in Rangeland China: Dilemmas On the Road to the Household Ranch," *World Development* 12 (2003a): 2129 - 2142.

Berger, Sebastian, "The Principle of Circular and Cumulative Causation: Myrdal, Kaldor and Comtemporary Heterodox Political Economy," *The Foundations of Non-equilibrium Economics*, ed. Berger, Sebastian (London and New York: Routledge, 2009), pp. 91 - 105.

Besley, Timothy, "Nonmarket Institutions for Credit and Risk Sharing in Low-Income Countries," *The Journal of Economic Perspectives* 9 (1995): 115 - 127.

Brannen, Julia, "Mixing Methods: The Entry of Qualitative and Quantitative Approaches into the Research Process," *International Journal of Social Research Methodology* 8. 3 (2005): 173 - 184.

Bromley, D. W., Cernea, M. M., "The Management of Common Property Natural Resources-Some Conceptual And Operational Fallacies," *World Bank-Discussion Papers* (1989): 1 - 84.

Cao, Shixiong, "Why Large-Scale Afforestation Efforts in China Have Failed To Solve the Desertification Problem," *Environmental Science & Technology* 42. 6 (2008): 1826 - 1831.

Cao, Jianjun, et al., "Differential Benefits of Multi-and Single-Household Grassland Management Patterns in the Qinghai-Tibetan Plateau of China," *Human Ecology* 39 (2011): 217 - 227.

Cao, Jianjun, et al., "The effects of Enclosures and Land-use Contracts on Rangeland Degradation on the Qinghai-Tibetan Plateau," *Journal of Arid Environments* 97 (2013): 3 - 8.

Ciriacy-Wantrup, S V C Bishop R, "'Common Property' as a Concept in Natural Resource Policy," *Natural Resources Journal* 15.4 (1975): 713 - 727.

Coase, R. H., "The Problem of Social Cost," *Journal of Law & Economics* 3 (1960): 81 - 112.

Coughenour M. B., "Spatial Components of Plant - Herbivore Interactions in Pastoral, Ranching, and Native Ungulate Ecosystems." *Journal of Range Management* 44.6 (1991): 530 - 542.

Conte, Thomas, J., Tilt B., "The Effects of China's Grassland Contract Policy on Pastoralists' Attitudes towards Cooperation in an Inner Mongolian Banner," *Human Ecology* 42.6 (2014): 837 - 846.

Cox, Naomi D., "Rangeland Trend: Quality vs Quantity," *Rangelands* 27 (2005): 12 - 14.

Deangelis D. L., Waterhouse J. C., "Equilibrium and Nonequilibrium Concepts in Ecological Models," *Ecological Monographs* 57.1 (1987): 1 - 21.

Demsetz Harold, "Toward a Theory of Property rights," *The American Economic Review*, (1967): 347 - 359.

Dietz, Thomas, Ostrom, E., Stern, P. C., "The Struggle to Govern the Commons," *science* 302.5652 (2003): 1907 - 1912.

Ellis James E., Swift David M., "Stability of African Pastoral Ecosystems: Alternate Paradigms and Implications for Development," *Journal of Range Management* 41.6 (1988): 450 - 459.

Fisher Franklin M., "Disequilibrium Foundations of Equilibrium Economics," *Journal of Economic Literature* 376 (1983): 1634 - 1634.

Gadgil, M. , F. Berkes, C. Folke, “Indigenous Knowledge for Biodiversity Conservation,” *Ambio A Journal of the Human Environment* 222 (1993): 151 -156.

Gaerrang, Yeh Emily, T. , “Tibetan Pastoralism in Neoliberalising China: Continuity and Change in Gouli,” *Area* 43. 2 (2011): 165 -172.

Gao Qing Zhu, Yun Fan Wan, Hong Mei Xu, et al. , “Alpine Grassland Degradation Index and Its Response to Recent Climate Variability in Northern Tibet, China.” *Quaternary International* 226 (2010): 143 -150.

Grabel I. , “The Political Economy of Policy Credibility: the New-classical Macroeconomics and the Remaking of Emerging Economies,” *Cambridge Journal of Economics* 24 (2000): 1 -19.

Hagedorn Konrad, “Particular Requirements for Institutional Analysis in Nature-related Sectors,” *European Review of Agricultural Economics* 35 (2008): 357 -384.

Hardin Garrett, “The tragedy of commons,” *Science* 162 (1968): 1243 -1248.

Harris, R. B. , “Rangeland Degradation on the Qinghai-Tibetan Plateau: A Review of the Evidence of Its Magnitude and Causes,” *Journal of Arid Environments* 74. 1 (2010): 1 -12.

Hedrick, D. W. , Davies, W. , “The Grass Crop: Its Development, Use and Maintenance,” *Journal of Range Management* 6. 1 (1953): 51 -73.

Jiang Gaoming, Han Xinggou, Wu Jianguo, “Restoration and Management of the Inner Mongolia Grassland Require a Sustainable Strategy,” *AMBIO: A Journal of the Human Environment* 35. 5 (2006): 269 -270.

Jiang Hong, “Decentralization, Ecological Construction, and the

Environment in Post-Reform China: Case Study from Uxin Banner, Inner Mongolia," *World Development* 34. 11 (2006): 1907 - 1921.

Jin Song Qing, Deininger Klaus, "Land Rental Markets in the Process of Rural Structural Transformation: Productivity and Equity Impacts from China," *Journal of Comparative Economics* 37. 4 (2009): 629 - 646.

Joseph, et al., "On the Evidence Needed to Judge Ecological Stability or Persistence," *The American Naturalist* (1983): 789 - 824.

Katherine Verdery, "The Elasticity of Land: Problems of Property Restitution in Transylvania," *Slavic Review* 53. 4 (1994): 1071 - 1109.

Ken and Bauer, "Development and the Enclosure Movement in Pastoral Tibet since the 1980s," *Nomadic Peoples* 9 (2005): 53 - 81.

Lawson Tony, "What is This 'School' Called Neoclassical Economics?" *Cambridge Journal of Economics* 37. 5 (2013): 947 - 983.

Li Jinya, et al., "Monitoring and Analysis of Grassland Desertification Dynamics Using Landsat Images in Ningxia, China," *Remote Sensing of Environment* 138 (2013): 19 - 26.

Li Jinya, et al., "Spatiotemporal Variations in Grassland Desertification Based on Landsat Images and Spectral Mixture Analysis in Yanchi County of Ningxia, China," *IEEE Journal of Selected Topics in Applied Earth Observations and Remote Sensing* 11 (2014): 4393 - 4402.

Li Wen Jun, Ali, S. H., Zhang, Q., "Property Rights and Grassland Degradation: A Study of the Xilingol Pasture, Inner Mongolia, China." *Journal of Environmental Management* 85. 2 (2007): 461 - 470.

Li Wenjun, Huntsinger Lynn, "China's Grassland Contract Policy and its Impacts on Herder Ability to Benefit in Inner Mongolia: Tragic Feedbacks," *Ecology and Society* 16. 2 (2011): 1.

Lin George, C. S., Ho, S. P. S., "The State, Land System, and

Land Development Processes in Contemporary China," *Annals of the Association of American Geographers* 95.2 (2005): 411-436.

Longworth, J. W., and Williamson, G. J., "China's Pastoral Region: Sheep and Wool, Minority Nationalities, Rangeland Degradation and Sustainable Development," *Journal of Range Management* 34 (1993): 1.

Moore, R. M., *Australian Grassland* (Canberra: Australian National University Press, 1973), 87-91.

Nor-Hisham, Bin Md Saman, Peter Ho, "A Conditional Trinity as 'No-go' Against Non-credible Development? Resettlement, Customary Rights and Malaysia's Kelau Dam," *Journal of Peasant Studies* 43.6 (2016): 1177-1205.

North, D. C., *Institutions, Institutional Change, and Economic Performance* (Cambridge: Cambridge University Press, 1990), p. 3.

Ostrom, E., *Governing the Commons: The Evolution of Institutions for Collective Action* (Cambridge: Cambridge University Press, 1990), p. 280.

Park, Ki Hyung, et al., "Effects of Enclosures on Vegetation Recovery and Succession in Hulunbeier Steppe, China," *Forest Science & Technology* 9.1 (2013): 25-32.

Payne, G., Durand-Lasserve, A., Rakodi, C., "The Limits of Land Titling and Home Ownership," *Environment and Urbanization* 21.2 (2009): 443-462.

Peng Jian, and Zhou Shang, "Environmental Perception and Awareness Building of Beijing Citizens—A Case Study of Nansha River," *Human Geography* (2001).

Peter Ho, Azadi, H., "Rangeland degradation in North China: Perceptions of Pastoralists," *Environmental Research* 110.3 (2010): 302-307.

Peter Ho, "Empty Institutions, Non-credibility and Pastoralism: China's Grazing Ban, Mining and Ethnicity," *Journal of Peasant Studies* 43.6 (2016b): 1145 - 1176.

Peter Ho, "In Defense of Endogenous, Spontaneously Ordered Development: Institutional Functionalism and Chinese Property Rights," *Journal of Peasant Studies* 40.6 (2013): 1087 - 1118.

Peter Ho, "Myths of Tenure Security and Titling: Endogenous, Institutional Change in China's Development," *Land Use Policy* 47 (2015): 352 - 364.

Peter Ho, "The 'Credibility Thesis' and Its Application to Property Rights: (In) Secure Land Tenure, Conflict and Social Welfare in China," *Land Use Policy* 40 (2014): 13 - 27.

Peter Ho, "The Clash over State and Collective Property: The Making of the Rangeland Law," *China Quarterly* 161 (2000b): 240 - 263.

Peter Ho, "The Myth of Desertification at China's Northwestern Frontier: The Case of Ningxia Province, 1929 - 1958," *Modern China* 26.3 (2000C): 348 - 395.

Peter Ho, "The Wasteland Auction Policy in Northwest China: Solving Environmental Degradation and Rural Poverty?" *Journal of Peasant Studies* 30.3 - 4 (2003): 121 - 159.

Peter Ho, "An Endogenous Theory of Property Rights: Opening the Black Box of Institutions," *Journal of Peasant Studies* 43.6 (2016a): 1121 - 1144.

Peter Ho, "China's Rangelands under Stress: A Comparative Study of Pasture Commons in the Ningxia Hui Autonomous Region," *Development and Change* 31.2 (2000a): 385 - 412.

Peter Ho, "Rangeland Degradation in North China Revisited? A Preliminary Statistical Analysis to Validate Non-Equilibrium Range Ecology,"

Journal of Development Studies 37. 3 (2001): 99 – 133.

Reerink Gustaaf, Gelder J. L. V., "Land Titling, Perceived Tenure Security, and Housing Consolidation in the Kampongs of Bandung, Indonesia," *Habitat International* 34. 1 (2010): 78 – 85.

Richard Camille, Zhao liY., Guo Zhen, "The Paradox of the Individual Household Responsibility System in the Grasslands of the Tibetan Plateau, China," *Usda Forest Service Proceedings Rmrs* (2006): 83 – 91.

Scoones, I., "New Ecology and the Social Sciences: What Prospects for a Fruitful Engagement?" *Annual Review of Anthropology* 28 (1999): 479 – 507.

Stillman Peter, G., "The Concept of Legitimacy," *Polity* 7. 1 (1974): 32 – 56.

Stoat, C., Báldi, A., Beja, P., et al., "Ecological Impacts of Early 21st Century Agricultural Change in Europe – A Review," *Journal of Environmental Management* 91. 1 (2009): 22 – 46.

Sullivan, S., Rohde, R., "On Non-equilibrium in Arid and Semi-arid Grazing Systems," *Journal of Biogeography* 29. 12 (2002): 1595 – 1618.

Tao Wang, "Aeolian Desertification and Its Control in Northern China." *International Soil & Water Conservation Research* 2. 4 (2014): 34 – 41.

Taylor James, L., "Constraints of Grassland Science, Pastoral Management and Policy in Northern China: Anthropological Perspectives on Degradational Narratives," *International Journal of Development Issues* 11. 3 (2012): 208 – 226.

Taylor James, L., "Negotiating the Grassland: The Policy of Pasture Enclosures and Contested Resource Use in Inner Mongolia," *Human Organization* 65. 4 (2006): 374 – 386.

Tulving, E., Craik, F., "The Oxford Handbook of Memory," *Zeitschrift für Psychiatrie Psychologie und Psychotherapie* 54. 1 (2006): 68 – 68.

Unkovich Murray, Nan, Z., "Problems and Prospects of Grassland Agroecosystems in Western China," *Agriculture Ecosystems & Environment* 124. 1 (2008): 1 – 2.

Wang Qian, Zhang Qipeng, Zhou Wei, "Grassland Coverage Changes and Analysis of the Driving Forces in Maqu County," *Physics Procedia* 33 (2012): 1292 – 1297.

Wang Zongming, et al., "Shrinkage and Fragmentation of Marshes in the West Songnen Plain, China, from 1954 to 2008 and Its Possible Causes," *Agriculture, Ecosystems & Environment*, 129 (2009): 315 – 486.

Westoby Mark, Walker, B., aNoy-Meir, I., "Opportunistic Management for Rangelands Not at Equilibrium," *Journal of Range Management* 42. 4 (1989): 266 – 274.

Wiens, J. A., "On Understanding a Non-equilibrium World: Myth and Reality in Community Patterns and Processes," *Ecological Communities: Conceptual Issues and the Evidence*, ed. Strong et al. (1984), 439 – 458.

Williams Dee Mack, "Grassland Enclosures: Catalyst of Land Degradation in Inner Mongolia," *Human Organization* 55. 3 (1996a): 307 – 313.

Williams Dee Mack, "The Barbed Walls of China: A Contemporary Grassland Drama," *The Journal of Asian Studies* 55. 3 (1996b): 665 – 691.

Yeh Emily T., "The Politics of Conservation in Contemporary Rural China," *Journal of Peasant Studies*, 40. 6 (2013): 1165 – 1188.

Yeh Emily T., "Greening Western China: A Critical View," *Geoforum* 40. 5 (2009): 884 – 894.

Yin Yantin, Hou Yulu, Colin Langford, et al., "Herder Stocking Rate and Household Income under the Grassland Ecological Protection Award Policy in Northern China," *Environmental Pollution* 82 (2019): 120 – 129.

Yundannima, *From Retire Livestock, Restore Rangeland to the Compensation for Ecological Services: State Interventions into Rangeland Ecosystems and Pastoralism in Tibet* (Doctor of Philosophy, Boulder: University of Colorado Boulder, 2012).

附录一　合同及证书照片

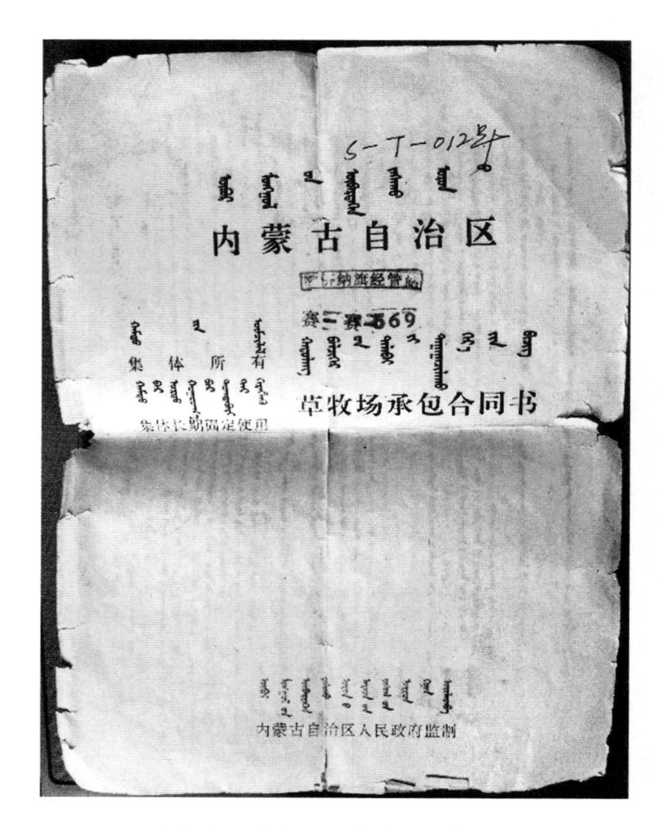

内蒙古自治区

集体所有

集体长期固定使用

草牧场承包合同书

内蒙古自治区人民政府监制

内蒙古自治区 1998 年草原承包合同

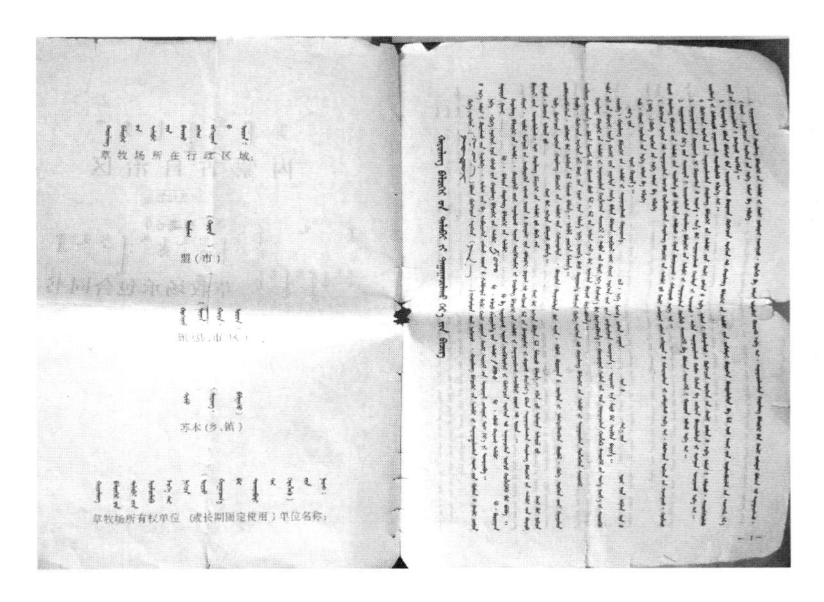

草牧场所在行政区域：

盟（市）

旗（县、市、区）

苏木（乡、镇）

草牧场所有权单位（或长期固定使用）单位名称：

内蒙古自治区 **1998** 年草原承包合同

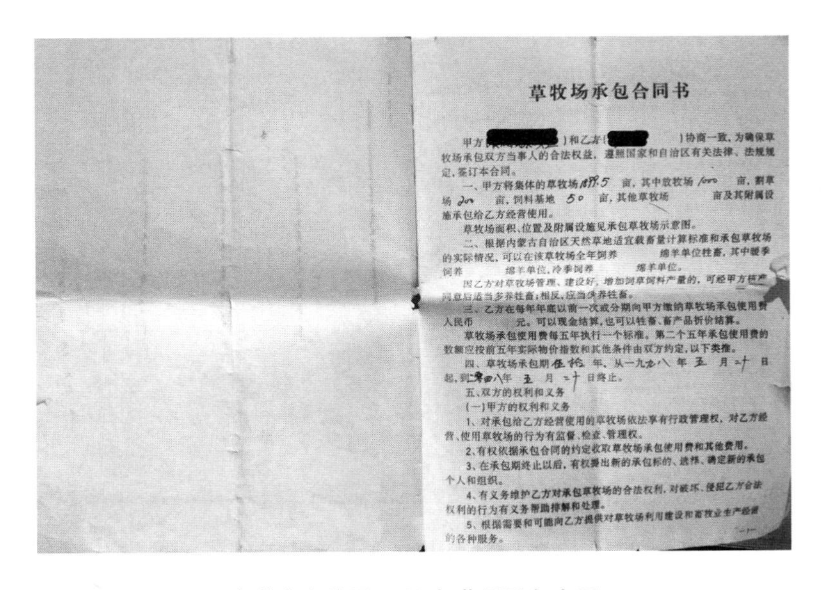

草牧场承包合同书

甲方（　　　）和乙方（　　　）协商一致，为确保草牧场承包双方当事人的合法权益，遵照国家和自治区有关法律、法规规定，签订本合同。

一、甲方将集体的草牧场 1898.5 亩，其中放牧场 1000 亩，割草场 200 亩，饲料基地 50 亩，其他草牧场 亩及其附属设施承包给乙方经营使用。

草牧场面积、位置及附属设施见承包草牧场示意图。

二、根据内蒙古自治区天然草地适宜载畜量计算标准和承包草牧场的实际情况，可以在该草牧场全年饲养 绵羊单位牲畜，其中暖季饲养 绵羊单位，冷季饲养 绵羊单位。

因乙方对草牧场管理、建设好，增加饲草饲料产量的，可经甲方核定同意后适当多养牲畜；相反，应当少养牲畜。

三、乙方在每年年底以前一次或分期向甲方缴纳草牧场承包使用费人民币 元。可以现金结算，也可以牲畜、畜产品折价结算。

草牧场承包使用费每五年执行一个标准。第二个五年承包使用费的数额应按前五年实际物价指数和其他条件由双方约定，以下类推。

四、草牧场承包期 伍拾 年，从一九九八年 五 月 二十 日起，到二零四八年 五 月 二十 日终止。

五、双方的权利和义务

（一）甲方的权利和义务

1、对承包给乙方经营使用的草牧场依法享有行政管理权，对乙方经营、使用草牧场的行为有监督、检查、管理权。

2、有权依据承包合同的约定收取草牧场承包使用费和其他费用。

3、在承包期终止以后，有权提出新的承包标的、选择、确定新的承包个人和组织。

4、有义务维护乙方对承包草牧场的合法权利，对破坏、侵犯乙方合法权利的行为有义务帮助排解和处理。

5、根据需要和可能向乙方提供对草牧场利用建设和畜牧业生产经营的各种服务。

—1—

内蒙古自治区 **1998** 年草原承包合同

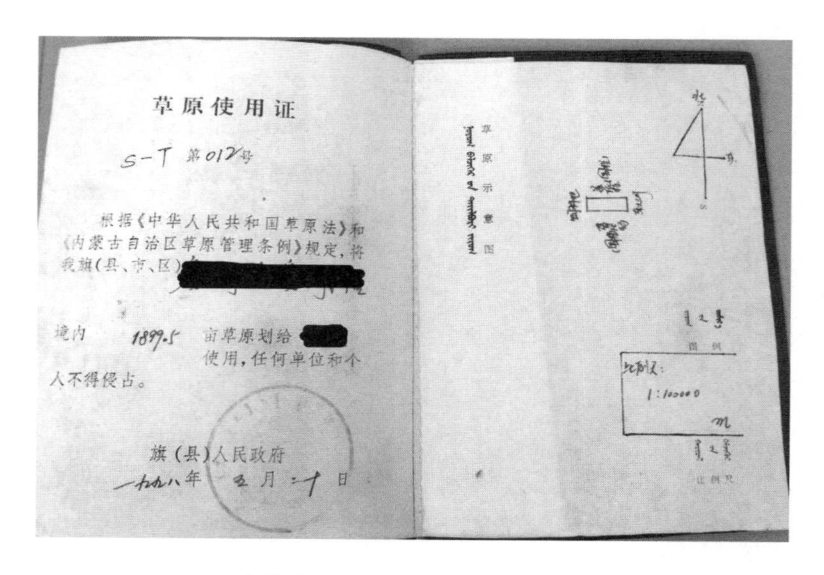

草原使用证

S-T 第012号

根据《中华人民共和国草原法》和《内蒙古自治区草原管理条例》规定，将我旗(县、市、区)

境内 1899.5 亩草原划给

使用，任何单位和个人不得侵占。

旗(县)人民政府

一九九八年 五月二十日

内蒙古自治区 **1998** 年草原使用证

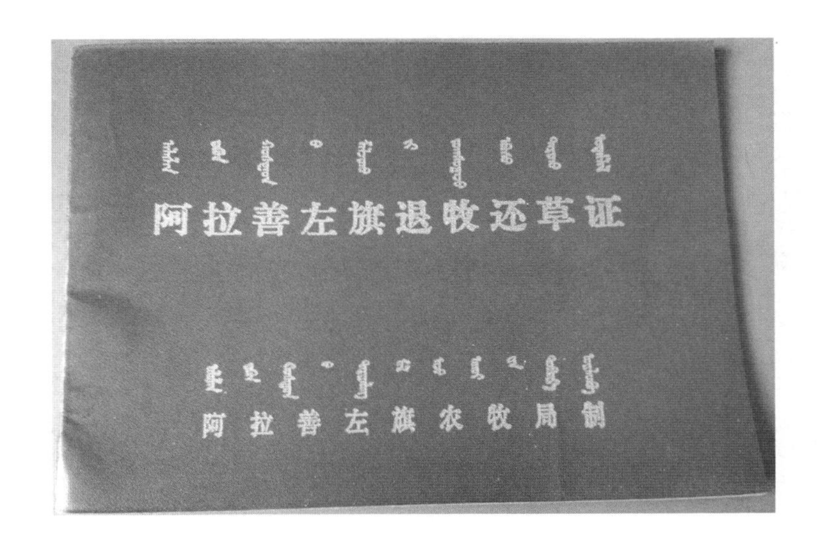

退牧户基本情况

户主姓名		家庭人口	4	劳动力	
身份证号					
地　　址	阿左 旗　　苏木　　嘎查				
经营权证编号			承包草场面积		
退牧草原面积(亩)	1620亩				
合同编号					
合同主要内　容	禁牧时间	2010.5.1 — 2015.4.30			
	陈化饲料粮补助量（公斤）/年				
	供应地点				

-2-

阿拉善左旗某牧户退牧还草证

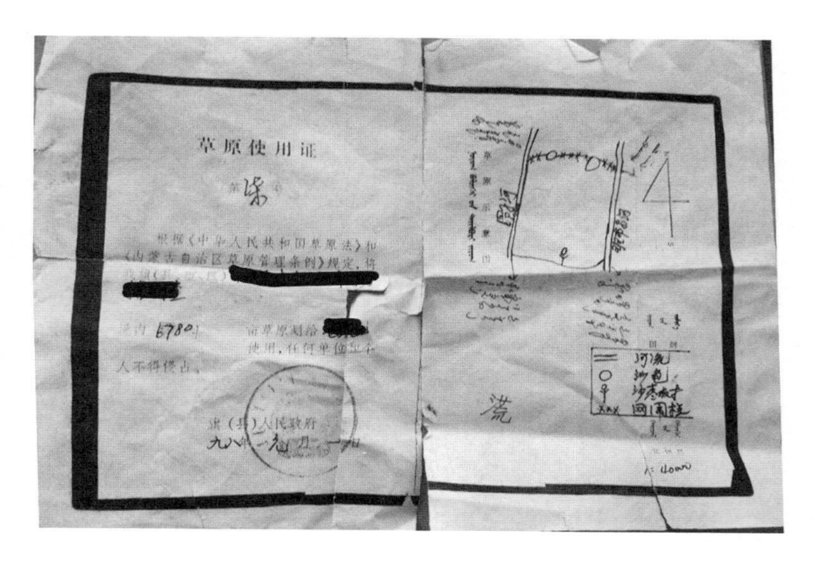

额济纳旗某牧户 1998 年草原使用证

内蒙古自治区草原确权后更换的新证

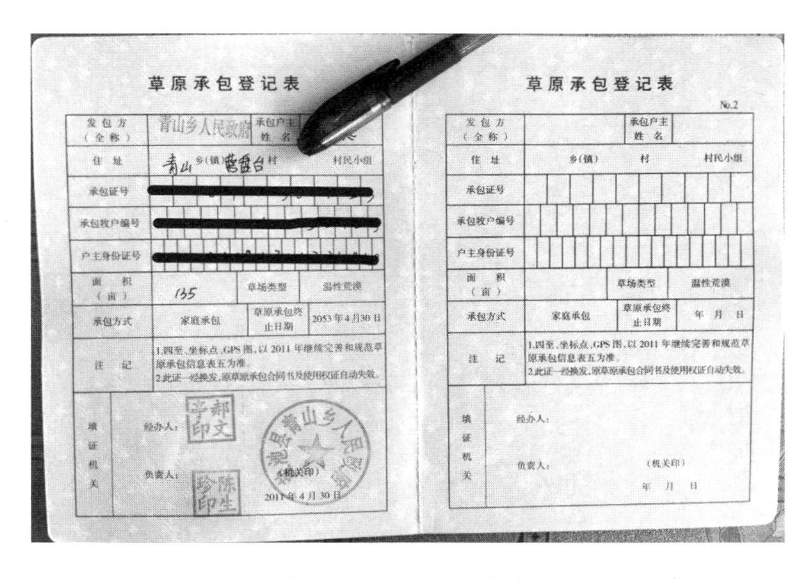

草原承包登记表

发包方（全称）	青山乡人民政府	承包户主姓名	[illegible]
住址	青山乡(镇)苍盘台村　村民小组		
承包证号	[illegible]		
承包牧户编号	[illegible]		
户主身份证号	[illegible]		
面积（亩）	135	草场类型	温性荒漠
承包方式	家庭承包	草原承包终止日期	2053年4月30日
注记	1.四至、坐标点、GPS图，以2011年继续完善和规范草原承包信息表五为准。 2.此证一经换发，原草原承包合同书及使用权证自动失效。		
填证机关	经办人： 负责人： （机关印） 2011年4月30日		

草原承包登记表

No.2

发包方（全称）		承包户主姓名	
住址	乡(镇)　村　村民小组		
承包证号			
承包牧户编号			
户主身份证号			
面积（亩）		草场类型	温性荒漠
承包方式	家庭承包	草原承包终止日期	年　月　日
注记	1.四至、坐标点、GPS图，以2011年继续完善和规范草原承包信息表五为准。 2.此证一经换发，原草原承包合同书及使用权证自动失效。		
填证机关	经办人： 负责人： （机关印） 年　月　日		

宁夏回族自治区盐池县 **2011** 年草原使用证

盐池县土地承包经营权证

盐池县林权证

附录二　关于草原政策制度功能的调研问卷

尊敬的先生/女士：

本问卷归中央民族大学生命与环境科学学院自然资源管理与利用团队。用于了解农牧民对草原政策的感知及评价。本问卷匿名填写并进行数据处理，且仅供科研专用，请放心如实填写。衷心感谢您的支持与配合！

地点________省（区）____________旗/县苏木/镇____________嘎查/村

日期______________问卷编号______________

一　基本信息

姓名(选填):	联系方式(选填):
性别:男(　);女(　)	职业:农民(　);牧民(　);其他(　)
年龄: 小于20岁(　);21~30岁(　);31~40岁(　); 41~50岁(　);51~60岁(　);60岁以上(　)	文化水平: 无(　);小学(　);初中(　); 高中(　);本科及以上(　)
民族: 汉(　);回(　);蒙(　);其他(　)	家庭总人口________, 其中,外出________;上学________

续表

姓名(选填):	联系方式(选填):
过去5年收入情况:增加( );没变化( );降低( )	
2015年家庭总收入:________万元	家庭总收入各部分比例: 农业占________%;畜牧业占________% 务工占________%;其他收入________%

二　草原生态环境变化

1. 请问在过去的5年里，您认为草原植被发生了以下哪种变化?

变得更好（　）；变好（　）；没有变化（　）；变差（　）；变得更差（　）；不知道（　）

2. 请问您认为草原植被变好的原因是什么?

禁牧（　）；围栏（　）；草原承包（　）；降雨多（　）；不知道（　）；其他（　），请说明________________________________

3. 请问您认为草原植被变差的原因是什么?

载畜量（　）；围栏（　）；草原承包（　）；降水量（　）；不知道（　）；其他（　），请说明________________________________

三　草原承包制的感知

4. 请问您承包的草原形式是? 村（　）；联户（　）；户（　）；不知道（　）

5. 请问您的草原承包年限是?

30年（　）；50年（　）；5年（　）；其他（　）；不知道（　）

6. 请问您愿意承包的草原年限是?

15年（　）；30年（　）；50年（　）；多于50年（　）；无所谓（　）；不知道（　）

请说明原因________________________________

7. 请问您有草原证吗？有（　）；没有（　）；不知道（　）

8. 请问您觉得草原承包经营权证/草原证重要吗？

非常重要（　）；重要（　）；中立（　）；不是很重要（　）；根本不重要（　）；不知道（　）

9. 请问您对草原承包制的评价是？

非常成功（　）；成功（　）；中立（　）；不是很成功（　）；失败（　）；不知道（　）

四　草原确权的感知

10. 请问您听说过草原确权吗？是（　）；否（　）

11. 请问您了解草原确权吗？　是（　）；否（　）；不知道（　）

12. 请问您了解草原确权的哪些内容？

____

13. 请问您是从哪个渠道了解草原确权的？

旗/县政府（　）；苏木/镇政府（　）；嘎查/村长（　）；新闻（　）；亲朋（　）；其他（　），请说明________________

14. 请问您知道确权后换发的证可以贷款抵押吗？是（　）；否（　）

15. 请问您同意草原流转吗？

完全同意（　）；同意（　）；中立（　）；不同意（　）；完全不同意（　）；不知道（　）

16. 请问确权后您会抵押草原吗？

是（　）；否（　）；不知道（　）

17. 请问您的草原确权了吗？是（　）；否（　）；正在进行（　）；不知道（　）

18. 请问您愿意草原确权吗？

非常愿意（　）；愿意（　）；中立（　）；不愿意（　）；非常不愿意（　）；不知道（　）

19. 您愿意确权的原因是？________________

20. 您不愿意确权的原因是？________________

五　权属及社会冲突

21. 请问确权工作给您带来了纠纷吗？是（　）；否（　）；不知道（　）

22. 产生纠纷的原因是？边界（　）；户籍（　）；其他（　），请说明________________

23. 纠纷发生后您找谁来解决？

旗/县政府（　）；苏木/镇政府（　）；嘎查/村长（　）；自己协调（　）；司法途径（　）

其他（　），请说明________________

24. 您的纠纷问题得到有效解决了吗？是（　）；否（　）

25. 您认为谁应该解决纠纷问题呢？________________

26. 请问您认为谁应该来管理草原？

自己（　）；联户（　）；社团（　）；嘎查/村长（　）；苏木/镇政府（　）；国家（　）；草原管理站（　）；其他（　），请说明____

27. 请问您认为草原承包中拥有以下哪些权利？

使用权	是（　）否（　）不知道（　）
村内流转权	是（　）；否（　）；不知道（　）
村外流转权	是（　）；否（　）；不知道（　）
继承权	是（　）；否（　）；不知道（　）
村内所有权流转	是（　）；否（　）；不知道（　）
村外所有权流转	是（　）；否（　）；不知道（　）

续表

使用权	是(　);否(　);不知道(　)
经营权	是(　);否(　);不知道(　)
用益权	是(　);否(　);不知道(　)
抵押权	是(　);否(　);不知道(　)
没有权利	是(　);否(　);不知道(　)
其他	是(　);否(　);不知道(　)
不知道	是(　);否(　)

附录三　盐池县青山乡草原确权承包登记试点工作方案

为贯彻落实党的十八大和2015年中央一号文件精神，进一步规范和完善我县草原确权承包登记制度，积极探索草原确权承包登记颁证工作的方式方法，按照《农业部关于开展草原确权承包登记试点的通知》（农牧发〔2015〕5号）和《关于印发〈宁夏回族自治区农牧厅开展草原确权承包登记试点工作方案〉的通知》［宁农（牧）发〔2015〕5号］文件精神，结合我县实际，特制订如下工作方案。

一　指导思想、工作目标和基本原则

（一）指导思想

认真贯彻落实十八届三中、四中全会以及2015年中央一号文件和六部委《关于认真做好农村土地承包经营权确权登记颁证工作的意见》（农经发〔2015〕2号），稳定和完善草原确权承包登记颁证制度，积极稳妥开展草原确权承包登记试点，探索建立健全信息化规范化的草原确权承包管理模式和运行机制，依法赋予农民更加充分而有保障的承包经营草原的权益，进一步激发草原改革发展活力，为促进农业现代化和农村和谐稳定提供体制保障。

（二）工作目标

严格执行草原承包法律法规政策，在原草原承包的基础上，进一步完善草原承包经营权权属，以现有草原承包合同、权属证书和集体草原所有权确权登记为依据，查清承包草原的面积和空间位置，妥善解决承包地块面积不准、四至不清、空间位置不明、登记簿不健全等问题，把承包草原地块、面积、合同、权属证书全面落实到户，建立健全草原承包经营权登记簿和综合信息平台，按照“程序合法、手续完备、权证到位”的要求加强规范化管理，实现草原同地、同证、同权和网络化管理，为农村产权制度改革提供基础保障。

（三）基本原则

一是确保稳定。在保持现有草原承包关系稳定的前提下开展草原确权承包登记试点，以已经签订的草原承包合同和已经颁发的草原承包经营权证书为基础，严禁借机违法调整和收回农户承包草原。

二是依法规范。严格执行《中华人民共和国草原法》和《宁夏回族自治区草原管理条例》等有关草原确权承包登记的规定，参照《农村土地承包经营权证管理办法》规定的登记内容和程序开展草原确权承包登记。

三是尊重历史。坚持公开、公正、公平与实事求是的原则，在尊重原有草原承包内容和“八五”“八七”等协议的基础上开展草原确权工作。

四是尊重民意。充分依靠广大农民群众，充分动员农民群众积极参与草原确权承包登记试点工作，试点中的重大事项均应经村民会议或村民代表会议民主协商讨论决定。

五是因地制宜。将原则性与灵活性有机地结合起来，根据试点地方的草原承包实际，完善确权登记颁证工作，妥善解决遗留问题。

六是政府负责。试点工作由县人民政府统筹安排，试点乡具体负责组织实施，县农牧、环林、国土、民政、司法、公安等有关部门分工协作，形成整体合力，确保试点任务顺利完成。

二　确权试点工作主要内容

一是摸清草原确权承包基础情况。聘请有资质的测绘公司，对已承包的草原，依据承包合同、台账和档案资料，核实草原地块名称、坐落、面积、四至、流转等原始记载，以及承包农户家庭成员、养殖牲畜情况等信息，填写草原承包基础情况信息表。对尚未承包的草原，抓紧开展调查，摸清利用现状，填写草原基础情况信息采集表。查清承包草原块数、面积、四至和空间位置，结果经乡、村“两级两轮”公示无异议后，作为确认、变更、解除草原承包合同以及确认、变更、注销草原承包经营权的依据。

二是建立草原确权承包登记簿和信息平台。根据调查摸底结果，制定完善统一的草原承包合同。对没有承包的草原，要根据利用现状落实承包关系，公示无异议后签订承包合同，做到应包尽包。以承包农牧户为基本单位，按照“一户一表、一村一册”的原则，建立健全草原承包登记台账。

三是颁发草原确权承包权属证书。根据草原调查摸底、完善后的草原承包合同以及建立健全的登记簿册，制定核发统一的草原所有权、草原使用权和草原承包经营权证书。涉及换发证件的，原权属证书要收回销毁、宣布作废。未确定给农民集体使用的国有草原，由县级人民政府登记造册。采取招标、拍卖、公开协商等方式承包集体草原的，当事人申请确权登记颁证的，经县试点工作领导小组办公室审核，报请县级人民政府依法颁发承包经营权证书予以确认。在这次确权登记颁证的过程中，凡因下列情形导致草原承包经营权发生变动或者灭失，当事人可以向县级人民政府草原确权承包主管部门申请变更登记，并记载于这次确权登记档案中：

（1）因集体草原所有权变化的；

（2）因承包草原被征收、占用导致承包草原地块或者面积发生变化的；

（3）因承包农户分户等导致草原承包经营权分割的；

（4）因草原承包经营权采取转让、互换方式流转的；

（5）因婚嫁等原因导致草原承包经营权合并的；

（6）因承包草原地块、面积与实际不符的；

（7）因承包草原灭失或者承包农户因故消亡的；

（8）因承包草原被发包方依法调整或者收回的；

（9）其他需要依法变更、注销的情形。

试点期间，凡申请登记、变更、注销草原承包经营权的，县试点工作领导小组办公室应当对涉及的每宗承包草原地块进行实测确认，并向申请方提供书面证明。

四是加强草原确权承包档案管理。按照农业部和国家档案局有关规定，做好草原确权承包档案的收集、整理、鉴定、保管、编研和利用等工作。充分利用计算机技术，实现草原确权承包档案资料信息数字化管理。登记工作结束后，县农牧局要将档案资料依法按期移交县国家档案局（馆）进行保管，便于以后向群众开放查阅。

五是健全草原承包纠纷调处机制。规范草原确权承包经营权流转行为，建立健全草原承包经营权流转管理和纠纷仲裁体制机制，引导农牧民通过当事人协商、行政调解、仲裁制度和司法诉讼等途径，依法依规调处解决有关纠纷矛盾。

三　方法步骤

我县草原确权承包登记试点工作自 2015 年 7 月正式启动，分三个阶段进行，到 2015 年 12 月 31 日前完成。

（一）准备阶段（2015年7月1 ~10日）

一是成立机构。县政府成立以分管领导为组长，农牧、财政、国土资源、林业、政研室、法制、档案、发改、民政、司法、公安等部门组成的“草原确权承包登记工作领导小组”，具体负责方案制订、组织协调、政策指导、总结验收等具体事项。试点乡也要成立以主要领导为组长的工作领导小组，制定操作性强、符合实际的实施方案。

二是宣传动员。试点乡要召开草原确权承包登记试点工作动员会，对试点工作进行安排和部署。试点乡的各村要分别召开村干部、村民会议或村民代表会议进行广泛宣传动员。同时，要通过广播、电视、橱窗、墙报等媒体并印发宣传单、宣传标语等方式，广泛宣传《草原法》《自治区草原管理条例》等法律法规和2015年中央一号文件，让确权登记工作的目的、意义、内容、方法和政策、原则等家喻户晓、人人皆知。

三是开展培训。抽调熟悉农村工作、了解农村政策的县乡干部成立工作组和督导组长期深入村、组帮助工作，要加强对工作人员的业务培训，让工作人员都能熟练掌握这次确权登记的政策、法规、技术规程及工作流程，明确试点任务，突出关键环节，确保工作质量。

（二）组织实施阶段（2015年7月10日～11月15日）

一是清查摸底。聘请有资质的测绘公司，以草原二轮承包为基础，结合草原承包台账、承包合同、承包经营权证书等档案资料，对村、组草原承包关系、草原块数、面积、空间位置进行清查测量。通过清查摸底和实际测量，摸清本村、组的草原面积，并将草原块数、面积、空间位置、类型、权属清查落实到农户或承包主体；摸清农户家庭承包状况，对承包人、承包人家庭成员、承包草原块数、面积、四至、草原变动等方面信息进行收集、归纳、整理、核对。

二是梳理和化解矛盾。依据清查的草原面积，及时做好草原权属争议调处工作，按地宗逐户核查承包合同、经营权证书，注意发现问题，梳理矛盾，对一时不能解决的、具有普遍性的问题，要提出解决矛盾的具体措施和办法，并付诸实施。

三是审核公示和确认登记。对清查的情况进行审核，制作草原图斑草图，编号入户，在村、组两地公示；对初始公示中农户提出的异议，及时进行再核实、再修正，进行二次公示。经过两轮公示无异议的，由农户签字确认草原地籍图。逐级上报审核，予以登记，县试点工作领导小组办公室根据乡镇上报的登记资料，建立草原承包经营权登记台账。对于权属争议大、经过“两地两轮”公示尚不能确认的草原，暂不进行确权登记，待争议依法解决后再进行确权登记颁证。

四是完善手续和归档立卷。登记工作完成后，由村委会同承包农户签订《草原承包经营合同》，县级人民政府向农户颁发《草原承包经营权证》，青山乡及县农村经济经营管理站承担对草原承包经营合同进行鉴证责任。同时，对照档案管理的有关要求，对确权登记过程中形成的文字、账簿、图表、影像等资料归档立卷，做到权属清楚、权益明确、合同规范、权证齐全、档案完备。

五是建立草原承包管理综合信息平台。利用确权登记过程中形成的影像、图表和文字材料，建立和完善草原承包信息数据库和草原承包管理信息系统，逐步实现信息化网络化管理。

（三）总结验收阶段（2015年11月15日 ~12月31日）

组织试点乡对草原确权承包登记、经营权证书发放工作进行自查；县草原确权承包登记试点工作领导小组组织对试点乡进行检查验收，并写出专题总结报告，2015 年 12 月下旬前上报区、市试点工作领导小组办公室。

四　保障措施

一是加强组织领导。为确保此项工作的顺利开展，成立全县草原确权承包登记试点工作领导小组。

组　长：吴　科　县政府副县长

副组长：白　赟　县农牧局局长

成　员：毛占领　县委政研室主任

　　　　张　晨　县财政局局长

刘永辉　县发展改革局局长

卢　平　县民政局局长

蒋　刚　县司法局局长

单　广　县国土局局长

宋德海　县环林局局长

刘　闯　县公安局副局长

王建成　县法制办主任

施原明　县档案局局长

郑　参　青山乡党委书记、乡长

左向东　县农村经济经营管理站站长

领导小组办公室设在县农牧局，白赟兼任办公室主任，赵志峰任办公室副主任，承担领导小组办公室的日常工作，具体承担综合协调、方案制订、督促检查、技术指导、法律政策解释等工作，负责编制实施方案，分解任务，落实责任，明确进度，定期检查，抓好落实。

同时成立盐池县草原确权承包登记工作实施小组。

组　长：白　赟　县农牧局局长

副组长：郑　参　青山乡党委书记、乡长

赵志峰　县农牧局副局长

成　员：王振学　青山乡副乡长

王增吉　县环林局副局长

何　强　县国土局副局长

乔保习　县委政研室副主任

曹　建　县农村经济经营管理站副站长

温锦梅　县财政局副局长

郝峰茂　县发展改革局副局长

杨金平　县民政局勘界办副主任

张一伟　县司法局副局长

刘　闯　县公安局副局长

陈有泉　县法制办干事

牛海武　县档案局副局长

王　峰　县草原工作站站长

孙　铎　县草原工作站副站长

崔明旺　县草原工作站副站长

郭红军　县草原工作站畜牧师

李联涛　县草原工作站畜牧师

侯永秀　县草原工作站高级畜牧师

郝玉普　县草原工作站畜牧师

刘占杰　县草原工作站畜牧师

郝文亭　青山乡草原站站长

青山乡8个村委会也要成立相应的领导小组，村支书任组长。全县草原确权承包登记试点工作领导小组抽调精干人员驻村指导工作。

二是强化部门责任。青山乡负责草原确权承包登记试点工作的牵头和具体组织实施工作；农牧局负责草原确权承包登记试点工作的组织协调和技术指导工作；财政局负责经费保障和资金使用的监督管理；国土资源局负责免费提供最新的年度草原利用现状变更调查成果资料；环林局负责提供林地界限；农村经济经营管理站负责做好草原确权承包合同证件的续签、变更、鉴证等相关工作；政研室负责做好有关政策研究和指导工作；发改局负责指导有关农村产权制度改革的探索研究工作；民政局负责做好省、县、乡界纠纷调解工作；公安局负责草原确权登记中户籍变更迁移等问题的落实；司法局要充分发挥法律服务、法律援助以及各级调解组织的作用，及时化解草原承包经营纠纷，并为符合条件的当事人提供法律服务和法律援助；县政府法制办负责研究完善有关法律法规及合理性文件的审查、指导工作；档案局负责指导草原确权承包登记试点的文件资料归档立卷工作。各部门要高度重视这项工作，按照职责分工，积极参与，密切协作，合力推进草原确权承包登记试点工作有序顺利实施。

三是妥善解决突出问题。试点工作要严格执行有关草原确权承包登记方面的法律法规和政策要求。工作中出现的问题，法律政策有明确规定的，要严格按照规定执行；没有明确规定的，要依照法律政策基本精神，加大宣传培训力度，充分保障农牧民群众的知情权和参与权，结合当地实际，须经村民会议2/3以上成员或者2/3以上村民代表讨论同意做出具体规定。积极稳妥地解决有关纠纷矛盾，坚决防止损害农牧民利益的现象发生。针对确权登记涉及的共性问题的处理，依据自治区草原确权承包登记试点工作领导小组办公室编印的政策问答给予答复。试点乡要引导当事人依法理性地反映和解决草原承包经营权纠纷，按照“保持稳定、尊重历史、照顾现实、分类处置”的原则，通过协商、调解、仲裁和诉讼等渠道妥善解决。对试点中发现的疑难问题要认真对待，逐级上报，经县草原确权承包登记试点工作领导小组办公室研究答复后处理。

四是保障工作经费。2015年试点工作经费由自治区农牧厅承担一部分，不足部分由县财政予以解决。

五是强化督促检查。县草原确权承包登记试点工作领导小组定期对各个阶段的工作情况进行督促检查，及时做好协调沟通，适时进行情况通报，及时发现和解决工作中出现的新情况、新问题。对作风不实，措施不当，违背政策，导致农民上访和发生群体性事件的，要严肃追究有关责任人责任。试点工作启动后，试点乡每周须向县草原确权承包登记试点工作领导小组办公室报送一次书面情况，试点中遇到的重大问题随时报告。

盐池县人民政府办公室　　　　　2015年8月14日印发

（本文为调研收集资料，如与正式文件有出入，请以正式文件为准）

附录四　宁夏回族自治区草原确权登记政策问答

1. 农村草原承包确权登记的法律法规和政策依据有哪些？

答：法律法规依据有：《中华人民共和国农村土地承包法》《中华人民共和国物权法》《中华人民共和国土地管理法》《中华人民共和国村民委员会组织法》《中华人民共和国草原法》《宁夏回族自治区草原管理条例》。

政策依据有：2008年10月12日党的十七届三中全会《中共中央关于推进农村改革发展若干重大问题的决定》，2011年农业部等六部委《关于开展农村土地承包经营权登记试点工作的意见》，《农业部关于开展草原确权承包登记试点的通知》，2015年中央一号文件精神等。

2. 为什么要开展草原确权登记工作？

答：一是《中华人民共和国农村土地承包法》《中华人民共和国物权法》等法律法规的法定要求，是中央关于“三农”工作的重大部署，是依法维护牧民草原承包经营权的重要举措，是增加牧民财产性收入的有效途径。

二是为了认真贯彻落实国家草原生态补助奖励机制，进一步调查核准草原实际面积，确保草原生态补助奖励资金准确发放。

三是为了解决由于过去技术手段落后，草原承包颁证登记不规范，草原权属坐标不明确，“四至界限”不清晰，草原承包经营权证与台账、实地面积不相符，档案资料不齐，证件损坏遗失等原因造成的权属矛盾纠纷。

四是为了解决因历史管理体制所致的诸多突出的问题。

3. 完善草原确权登记有什么重要意义？

答：进一步深化和完善草原承包确权登记工作，对于维护土地权利人合法权益，夯实草原生态保护和建设利用的基础，落实草原生态补奖机制，充分调动农牧民群众参与草原保护与建设的积极性，提高草原科学化管理水平，促进牧区可持续发展具有十分重要的意义。

4. 完善草原确权登记的目标是什么？

答：严格执行草原承包法律法规政策，在原草原承包的基础上，进一步完善草原承包经营权权属，以现有草原承包合同、权属证书和集体草原所有权确权登记为依据，查清草原承包的面积和空间位置，把承包草原的地块、面积、合同、权属证书全面落实到户，按照“程序合法、手续完备、权证到位”的要求加强规范化管理，实现草原同地、同证、同权和网络化管理，为农村产权制度改革提供基础保障。

5. 开展草原确权登记的基本原则是什么？

答：一是确保稳定的原则；

二是依法规范的原则；

三是民主协商的原则；

四是因地制宜的原则；

五是地方负责的原则。

6. 我区开展全区试点工作的范围？

答：本次我区草原确权承包登记试点工作在盐池县青山乡进行试点，计62万亩草原。

7. 开展草原确权承包登记试点的目的是什么？

答：通过开展草原确权承包登记试点，把承包草原的面积、空间位置和权属证书等落实到户，把现有草原承包关系稳定并长久不变的要求落到实处，进一步做好草原承包经营权确权登记颁证工作，依法保障农民对承包草原的占有、使用和收益等权利，为全区推广草原确权承包登记工作探索经验。

8. 完善草原确权登记的对象是谁?

答：完善草原确权登记的对象是承包草原到户的农牧户或以其他方式承包草原的单位和个人。

9. 完善草原确权登记工作向农牧户收费吗?

答：依据上级统一要求，本次草原承包经营权确权颁证工作不得向农牧民收取任何费用。

10. 试点工作的主要内容是什么?

答：一是摸清草原承包基础情况。

二是完善草原承包合同，建立健全草原确权承包登记簿和综合信息平台。

三是颁发草原权属证书，开展草原承包经营权变更、注销登记。

四是加强草原确权承包档案管理。

五是健全草原承包纠纷调处机制。

11. 完善草原确权登记的主要步骤是什么?

答：完善草原确权登记的主要步骤如下：

一是成立机构、制订方案；

二是宣传动员、组织培训；

三是清查摸底、试点先行；

四是梳理问题、化解矛盾；

四是审核公示、确权登记；

五是完善手续、归档立卷；

六是数据入库、换发新证；

七是查补遗缺、总结验收。

12. 草原确权承包登记需要哪些保障措施？

答：一是加强领导、群众参与。

二是强化责任、部门协调。

三是依法依规、把握政策。

四是统筹推进、加强督查。

13. 对有权属争议的草原如何进行确权登记？

答：对承包草原的经营权权属不明和“四至”界限不清的，采取牧民之间协商解决，乡镇人民政府、村委会进行调解，县（市、区）级人民政府土地仲裁机构仲裁等办法来解决。对草原承包经营权存在争议的，由当事人双方协商解决，乡镇、村委会调解后进行确权登记；对权属争议一时难以解决的，暂不进行确权，待双方争议彻底解决后再进行确权登记。

14. 对已流转的草原如何进行确权登记？

答：在本乡村成员内以转让、互换形式流转的草原，如果转让、互换后没有纠纷的，根据当事人申请，按现草原承包人进行确权登记；对存在纠纷的，先解决纠纷再进行确权。对以转包、出租、入股等方式进行流转的，按原承包户进行确权登记，其流转关系继续履行流转合同约定。

15. 对联户承包的草原如何进行确权登记？

答：联户承包的草原因人均草原面积较小、划分起来比较困难，可采取确权不确地、经营权证到户、集体利用、大家受益的办法进行。

16. 对证、账、地不相符的问题如何解决？

答：在坚持原有草原承包关系、承包地块不变的前提下，明确“四至”界限，对承包经营权证面积与实地面积有差异的，到实地勘测确定实际面积，并将勘测后的实际草原面积经牧户确认后，填入数据信息采集台账和新换发的承包经营权证内。原有的承包面积以附录的形式同时记录到承包经营权证和数据信息采集台账上。

17. 对草原承包经营遗留的问题如何解决？

答：第二轮草原承包以后，依法调整了承包的草原，对尚未办理承包经营手续的，集体经济组织要与承包牧户补办承包手续；对承包地块、面积、合同、证书不明确或未到户的，要落实到户；对“四至”界限未明确或者有变动的，要进行核实，加以明确；对因工作失误、人为造成错填、错登的，要认真进行核实，予以纠正。

18. 对进城落户农牧民如何进行草原确权登记？

答：农牧民进城落户后符合《中华人民共和国农村土地承包法》《中华人民共和国草原法》《宁夏回族自治区草原管理条例》规定被收回承包草原的，不再列入确权登记范围；颁布实施以前进城落户并按相关规定被收回承包草原的，也不再列入确权登记范围；对在小城镇落户、仍保留承包草原的，应按照规定进行确权登记。

19. 对外出务工经商农牧民的草原如何进行确权登记？

答：对于常年外出务工经商未归，也未委托代理人又无法联系的外出人员，暂缓确权登记，由村委会进行联系，待联系本人后再进行确权登记。

20. 落实草原所有权有哪些规定？

答：全民所有草原是指国有农牧场、企事业单位、社会团体、军事演习、科研试验使用的草原，国家划定的城市规划区的草原，草地类自然保护区，尚未开发利用的草原，以及其他不属于集体所有的草原。

全民所有草原必须与集体所有草原划清界限，分别进行登记造册，一般由所属县（市、区）级人民政府管理。

全民所有草原不属于任何一个使用该草原的国有单位所有，不得给其发放《草原所有权证》。

集体所有草原的所有权必须依法落实到基层农牧业集体经济组织，一般应落实到村一级的农牧业集体经济组织或村民委员会，由村农牧业集体经济组织或村民委员会行使草原集体所有权。过去已经落实到乡镇一级农牧业集体经济组织集体所有的或者已经落实到自然村一级农牧业集体经济组织集体所有的，其集体所有权一般不再改变，仍由乡镇级集体经济组织或自然村级集体经济组织行使。

依法确定给全民所有制单位、集体经济组织等使用的国家所有的草原，由县（市、区）级以上人民政府登记，核发使用权证，确认草原使用权。

未确定使用权的国家所有的草原，由县级以上人民政府登记造册，并负责保护管理。

集体所有的草原，由县（市、区）级人民政府登记，核发所有权证，确认草原所有权。

依法改变草原权属的，应当办理草原权属变更登记手续。

21. 落实草原使用权有哪些规定？

答：全民所有草原的使用权，由行使草原管理权的地方人民政府负责落实到使用全民所有草原的单位或组织。由县（市、区）级人民政府颁发《草原使用证》，作为草原使用权的法律凭证。没有依法发证或虽已发证但不规范的，必须进行补发。

原属于全民所有的未开发利用草原，不论以何种方式由国有单位、集体经济组织或其他社会团体开发使用，其所有权不变。由行使草原管理权的人民政府为使用单位依法确定草原使用权，颁发《草原使用证》。

22. 落实草原承包责任制有哪些规定？

答：草原承包责任制一定要落实到基层的生产单元，凡是能够划分承包到户的，一定要承包到户；对一些确实难以承包到户的放牧场，必须承包到自然村或村，并制定农牧户权、责、利相统一的管理利用制度。草原承包期宜长不宜短，根据《中华人民共和国农村土地承包法》规定，一般坚持三十年不变，也可以承包五十年。

国家鼓励单位和个人投资建设草原，按照谁投资、谁受益的原则保护草原投资建设者的合法权益。允许继承，允许依法流转。

23. 如何解决新增人口承包草原问题？

答：对第二轮土地草原承包后的新增人口，按照“增人不增地、减人不减地”的要求，原则上不再重新分配草原，对新增、机动、退包的草原，经村三分之二以上村民或村民代表大会讨论同意后，可以公平合理地进行分配。

24. 如何解决婚出婚入人口承包草原问题？

答：农村牧区妇女与男子享有平等的草原承包经营权，在第二轮草原承包前结婚的妇女，由迁入地分给承包草原；迁入地未分配承包草原的，可由迁入地政府（国有）村集体经济组织（集体）从机动、退包草原中解决；户籍在第二轮草原承包前未迁出的，应由原户籍所在地分给承包草原，未分配承包草原或分给后收回的，由原户籍所在地政府（国有）村集体经济组织或村委会（集体）在机动、退包的草原中解决。婚出婚入人口，无论何种情况，均不能在迁出地与迁入地同时享有承包草原，只能享有其中一方的承包草原。

25. 如何调整解决农牧户承包草原问题？

答：在草原承包经营期内，任何单位和个人不得以任何理由随意调整农牧民的承包草原，确因自然灾害、不可抗拒因素严重毁损承包草原等特殊情况，需要在个别农牧户之间适当调整承包草原的，必须经本集体经济组织成员的村民会议三分之二的成员或三分之二以上的村民代表同意，并报乡镇人民政府和县（市、区）人民政府草原行政主管部门批准。

26. 如何解决集体机动草原管理问题？

答：已经留有机动草原的，机动草原面积严格控制在村集体经济组织草原总面积的5%以内，可优先用于解决新增人口的承包草原，超限额多留部分要按照公平合理的原则分包到户或承包给新增人口。

坚持公平、公开、公正的原则，依法规范机动草原发包。对已发包机动草原，大多数农牧民满意的，维护原合同不变；大多数农牧民有意见的，要按相关规定修订完善承包合同或废止合同。机动草原必须全部实行公开竞价发包，原则上一年一发包，最长不超过2年。同等条件下优先发包给本集体经济组织成员，农牧户承包的机动草原不得再转包。机动草原发包收入计入集体收入。

27. 如何解决草原承包纠纷仲裁问题？

答：依据《中华人民共和国农村土地承包经营纠纷调解仲裁法》《农村土地承包经营纠纷仲裁规则》等相关法律法规进行仲裁。县（市、区）要依法利用土地（草原）纠纷仲裁委员会及仲裁机构，建立健全乡镇、村二级调解，县（市、区）仲裁，司法保障的土地草原纠纷调处联动机制。

28. 草原确权登记工作如何进行？

答：一是做好确权前的准备工作。收集整理二轮承包时颁发的草原证、承包合同、承包台账、登记簿、牧户生产等基础信息资料，形成草原承包确权登记的基本信息表，处理国土“二调”或二轮承包土地草牧场时地形图上的权属数据、依据，用于调查和实测的基础工作图。

二是做好入户权属调查工作。根据基础工作地图和农牧户承包地登记基本信息表，草原确权外业权属点确认时，入户实地进行承包地块权属调查，有乡镇农牧业服务中心、村工作人员应用全球定位仪GPS到实地与相邻农牧户在现场指认，逐一定位记录，填写《草原承包经营勘察登记表》，相邻牧户进行签字确认后录入计算机地理信息系统成图计算面积。

三是汇制测量或标注地块图。草原确权登记工作以农牧户为单位，在形成经营权图斑块的同时一并采集相关信息，以村为单位绘制形成所有权图斑块，最后合并版图形成镇、县（市、区）草原确权登记到户图。

29. 草原确权外业工作中牧户指认权属点时相邻牧户对第一轮、第二轮承包到户指认点有争议时如何确认？

答：此次草原确权工作是对第二轮承包工作的延续和完善，以第二轮承包到户时颁发的草原证权属点为基础，应用GPS技术进一步进行准确定位，并应用地理信息系统建立基础数据库。相邻牧户对第一轮、第二轮承包权属点有争议时，在尊重历史、照顾现实经营利用情况实际的基础上，主要依据第二轮承包时确定的权属点为准，由当事人双方协商、村两委调解、乡镇人民政府调处确认，对存在争议一时难以确认的地块，待争议解决后再确权登记。

30. 草原承包经营权确权登记程序有哪些？

答：一是进行公示审核。以农牧户为单位，运用GPS打点定位实测数据，应用地理信息系统绘制审核的地籍图和面积表，在村内进行公示。对公示中农牧民提出异议的，反馈外业工作组及时进行核实、修改纠正。经公示无异议的，由农牧户签字确认后作为地籍图，经乡镇汇总后并上报县草原行政主管部门进行录入。

二是建立登记簿。县（市、区）级草原行政管理部门按照统一格式建立草原承包经营权管理信息系统，录入汇总整理后建立数据库。草原承包经营权登记簿应当采用纸质和电子介质，避免因系统故障而导致登记材料遗失破坏，应当进行异地备份。

三是发放承包经营权证书。依照草原承包经营权登记簿内容，换发重新确权后的草原承包经营权证书。

四是进行材料归档。按照农业部、国家档案局《关于加强农村土地承包档案管理工作的意见》（农经发〔2010〕12号）规定，乡镇农村土地承包管理部门整理登记相关资料并进行归档，妥善管理。

31. 草原承包方的代表人如何确定？

答：家庭承包方式的代表人是承包合同上签字的人或原草原承包经营权证书上记载的代表人。前两项规定的代表人死亡、丧失民事行为能力或因为其他原因无法到现场确认的，由牧户共同推选家庭承包方的代表进行签字确认。

其他方式的草原承包为个人或单位的承包。承包方代表是个人或单位承包的法人代表。该草原承包个人死亡、丧失民事行为能力的依照《继承法》的规定，其法定继承人为承包方代表。

32. 承包方草原承包经营权共有人如何确定？

答：承包方草原承包经营权共有人以二轮草原承包时家庭实际人口为基础。已死亡或户口迁出的（如出嫁女、在校大学生、现役军人、公职人员等）应在备注栏标注清楚。

承包方家庭中因结婚、收养等新增人员如果在本村没有获得草原承包经营权的，在登记簿"承包经营共有人"中暂不登记。

33. 草原确权实测草原面积与承包合同及原承包经营权证记载有出入的如何解决？

答：确权登记颁证应严格执行农村土地承包法律政策的规定，对实测承包草原面积与原承包合同、经营权证书有出入的，在登记簿中如实填写第二轮延包合同面积和实际测量面积。经公示后据实登记。

对出入大的，不在原来"四至"内，要按照新增加的地块处理；因工作不实人为造成错填、错登的要认真核实予以纠正。

34. 如何处理草原所有权边界争议问题？

答：对村与村、乡镇与乡镇、县与县之间存在草原界限争议的，由民政部门确定行政权属线后，再进行登记。

集体经济组织相互之间或与其他组织之间或国有草原存在草原所有权争议的，先由国土行政主管部门明确草原所有权，再按照相关程序对涉及草原的承包经营权进行登记，草原所有权一时难以明确的暂缓登记。

35. 草原确权计算新面积与原证面积以哪个为准享受惠农政策？

答：这次草原确权工作也是在二轮草原承包时确定的草原权属点基

础上应用全球定位系统（GPS）实地实测重新定位确认完善的过程。原权属点不动，原承包人关系不变，将过去权属点描述不清、方位模糊不全完善成更准确的大地坐标数字化格式，应用计算机地理信息系统（GIS）计算出准确的平面面积，消除过去人为计算面积的误差因素。这次草原确权登记换证，原证面积只作为参考面积记录录入管理系统，以确权计算出的新面积为准享受草原生态补助奖励机制等惠农政策。当然不确权、计算不出面积的无法享受草原生态补助奖励机制等惠农政策了。

宁夏回族自治区草原工作站

2015 年 9 月

（本文为调研收集资料，如与正式文件有出入，请以正式文件为准）

附录五　阿拉善左旗完善牧区草原确权承包试点工作实施方案

落实草原家庭承包经营责任制是党在牧区的一项基本政策。2014年中央一号文件提出："稳定和完善草原承包经营制度，2015年基本完成草原确权承包和基本草原划定工作。"目前，我旗已基本完成了牧区草原"双权一制"（所有权、使用权、承包经营制）落实工作，为进一步加强草原生态保护与建设奠定了坚实的基础。但我旗草原确权承包工作中还存在草原权属纠纷以及"四至界限"不清、"证、账、地"不相符、证件不齐、损坏、遗失等问题。开展草原确权承包试点工作，对探索和促进牧区草原承包经营体制改革、促进草原畜牧业转型升级、维护农牧民根本利益具有十分重要的意义。为全面完善我旗草原确权承包工作，根据我旗实际，制订如下实施方案。

一　指导思想、总体目标和基本原则

（一）指导思想

以党的十八届三中全会精神为指导，按照2014年中央一号文件精神，在自治区草原"双权一制"工作的基础上，进一步完善草原确权承包工作，稳定现有草原承包关系，建立数字化、信息化、规范化的草原确权承包管理模式，健全责权清晰、管理科学的草原承包经营运行机制，更加有效地保障广大农牧民对承包草原占有、使用、收益等合法权益，进一步激发全旗草原牧区发展活力、推动我旗草原生态文明建设，建立繁荣稳定的新牧区。

（二）总体目标

对已经落实草原确权承包的，要按照“程序合法、手续完备、权证到位”的要求加强规范化管理；已发放但内容不规范的，要限期补充和完善；损坏、遗失或漏发的，要通过合法程序审核后补发；对尚未落实草原所有权、使用权和承包经营权的，要制定草原承包方案，加快推进确权承包工作，及时发放所有权证、使用权证和承包经营权证发放；对联户承包的，可根据实际情况，确权不确地，加强管理。

（三）基本原则

（1）坚持社会稳定的原则。保障全旗农牧民的知情权、参与权，对完善草原确权承包工作中出现的问题，要尊重农牧民意愿，征求农牧民意见。广泛动员农牧民积极参与草原承包确权工作，充分发挥农牧民自治组织的调节作用，重大事项要通过嘎查村集体经济组织成员民主讨论研究，形成合理合法的决定。要积极稳妥地解决问题，不得强行推动，避免引发社会矛盾，确保农牧区社会稳定。

（2）坚持草原承包期不变的原则。以自治区草原“双权一制”落实工作为基础进行完善，保持原有草原承包期限不变。严禁借机收回农牧民已承包草原，坚决杜绝损害农牧民利益的现象发生。

（3）坚持原有草原确权承包关系不变的原则。要保持现有的确权和承包面积，对原有的权属和承包关系及面积不做调整，也不改变以原承包面积为基础的惠农惠牧政策数量和相关责任义务。

（4）坚持依法、民主、公开的原则。完善草原确权承包工作要依据《中华人民共和国农村土地承包法》、《中华人民共和国草原法》和《内蒙古自治区草原管理条例》的相关规定依法开展。对于试点工作中出现的问题，有法律法规和政策明确规定的，要严格遵守。尚未做出明确规定的，要依照法律法规和政策的基本精神，结合当地实际，按照嘎查村民主决策的原则来妥善处理。完善草原确权承包的整个工作程序且结果要做到公开、公正、透明，不得暗箱操作，避免引发新的矛盾。

（5）因地制宜原则。根据各苏木镇的草原确权承包工作实际，开展查漏补缺，重点是完善草原“双权一制”工作中证书和实际面积不相符等突出矛盾和问题。

二　工作任务

（1）按照草原“双权一制”工作落实情况，对嘎查村的集体草原所有权证书和农牧（林）场的国有草原使用权证书进行逐一核实。证书损坏、遗失或漏发的按照档案进行换发或补发；

（2）对落实草原“双权一制”承包到户的档案和原承包经营权证（使用权证）等进行核实。证书损坏、遗失或漏发的进行换发或补发；

（3）完善草原确权承包档案。重点按照原所有权证书、使用权证书和承包经营权证书进行查漏补缺，建立电子信息平台和档案；

（4）鼓励有条件的苏木镇在坚持完善原有草原承包关系、承包地块不变的前提下，采用地理信息系统实现承包草原“四至”界限 GPS 定位，明确“四至”界限，对承包面积与实地有差异的，采用入户实地勘测方式确定面积，并将勘测后经农牧户认可的面积填入新换发的承包经营权证书和登记簿。原有的承包面积以附录的形式同时记录到新换发的承包经营权证书和登记簿上；

（5）在原有“双权一制”承包工作的基础上，积极稳妥地向前推进，对于历史遗留的问题，能通过这次确权工作解决的，要依法依规彻底解决，不能解决的保持现有状况不变。

三　工作时间步骤

（一）工作时间

阿拉善左旗完善草原确权承包工作从 2014 年 8 月正式启动，2015 年底基本完成。

2014 年 9 月 10 日前，向自治区农牧业厅组织上报全旗草原所有权、使用权和承包经营权的基本情况和确权承包工作方案；2014 年将乌力吉、超格图呼热、银根苏木作为试点，先行开展完善草原确权承包试点工作，2015 年在全旗范围开展并完成完善草原确权承包工作；2015 年 11 月底前，向自治区农牧业厅上报工作总结。

（二）工作步骤

（1）前期准备。收集整理落实草原“双权一制”时的所有权单位、所有权证书发放等情况；使用权单位、使用权证书发放等情况；承包草原经营权证书、承包合同、台账、登记簿、方位图及承包农牧户信息等资料，形成农牧户承包草原的基本信息表。旗农牧业局负责组织苏木镇、嘎查村工作人员，开展草原确权承包的相关政策法规和业务培训。

（2）入户调查。核实基础证件、数据、底图和承包合同等基本信息，进嘎查村掌握所有权单位、使用权单位的草原权属证书等情况，入户确认承包经营权证书等情况。

（3）建立登记表。以嘎查为单位建立基本信息登记表，由苏木镇汇总，根据苏木镇上报的资料，由旗经管站建立草原确权承包登记表。登记表要采用纸质和电子两种。为避免系统故障而导致登记资料遗失或破坏，应当进行异地备份。有条件的苏木镇，应当采取苏木镇、嘎查、草原经营管理站、档案局备份。

（4）完善所有权和承包经营权证书。根据实际，依照草原确权承包数据资料内容，适时对草原所有权证书、使用权证书和承包经营权证书进行完善。旗政府根据具体情况换发自治区统一印制的所有权证书和使用权证书，根据旗政府制定的统一格式印发草原经营权证，换发时收回旧证书，并声明作废。

（5）建立草原确权承包管理信息系统。2014年底前完成纸质文字资料，2015年底前完成数字、影像、图表，建立草原确权承包信息数据库和数字信息管理系统，实现草原确权承包管理信息化。

（6）建立完善草原确权承包三级档案。按照2010年农业部、国家档案局颁发的《关于加强农村土地承包档案管理工作的意见》（农经发〔2010〕12号），由旗、苏木镇、嘎查村分别整理登记相关资料，进行归档永久保存。

（7）申报验收。待此项工作结束后，由盟、旗两级初验，并写出专题报告，自治区统一验收。

四　工作要求

（1）加强领导。为确保此次完善草原确权承包试点工作顺利推进，成立由旗委、人大、政府、纪委、农牧业局、财政局、国土资源局、林业局、民政局、档案局、草原站、信访局、经营管理站及各苏木镇政府组成的阿拉善左旗完善草原确权承包试点工作领导小组。

组长：姚泽元（旗委书记）

常务副组长：魏巴依尔（旗委副书记、政府旗长）

副组长：巴依勒（旗委副书记、宣传部部长）

罗晓春（旗委常委、常务副旗长）

王利军（旗委常委、办公室主任）

扈勇（旗委常委、副旗长）

布仁那生（旗人大常委会副主任）

毛金荣（旗政府副旗长、公安局局长）

王海文（旗政府副旗长）

石玉东（旗政府副旗长）

成员：周吉峰（旗政府办公室主任）

俞红军（旗纪委副书记、监察局局长）

陶恒鑫（旗政府办公室副主任）

黄天兵（旗农牧业局局长）

孙刚德（旗财政局局长）

恩克那生（旗民政局局长）

徐志强（旗国土资源局局长）

何玉秀（旗农牧业局党委书记、副局长）

斯琴巴图（旗林业局党委书记、副局长）

李学东（旗司法局党支部书记）

戴华（巴彦浩特镇党委书记）

郭光雄（吉兰泰镇党委书记）

邬鹏飞（宗别立镇党委书记）

段志鸿（巴润别立镇党委书记）

恩克阿木尔（敖伦布拉格镇党委书记）

谢忠德（温都尔勒图镇党委书记）

周永明（巴彦诺日公苏木党委书记）

张爱民（乌力吉苏木党委书记）

巴图孟克（额尔克哈什哈苏木党委书记）

庆格勒图（超格图呼热苏木党委书记）

巴音都仁（银根苏木党委书记）

布仁巴依尔（旗档案局局长）

宝勒德（旗草原站站长）

靳余同（旗经管站站长）

领导小组办公室设在旗农牧业局，负责制订方案、清查确权、总结验收等各项工作的组织指导，负责日常组织和具体协调。各苏木镇、嘎查村要高度重视，成立相应的工作机构，认真组织，全面落实，按照规定时间要求，如期完成完善草原确权承包工作；旗草原站具体负责草原“四至”界限的GPS定位、上图等技术指导工作；旗经管站负责证件的换发、补发和牧户信息核定等工作；旗农牧业局其他二级单位协助做好相关工作。

（2）准确把握政策界限。要严格执行草原承包确权工作的相关法律、法规和政策规定，在现有承包合同、承包经营权证书和集体草原所有权不变的基础上，开展草原确权承包试点完善工作。

（3）严格保密制度。对草原确权承包工作的相关资料，特别是地籍信息资料，要严格按照《测绘管理工作国家秘密范围的规定》进行保管，确保不失密、不泄密。

（4）工作经费保障。为保障草原确权承包工作顺利进行，按照中央和自治区的要求，草原确权承包工作经费由自治区、盟、旗三级财政共同承担，不得向确权农牧民收取任何费用。

（5）督导检查。成立三个工作督查组，对草原承包工作全过程进行督导检查，建立定期汇报制度，及时通报工作进度，确保各苏木镇工作顺利开展。南部工作组由罗晓春任组长、何玉秀任副组长，负责温都尔勒图镇、额尔克哈什哈苏木、超格图呼热苏木；北部工作组由布仁那生任组长、祁明任副组长，负责乌力吉苏木、银根苏木、敖伦布拉格镇、巴彦诺日公苏木、吉兰泰镇；中部工作组由扈勇任组长、黄天兵任副组长，负责巴彦浩特镇、宗别立镇、巴润别立镇。成员从旗农牧局、草原站、经管站各抽调三名工作人员。

阿拉善左旗人民政府办公室　2014年10月8日印发

后　记

本书基于我的博士论文，书中补充了一些仓促之间未写进博士论文里的内容。当听到我的工作单位要资助一批科研成果出书，我的博士论文有幸列入其中时，心里的惭愧胜过了喜悦。博士论文出书，曾经羡慕而不敢想的事，就降临在我身上，就像天上掉下来的馅饼，砸醒了我埋在心底的惭愧。何德何能，何其幸运拥有这个机会。每个经历过博士求学之路的人，都懂那本不薄不厚的论文意味着什么。近些年的网上，对读博生活流露出的负面报道似乎已成为了常态，在此我并不想谈论那些悲伤的故事，生活本就是一半海水一半火焰，阴影是光照进来的痕迹。读博将我原有的世界碎成粉末，却又重新还给我一个新奇的、与众不同的、令人充满向往的世界。如果可能，希望有机会的人都经历一次，当然，一定要坚持到最后，这样才能看到属于自己独一无二的世界。

言归正传，事隔将近两年，静下心修改书稿时，才发现做课题期间的故事这般鲜活和顽强，充满了惭愧和感动，需要感谢的人太多。在此，要特别感谢我的导师 Peter Ho 教授和赵珩教授！Peter Ho 教授温文尔雅、耐心谦和，他对学术严谨、求真务实的态度深深震撼着我。有幸在 Peter Ho 教授的指导下完成了博士研究工作，感谢导师的指导和教诲。赵珩教授为我博士期间的学习和研究付出了辛勤的工作，她的理解和耐心令我感动。作为学生我很惭愧，上交了一份没有让老师满意的作品。

理科出身的我，凭着心底深处的声音选择了这个专业，一步步完成了这个课题。内心经历过不安、忐忑、挣扎，从问卷设计，到实地发放问卷、访谈，到数据整理分析，到撰写论文……爬过了一关又一关。调研发生的故事历历在目。

2015 年 11 月有幸参与盐池县草原确权工作，我负责 X 村的户籍登记。一位 60 岁的大叔一定要将户口上所有的家庭成员做登记。事实上他女儿的户口已经迁出了该村。我按照文件规定没给大叔的女儿登记导致大叔不满，进而引起全村村民的情绪异常激动，场面有些失控。万幸草原站的崔站长和工作人员及时拉开围困我的村民。这次经历让我体会到基层工作的不易，在此向认真坚守在基层工作岗位上的草原工作者致敬，感谢盐池县草原站崔站长及工作人员对我的保护和照顾！

2016 年 9 月在额济纳旗入户调研时，一位牧民大哥护着我却被自家养的异常凶猛的大黑狗咬了。回想起那只凶狠的大黑狗向我扑来的场面，还会禁不住颤栗。淳朴善良的牧民同胞，谢谢你们对我的信任和帮助！这些年的调研有惊险、有泪水、有喜悦，更多的是感动和愧疚。我想把这份感动和愧疚都化成我的研究，为那些关心草原资源保护管理的人们提供一些有价值的资料。

感谢宁夏回族自治区农牧厅原厅长赵志义，草原站王富裕站长，盐池县农牧局草原站王峰站长、崔明旺副站长，内蒙古自治区阿拉善左旗农牧局草原站包根晓站长、高级工程师张永革，阿拉善左旗信访局巴图副局长，阿拉善左旗档案与史志局工作人员，内蒙古自治区额济纳旗农牧业和科学技术局副局长李发武，草原站站长赵建及额济纳旗档案馆工作人员对本论文实地调研提供的支持和帮助。

感谢母校中央民族大学冯金朝院长、感谢博士生导师组组长薛达元教授！在两位老师的引荐下，我才有幸做 Peter 教授的学生。感谢夏建新副院长！夏老师的精益求精非常值得我学习，尽管夏老师有丰富的演讲经验，但每次演讲前夏老师都会认真准备一份逐字演讲稿。为人师者将一件事情做到极致，身为学生还有什么理由不勤奋呢？感谢生吉萍教授、杨筑慧教授、杨庆文教授、祁进玉教授、夏进新教授、薛达元教授、周宜君教授、龙春林教授、刘颖教授对论文提出的宝贵修改意见。

读博期间，与各位师兄弟、师姐妹的交流启发了我论文的研究思路。感谢师兄 Karlis Rokpelnis、同门卢慧的热心帮助和鼓励，感谢师弟宫大卫、胡振宇、王伊帆，感谢师妹王学蒙、孟凡虹、王亚坤、伍冰倩、郑艳侠、刘妮妮。感谢我的同学兼室友余燕敏，感谢付晨曦、公婷婷、王艺润同学对我生活上的温暖和帮助！感谢幽默的郎涛同学，感谢张一鸣同学在我困难的时候及时给予的帮助！

特别感谢始终无条件爱护我、关心我、支持我的父母和朋友！特别感谢刘立超教授，刘教授于我而言亦师亦友，感谢刘教授在研究地点联系事宜、资料获取等方面提供的大力支持和帮助。是他们的理解、鼓励和支持使我走完了读博之路。千金难买博士期间的经历和体验。

最后，向培养我的中央民族大学表示敬意！向我的工作单位宁夏社会科学院的领导和同事表示衷心的感谢！

赵　颖

2020 年 12 月 27 日

图书在版编目(CIP)数据

草原制度与中国干旱区草原管理 / 赵颖著. -- 北京：社会科学文献出版社，2021.1

（宁夏社会科学院文库）

ISBN 978-7-5201-7083-3

Ⅰ. ①草… Ⅱ. ①赵… Ⅲ. ①草原管理-研究-中国 Ⅳ. ①S812

中国版本图书馆 CIP 数据核字（2020）第 146471 号

·宁夏社会科学院文库·

草原制度与中国干旱区草原管理

著　　者 / 赵　颖

出 版 人 / 王利民
组稿编辑 / 陈　颖
责任编辑 / 陈晴钰

出　　版 / 社会科学文献出版社·皮书出版分社（010）59367127
地址：北京市北三环中路甲 29 号院华龙大厦　邮编：100029
网址：www.ssap.com.cn

发　　行 / 市场营销中心（010）59367081　59367083

印　　装 / 三河市尚艺印装有限公司

规　　格 / 开　本：787mm × 1092mm　1/16
印　张：19.25　字　数：263 千字

版　　次 / 2021 年 1 月第 1 版　2021 年 1 月第 1 次印刷

书　　号 / ISBN 978-7-5201-7083-3

定　　价 / 108.00 元

本书如有印装质量问题，请与读者服务中心（010-59367028）联系